新土力学研究

俞茂宏　李建春　著

WUHAN UNIVERSITY PRESS
武汉大学出版社

图书在版编目(CIP)数据

新土力学研究/俞茂宏,李建春著 . 一武汉 : 武汉大学出版社,2017.2
ISBN 978-7-307-18820-4

Ⅰ. 新…　Ⅱ.①俞…　②李…　Ⅲ. 土力学—研究　Ⅳ. TU43

中国版本图书馆 CIP 数据核字(2016)第 274928 号

责任编辑:方竞男　路亚妮　　责任校对:杨赛君　　装帧设计:吴　极

出版发行:**武汉大学出版社**　　(430072　武昌　珞珈山)

（电子邮件:whu_publish@163.com　网址:www.stmpress.cn)

印刷:虎彩印艺股份有限公司

开本:720×1000　1/16　印张:18　字数:350 千字

版次:2017 年 2 月第 1 版　2017 年 2 月第 1 次印刷

ISBN 978-7-307-18820-4　定价:98.00 元

作 者 简 介

俞茂宏 祖籍浙江宁波,1934 年 11 月出生于江苏省镇江市,西安交通大学教授,1951—1955 年就读于浙江大学,毕业后历任交通大学助教,西安交通大学助教、讲师、副教授、教授;2005 年退休后至今任机械结构强度与振动国家重点实验室特聘教授,长期从事材料强度理论和结构强度理论的研究工作。他提出的双剪力学模型、双剪理论、统一强度理论以及撰写的有关学术著作被国内外学者大量引用,并且每年在清华大学、浙江大学、同济大学、西安交通大学、西北工业大学、西南交通大学等学校的基础力学课程的教学中被一些老师所介绍,受到大学生和研究生的广泛欢迎,取得良好的社会效应。双剪统一强度理论已被写入《中国水利百科全书》(第二版)、《工程力学手册》、《土力学词典》、《力学史》、《材料力学》(39 种)、《工程力学》(28 种)、《塑性力学》等 300 多种专著和教材中,成为有关学科知识创新的一项重要内容。该理论也成为第一个被写入基础力学教科书的中国人的理论。他于 2011 年获得国家自然科学奖二等奖,2015 年获得何梁何利基金数学力学奖。

俞茂宏在世界著名的科学出版社 Springer 出版的著作如下:

1. *Unified Strength Theory and Its Applications*

2. *Generalized Plasticity*

3. *Structural Plasticity：Limit, Shakedown and Dynamic Plastic Analyses of Structures*

4. *Computational Plasticity：with Emphasis on the Application of the Unified Strength Theory*

欧洲数学学会的《数学文摘》于 2006 年评价他的 *Unified Strength Theory and Its Applications* 著作是这一领域的重大贡献。他在 Springer 出版的这几本书受到世界各国读者的欢迎。据 Springer 出版集团统计,这几本书的电子版每年有一万章次以上的下载量,为该出版社下载量较多的著作之一。

李建春 女,浙江淳安人,1989—1993 年就读于上海交通大学工程力学系,获得学士学位;1996—2001 年就读于西安交通大学建筑工程与力学学院力学专业,获得工学博士学位;2006—2010 年就读于新加坡南洋理工大学(NTU),Research Fellow;2009—2010 年瑞士洛桑联邦理工大学(EPFL),Research Scientist;2010 年中国科学院"百人计划"入选者,在中国科学院武汉岩土力学研究所任研究员、博士生导师;2016 年东南大学特聘教授。

长期从事岩石动力学方向的研究工作,在充填节理的动态力学特性、节理岩体的动态等效连续介质模型、应力波在非线性节理岩体中的二维传播分析方法三方面取得创新性成果,并将研究成果应用于隧道爆破导致的地表振动和临近洞室响应特征分析。共发表期刊论文 70 余篇,与其他学者合作撰写 *Rock Dynamics*：*From Research to Engineering* 和 *Rock Dynamics and Applications*：*State of the Art* 等 5 部英文著作。

主要国际学术任职包括 *Geomechanics and Geophysics for Geo-Energy and Geo-Resource* 主编,*Rock Mechanics and Rock Engineering* 副主编,*Tunneling and Underground Space Technology* 编委以及其他一些学报的编委等。

索　引

前　言

　　土力学是哈佛大学的太沙基于 1925 在奥地利维也纳工业大学创立的,之后很快传播到一些主要的工业国家。中国土力学第一人黄文熙于 1937 年从美国密执安大学回国后,就来到已经内迁到重庆的中央大学,首开了国内土力学课程,并且建立了国内大学的第一个土工实验室。1938 年,希特勒领寻的德国国家社会主义工人党(简称纳粹)并吞奥地利,太沙基离开奥地利到了美国,在哈佛大学任教。此后土力学在美国广泛传播开来。与哈佛大学齐名的耶鲁大学也在 1941 年写出了土力学著作。当时正是第二次世界大战的时候,大概也只有美国和重庆中央大学在开设土力学课程。第二次世界大战后,土力学得到迅速发展,现在已经成为土木、水利、岩土、矿山等领域的主要专业课程。

　　纵观土力学的发展和内容,土力学主要由土的力学性质和土体结构的工程分析所组成。土在自然界和工程中大多处于复杂应力状态下,因此需要研究土的强度理论。太沙基在土的强度和土的工程结构分析中以莫尔-库仑强度理论为基础。莫尔-库仑理论只考虑了三个主应力中的两个,而没有考虑中间主应力对土体强度和土工结构强度的影响,这一缺陷是很明显的。很多中间主应力实验的结果也证明了中间主应力对土的强度有一定的影响。当时没有更好的理论可以应用,虽然第一强度理论和第二强度理论是线性的,但它们与工程实际不符合。后来各国学者提出了各种各样改进的破坏准则,但是这些强度理论都具有非线性,因此在工程上较难得到应用。土力学发展至今,仍然保持着这个框架。

　　1985 年出现的线性的广义双剪强度理论,反映了中间主应力效应,是所有可能破坏准则的上限,适用于某一类材料。统一强度理论出现于 1991 年,它是线性的,也反映了中间主应力效应,它的极限面覆盖了域内从内边界到外边界的全部范围,莫尔-库仑理论和双剪强度理论都是它的特例。开始阶段,由于人们对统一强度理论的认识不足,并且受到沃伊特-铁木森科难题(Voigt-Timoshenko Conundrum)的影响(从 1901 年的沃伊特到 1953 年的铁木森科,再到 1985 年的《中国大百科全书》都认为统一强度理论是不可能的,即沃伊特-铁木森科难题。2009 年的第 2 版《中国大百科全书》已经删去了这句话)。现在,经过 10 多年的研究,统一强

1

度理论已经在岩土工程的很多领域得到研究和应用。很多学者将统一强度理论应用在条形基础承载力、土压力理论和边坡稳定性等问题分析中,得到了一系列新的成果。至此,新的土力学的框架也基本形成。统一强度理论可以适用于更多的材料以及工程应用,它可以为工程实际提供更多的分析、比较、参考和选择。

　　本书的前 8 章为土力学的理论基础,由于统一强度理论应用了较多新的应力分析和单元体的概念,所以我们新增加了应力状态和单元体这一章。后 4 章为土力学典型工程的实际应用。传统土力学的土的分类,因为与土木、水利、道路的不同规范有所差异,并且在研究内容和方法上与土力学也有所不同,我们在此没有包含进来。书中有些其他内容限于篇幅,也没有涉及,如土工结构的计算机分析,我们只给出个别的图例作为参考。另外,每一章节后面均有阅读参考材料,限于篇幅,均以二维码的形式体现,可供读者课后学习。

　　书中内容虽经多年的研究,但也有疏漏和不妥之处,深望各位老师和同学及不同领域的读者批评、指正。

著　者

2016 年秋

目 录

库仑（C. A. Coulomb，1736—1806）

土力学之始祖

太沙基（Karl Terzaghi，1883—1963）

土力学之父

黄文熙（1909—2001）

中国土力学之父

沈珠江（1933—2006）

土力学的杰出贡献者

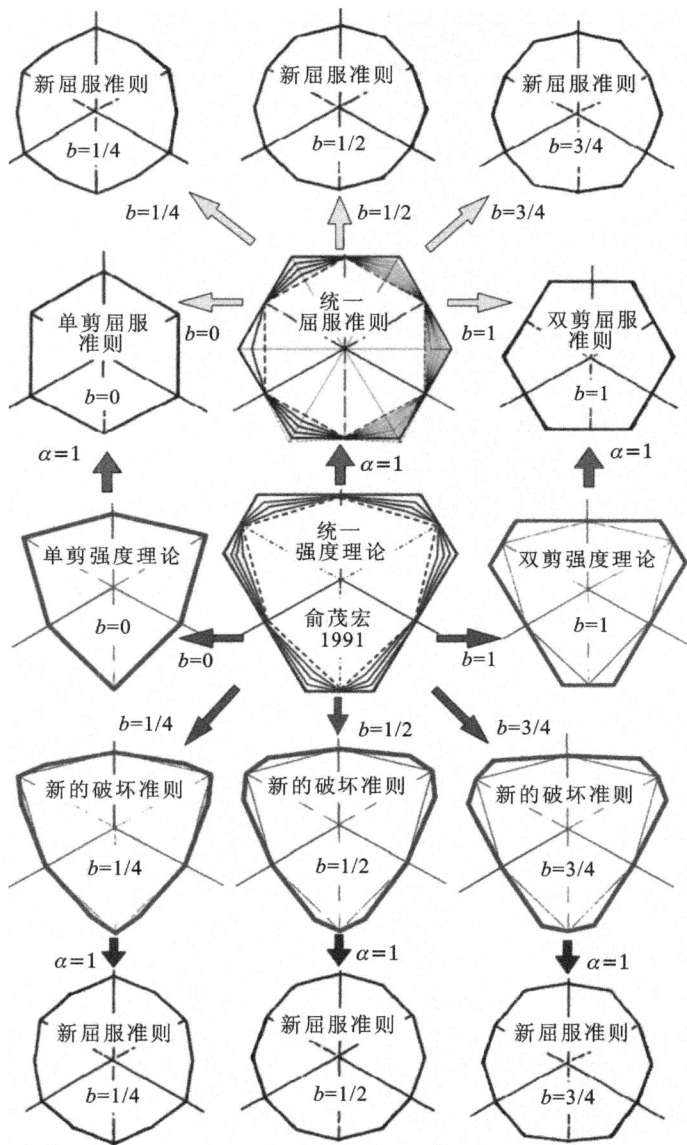

这是新土力学所应用的新理论,传统土力学所应用的单剪理论是它的一个特例。

1 绪　　论

1.1　概　　述

根据《中国大百科全书·力学》中的定义,土力学是力学的一个分支,它是用力学、物理、化学等基本原理来研究土的力学、物理和化学性能,以解决工程实际问题的一门应用学科。土是地球上分布最广泛、变化最复杂的工程材料。土体一般由固、气、液三相材料组成。土力学的研究对象是地球表面地层中的土体。各种土木、水利、道路、建筑以及其他工程结构,除少数直接建立在岩层上外,大部分建立在土层上。

土力学问题在古代就已经存在,图 1.1 所示的西安大雁塔和图 1.2 所示的应县木塔,都建于加固的土层之上,但是关于它们的地基材料和形状我们仍然知之甚少。西安大雁塔全塔通高 64.7 m,塔基高 4.2 m,南北长约 48.7 m,东西长约45.7 m,建于 652 年。山西省朔州市应县木塔全称为佛宫寺释迦塔,建于 1056 年,高 67.3 m,底层直径为 30.3 m,呈平面八角形。它们都有一个坚固的基础和地基。

图 1.1　西安大雁塔　　　　　　图1.2　山西省朔州市应县木塔(摄影:俞茂宏)

建筑物一般由上部结构、基础和地基组成[图 1.3(a)]。建筑物(上部结构)的荷载通过一定埋深的下部结构(基础)传递到地基。地基承担着整个建筑物(包括基础)的荷载。

　　地基设计和基础及上部结构设计相似,也要进行强度、变形计算及稳定性分析,要求作用在地基上的荷载不超过地基的承载能力;地基的计算变形量不超过地基的变形容许值。对于经常受水平荷载作用的高层建筑和高耸结构,以及建在斜坡上的建筑物和构筑物,尚应检验其稳定性[1-9]。

　　土力学是研究土的基本物理性质和在建筑物荷载作用下应力、应变、强度、稳定性、渗透性及其与时间的变化规律的一门学科,图1.3是其研究的三个典型工程问题[1]。

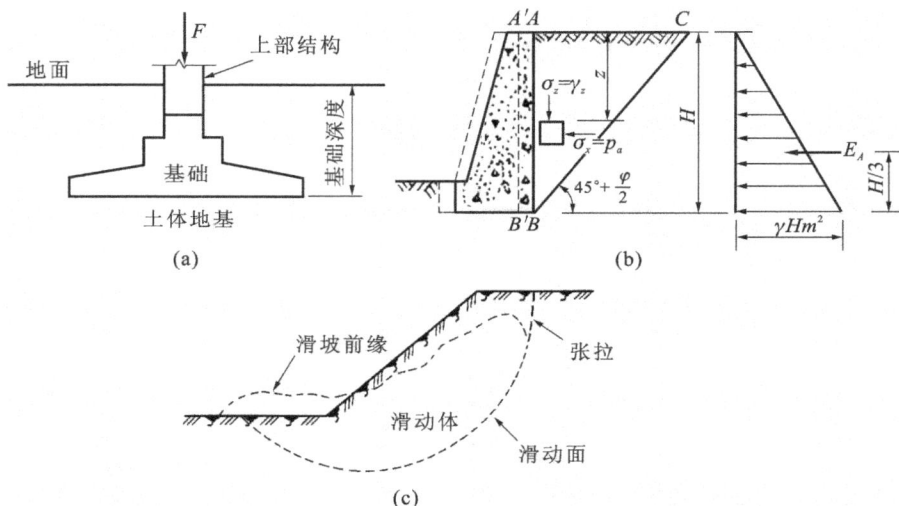

图 1.3　土力学的典型工程问题
(a)地基;(b)土压力和挡土结构;(c)边坡和滑坡

　　土具有分散性、复杂性和易变性的特点,因此除了应用数学和力学的方法进行研究外,还必须密切结合土的实际情况。即运用一般连续体力学的基本原理和方法,建立力学模型,借助现场勘察、测试和室内试验等手段获取计算参数进行计算,还要在工程施工过程中不断采集数据并对其进行分析,以免理论计算出现的误差对工程造成不良的影响。

　　这种误差包括两个方面:一方面要防止计算误差对工程造成危害;另一方面要防止对土体强度的低估而没有充分发挥土体的强度潜力,造成保守和材料及能源的浪费。对第一个问题,一般都会注意,而对第二个问题,往往注意不够。沈珠江院士等为此在《岩土工程学报》发表了题为"评当前岩土工程实践中的保守倾向"的论文[2]。

1.2　土力学发展简介

土的强度和相关工程研究是古老的工程技术问题,但土力学是一门相对"年轻"的应用学科。

19世纪欧洲工业革命兴起,大规模的城市、水利工程和道路、铁路的兴建,遇到了很多与土力学有关的问题。1773年,法国学者库仑(C. A. Coulcmb)根据实验提出了砂土抗剪强度公式和挡土墙土压力的滑楔理论,即库仑理论。库仑被认为是土力学之始祖。1856年,法国学者达西(H. Darcy)创立了砂土的渗透定律,即达西定律;1869年,英国学者朗肯(W. J. M. Rankine)又从不同的途径建立了挡土墙的土压力理论,即朗肯理论;1885年,法国学者布辛奈斯克(J. Boussinesq)求得半无限弹性体在垂直集中力作用下应力和变形的理论解答;1922年,瑞典学者费兰纽斯(W. Fellenius)提出了解决土坡稳定的条分法,即瑞典法;1925年,维也纳工业大学教授太沙基(Karl Terzaghi)归纳了前人的成就,出版了有关土力学的专著,使土力学逐步成为一门独立的学科。太沙基被认为是土力学之父。

虽然土力学出现于1925年,但是关于土和地基的强度变形和稳定性研究早就在人类工程实践中开展。图1.4和图1.5分别是德国哥尼斯堡(Konigsberg)教堂简图和其长达500年地基沉降研究的记录,说明他们对建筑物地基的变形记录经过了几十代人长期的坚持,我们可以从中得到很多启发。

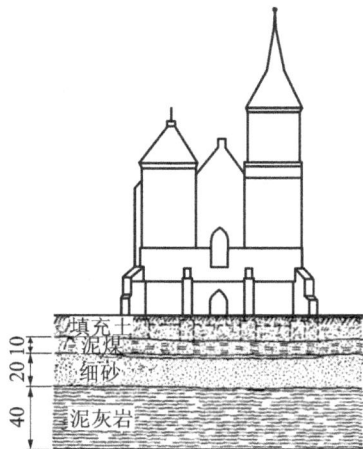

图 1.4　德国哥尼斯堡(Konigsberg)
教堂结构简图

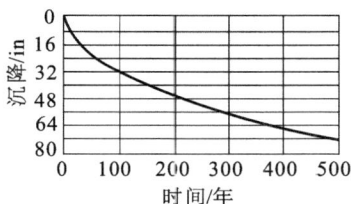

图 1.5　哥尼斯堡教堂长达 500 年的
地基沉降记录

(注：1 in＝25.4 mm)

20 世纪 60 年代以后,现代科技成果尤其是电子技术渗入了土力学的研究领域中,土测试设备及技术的迅速发展推动了土力学研究工作的进一步深入开展。

近年来,在土力学的基础理论研究方面取得了重要进展,主要表现在以下几个方面。

(1)基本理论的研究。

基本理论研究的内容如土的本构关系、黏弹塑性应力-应变-强度-时间关系、土与结构物的相互作用、土的动力特性研究等。

土力学理论有了令人瞩目的发展,并衍生出理论土力学、计算土力学、实验土力学、土塑性力学、土动力学、不饱和土力学等分支学科。

土的强度理论方面,长期应用 1900 年建立的 Mohr-Coulomb 强度理论,由于它较为简单,应用方便,因此得到了广泛应用。Mohr-Coulomb 强度理论的数学建模方程只考虑一个剪应力,我们可以称之为单剪强度准则。Mohr-Coulomb 强度理论没有考虑中间主应力的影响,因此很多现象不能解释。

20 世纪 50 年代以来,世界上提出了众多的曲线型土体强度理论,例如 Drucker-Prager 准则、Matsuoka-Nakai 准则、Lade-Dunken 准则、Desai 准则等。沈珠江院士把这一类准则称为三剪类强度准则。

1951 年,Drucker 教授提出著名的 Drucker 公设[3],由此可以得出屈服面的外凸性,为强度理论的研究奠定了理论框架。现代强度理论研究表明,Mohr-Coulomb 的单剪强度理论是所有可能的强度理论的内边界[下限,图 1.6(a)]。俞茂宏在 1985 年提出的双剪强度理论是所有可能的强度理论的外边界[上限,图 1.6(b)]。而三剪类强度准则介于上、下限之间。单剪强度理论和双剪强度理论是线性准则,各种材料的破坏极限面必须是外凸的,并且在内、外边界之间。1991 年出现的统一强度理论(俞茂宏,1991 年)不但将强度理论由单一的一个准则发展为系列化的准则[4],而且统一强度理论将单剪理论和双剪理论联系起来,产生了一系列新的准则。统一强度理论的极限面覆盖了从内边界到外边界的全部区域,如图 1.6(c)所示。

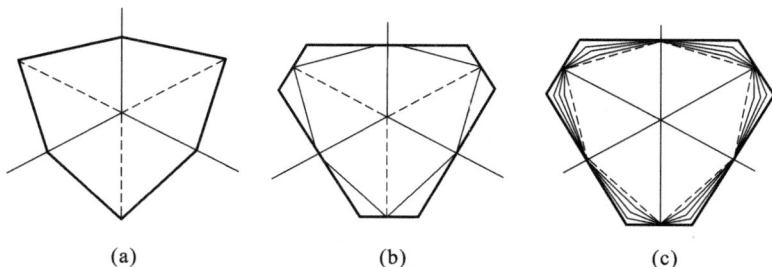

(a)　　　　　　　　(b)　　　　　　　　(c)

图 1.6　土体强度理论的内、外边界

(a)内边界(1900 年);(b)外边界(1985 年);(c)统一(俞茂宏,1991 年)

1998年,俞茂宏将双剪强度理论推广到饱和土和非饱和土问题研究中,并且提出双剪有效应力强度理论[6];2004年,俞茂宏又进一步将统一强度理论推广到该领域,提出有效应力统一强度理论[7-9]。2011年和2012年有效应力统一强度理论被写入《强度理论新体系:理论、发展和应用》[9]和《双剪土力学》[10]。

(2)地基、土压力和挡土结构以及边坡和路堤是土力学的三个典型工程问题。

20世纪出现了大量的研究成果。从强度方面看,关于强度问题的研究都是采用Mohr-Coulomb的单剪理论得出的,是单一的单剪解。1988年开始,黄文彬、李跃明、马国伟等将双剪屈服准则和统一屈服准则应用于工程实际问题,主要是金属类材料。从1994年开始,双剪强度理论和统一强度理论逐步被应用于岩土类材料,出现了一批以双剪强度理论或统一强度理论为理论基础的新的双剪解和统一解。这些新的应用在中国期刊网等都可查到,这些实用实践还在不断发展。

特别需要指出的是,1994年,俞茂宏等提出"双剪正交和非正交滑移线场理论"[11];1997年,俞茂宏等将其进一步发展为"统一平面应变滑移线场理论"[12],推导得出一系列关于平面应变问题的结构极限荷载计算公式以及相应的材料统一强度参数计算公式。《土木工程学报》发表《统一平面应变滑移线场理论》一文具有很重要的意义,原因有以下几点。

①岩土工程中的很多问题,包括条形基础、土压力、边坡、地下洞室结构等,都可以归结为平面应变问题,因此这篇论文可以应用于很多领域。

②该论文推导得出了一系列关于平面应变问题的结构极限荷载计算公式以及相应材料统一强度参数计算公式,它们都具有普遍性的意义。

③统一平面应变滑移线场理论将统一强度理论与滑移线场理论结合起来,它得到的公式与Mohr-Coulomb强度理论得出的公式具有相同的形式。平面应变统一滑移线场理论得出的材料的统一强度参数,可以直接应用于不同的材料和结构。

④统一平面应变滑移线场理论以及提出的材料的统一强度参数,可以直接推广应用于其他有关于强度理论的问题。

⑤统一平面应变滑移线场理论以及提出的材料的统一强度参数,可以推广应用于饱和土和非饱和土等问题的有效应力强度理论研究中。由它得出的强度数学建模公式、强度理论公式、应力空间屈服面、偏平面极限迹线等,都与统一强度理论和统一滑移线场的材料强度参数相同,但是用有效应力σ_1'、σ_2'、σ_3'代替了一般的主应力σ_1、σ_2、σ_3。

(3)计算技术。

电子计算技术在土力学中广泛应用,出现了计算土力学的新的分支学科。近年来,很多学者发表了将双剪统一强度理论装入计算机程序并进行土工问题分析的论文,其中沈珠江院士是较早进行这方面研究的工作者之一[13,14]。沈珠江院士应用单剪理论和双剪理论分析地基等多个工程问题。

(4)模型试验。

实验是验证理论计算和实际设计正确性的较好手段。实验土力学是土力学的重要分支学科。改革开放以来,全国大学的实验设备有很大发展,国产实验设备的质量不仅有很大提高,还引进了很多新的设备。

(5)发展。

土力学虽然发展得很快,但是仍然有很多问题需要研究。如图1.1和图1.2所示的大雁塔和应县木塔,这些塔属于国家、世界历史文化遗产和重点保护文物,不能任人随意开挖和试验,且它们都是高度在65m以上的建筑物,相当于现代的20多层高楼,往往需要采用桩基础。但是,当时不可能有打桩的技术。因此,研究古代高层建筑的基础和地基处理技术是很有意义的。

1.3 土力学课程与土木专业和工程实验的关系

在"大土木"专业中,无论是建筑工程、路桥工程,还是矿井建设工程等,都要涉及岩土工程,比如建筑物或构筑物、桥梁、水坝等的基础设计与施工,道路的路基、路堤设计,山区或丘陵地带挡土墙的结构计算,山坡的稳定性分析及加固,地基的处理等都离不开土力学理论。因此,土力学是土木工程专业重要的技术基础课。

现在,土力学的发展使我们面对更多的新问题,需要我们学习更多的知识,研究更多的新问题,应用更多的新理论和新技术。

土力学中存在各种各样的问题。在土木工程中,如果地基或基础出现了问题,都将会是大问题,这时进行补救较为困难,且其会对上部结构造成一定影响甚至出现垮塌,从而引发重大工程事故。这些都充分说明了土力学以及基础工程课程的重要性,同时说明了土力学和土木工程的密切关系。

1.4 土力学课程的特点

土力学课程与工程地质、水力学、高等数学、材料力学、弹性力学等课程密切相关,需要这些课程作为基础,并且也与塑性力学、岩土塑性力学等课程息息相关。它们都建立在连续介质力学框架的基础上。库仑是土力学之始祖,太沙基是土力学之父。土力学中的强度理论和土体结构的强度分析是以他们的理论为基础的。

传统的土力学只考虑了最大剪应力以及作用于最大剪应力面上的正应力,因此也可称之为太沙基土力学、单剪土力学或不考虑中间主应力的土力学。统一强度理论与 Mohr-Coulomb 理论一样具有线性表达式,但统一强度理论考虑了作用于土体的所有三个主应力,包括中间主应力,并且形成系列化的准则,在理论上更深入,求解得到的结果也从一个解发展为一系列有序排列的解,因而可以适用于更广泛的材料和结构。

为了促进土力学的发展,将 20 世纪 90 年代出现的统一强度理论引入土力学并将其应用于土力学的三个基本问题,不但在理论上解决了土力学没有考虑中间主应力的根本问题,而且在土体强度理论和土体结构强度理论方面都产生了一系列新的结果,为工程应用提供更多的结果。为了区别于传统的土力学,我们将之称为“基于统一强度理论的土力学”或简称为“新土力学”。将统一强度理论引入土力学之后,大部分内容都得到了更新,但是关于土的分类和土的渗流两部分内容没有新的变化,并且这两部分的研究方法与土力学其他章节有所不同。因此,本书并没有阐述,读者可以在其他土力学书中查阅这两部分的相关内容。

统一强度理论在理论上并不排斥其他理论,而是将它们作为特例包含其中。因此,统一强度理论不仅具有统一性,还具有和谐性。新土力学也并不排斥原来的土力学。

1.5　新土力学的应用

本书是关于土力学基础内容的著作,可以作为大学以及研究生教材。书中大部分内容虽然是新的,但与传统土力学是相对应的,因此也可以作为大学本科学生的教学参考书。

本书的特点是将统一强度理论系统地引入土力学。但统一强度理论的应用并不限于土力学,例如戚承志、钱七虎的《岩体动力变形与破不的基本问题》[15],钱七虎、王明洋的《岩土中的冲击爆炸效应》[16],谢和平、陈忠辉的《岩石力学》等。王安宝、杨秀敏等将双剪统一强度理论应用于混凝土结构[17-19],陈祖煜、汪小刚、杨健等将其写入《岩质边坡稳定分析:原理　方法　程序》等[20]。最近,德国《应用数学与力学学报》主编 Altenbach 和 Ochsner 教授将统一强度理论写入他们的新著作 *Plasticity of Pressure-Sensitive Materials*[21];谢和平、冯夏庭的《灾害环境下重大工程安全性的基础研究》[22],侯公羽主编的《岩石力学基础教程》[23],蔡美峰、何满潮、刘东燕主编的《岩石力学与工程(第二版)》[24]等都将统一强度理论写入书中。

德国 Springer 出版集团 2004 年出版了统一强度理论及其应用的专著[25],2006 年出版了将金属塑性力学与岩土塑性力学结合起来的广义塑性力学著作[26]。文献[27]和[28]是两本最新的相关著作。其中 *Structural Plasticity:Limit,*

Shakedown and Dynamic Plastic Analyses of Structures[27]主要是将统一强度理论应用于结构塑性分析的解析解，*Computational Plasticity：With Emphasis on the Application of the Unified Strength Theory*[28]主要将统一强度理论应用于结构塑性分析的数值解。

1.6　新土力学与传统土力学的异同

新土力学与传统土力学有很多相同之处。新土力学只是用统一强度理论代替了传统土力学的单剪理论（Mohr-Coulomb 理论）。由于强度理论是土力学的一个重要基础，因此理论的代替带来了后面一系列内容的变化。传统土力学与新土学的异同见表 1.1，传统土力学和新土力学的工程应用见表 1.2。

表 1.1　　　　　　　　　　　传统土力学和新土力学的异同

特点	传统土力学	新土力学
强度理论的数学表达式	线性方程	线性方程
获得材料参数的试验方法	围压三轴试验	围压三轴试验，两者相同
土体强度理论	Mohr-Coulomb 单剪强度理论：只考虑大主应力和小主应力两个主应力，没有考虑中间主应力的影响	统一强度理论：考虑了大、中、小三个主应力的影响，并将单剪强度理论、双剪强度理论和一系列新的线性破坏准则作为特例而包容于一体
强度理论的极限迹线		
强度理论中的材料参数	（C_0 和 φ_0）或（σ_c，σ_t）	（C_0 和 φ_0）或（σ_c，σ_t），两者相同
有效应力	$\sigma_{ij} = \sigma_{ij} - u$	$\sigma_{ij} = \sigma_{ij} - u$，两者相同
有效应力强度理论	有效应力单剪强度理论	有效应力统一强度理论
土的强度性质研究	土的抗剪强度：（1）直剪试验；（2）围压三轴试验；（3）其他	土的三轴强度：（1）真三轴试验；（2）中空柱试验；（3）围压三轴试验、平面应变试验等

表 1.2　　　　　　　　传统土力学和新土力学的工程应用

特点	传统土力学	新土力学
理论应用的可行性	自太沙基土力学发表 80 年来,已发表了成千上万篇论文,出版了成百上千本教材	新土力学的基础理论经过 40 多年的考验,理论已趋成熟,可以在解析分析和数值分析中得出一系列新的结果。国内外学者已发表了很多新论文。新土力学的教学和教材既可在土力学的一章或几章中实施,也可以在土力学的全书中实施
工程应用的可行性	很多工程实际和实验结果表明,现行的太沙基土力学计算结果小于实际结果,偏于保守	两者的材料参数和应用方法相同,但新土力学的结果包括了太沙基土力学的结果;两者具有类比性,新土力学的结果更接近于实际结果
分析结果	只有一个结果,往往与实验结果不符合	一系列结果,符合更多材料
条形基础分析 边坡稳定性分析 土压力理论	采用单剪理论,没有考虑中间主应力的影响;只能得出一个结果,只适合某一类材料	应用统一强度理论,考虑了中间主应力的影响;可以得出一系列结果,单剪强度理论的结果为其中的一个特例
两者的关系	传统土力学的结果不能包括新土力学的结果	新土力学的结果将传统土力学的结果作为一个特例而包含其中
工程应用的效益		在相同安全系数的条件下,可以更好地发挥材料的强度潜力,能取得十分可观的经济效益

参考文献

[1] 赵成刚,白冰,王远霞. 土力学原理. 北京:清华大学出版社,2004.

[2] 沈珠江,陆培炎. 评当前岩土工程实践中的保守倾向. 岩土工程学报,1997,19(4):115-118.

[3] Drucker D C. A more foundational approach to stress-strain relations. Proceedings of the First National Congress of Applied Mechanics,ASME,1951:487-491.

[4] 俞茂宏. 强度理论新体系. 西安:西安交通大学出版社,1992.

[5] 钱七虎,戚承志. 岩石、岩体的动力强度与动力破坏准则. 同济大学学报:自然科学版,2008,36(12):1599-1605.

[6] 俞茂宏. 双剪理论及其应用. 北京:科学出版社,1998.

[7] 俞茂宏. 强度理论的美和新土力学展望//上海市科协第二届学术年会力学与岩土工程学术年会特邀大会报告,2004.

[8] 俞茂宏,范文,周小平,等. 新土力学基础研究进展//《中国土木工程学会第十届土力学及岩土工程学术会议论文集》编委会.中国土木工程学会第十届土力学及岩土工程学术会议论文集.重庆:重庆大学出版社,2007:223-229.

[9] 俞茂宏. 强度理论新体系:理论、发展和应用.2 版. 西安:西安交通大学出版社,2011.

[10] 俞茂宏,周小平,张伯虎. 双剪土力学. 北京:中国科学技术出版社,2012.

[11] 俞茂宏,刘剑宇,刘春阳. 双剪正交和非正交滑移线场理论. 西安交通大学学报,1994,28(2):122-126.

[12] 俞茂宏,杨松岩,刘春阳,等. 统一平面应变滑移线场理论. 土木工程学报,1997,30(2):14-26.

[13] 沈珠江.土体弹塑性变形分析中的几个基本问题.江苏力学,1993(94):1-10.

[14] 沈珠江.几种屈服函数的比较.岩土力学,1993,14(1):41-47.

[15] 戚承志,钱七虎. 岩体动力变形与破坏的基本问题. 北京:科学出版社,2009.

[16] 钱七虎,王明洋. 岩土中的冲击爆炸效应. 北京:国防工业出版社,2010.

[17] 王安宝,杨秀敏,史维纷,等. 混凝土板的轴对称冲切强度. 建筑科学,2000,16(5):17-20.

[18] 王安宝,杨秀敏,王年桥,等. 化爆作用下钢筋混凝土板柱节点冲切破坏的试验研究及分析. 爆炸与冲击,2001,21(3):184-192.

[19] 王安宝,董军,杨秀敏,等.化爆作用下无梁板结构的冲切动力响应分析.工程力学,2003,21(3):6-12.

[20] 陈祖煜,汪小刚,杨健,等. 岩质边坡稳定分析——原理·方法·程序. 北京:中国水利水电出版社,2005.

[21] Altenbach H,Ochsner A. Plasticity of Pressure-Sensitive Materials. Berlin:

Springer,2014.

[22] 谢和平,冯夏庭.灾害环境下重大工程安全性的基础研究.北京:科学出版社,
2009.

[23] 侯公羽.岩石力学基础教程.北京:机械工业出版社,2011.

[24] 蔡美峰,何满潮,刘东燕.岩石力学与工程.2版.北京:科学出版社,2013.

[25] Yu Maohong. Unified Strength Theory and Its Applications. Berlin:
Springer,2004.

[26] Yu Maohong. Generalized Plasticity. Berlin:Springer,2006.

[27] Yu Maohong,Ma Gaowei,Li Jianchun. Structural Plasticity:Limit,Shake-
down and Dynamic Plastic Analyses of Structures. Berlin:Springer and ZJU
Press,2009.

[28] Yu Maohong,Li Jianchun. Computational Plasticity:With Emphasis on the
Application of the Unified Strength Theory. Berlin:Springer and ZJU
Press,2012.

阅读参考材料

莫尔(Otto Christian Mohr,1835—1918)　　库仑(C. A. Coulomb,1736—1806)

莫尔-库仑(Mohr-Coulomb)理论是 1900 年德国科学家莫尔在他 65 岁退休时提出来的,其数学表达式为 $\sigma_1 - \alpha\sigma_3 = \sigma_拉\,(\alpha = \sigma_拉/\sigma_压)$。它可以通过数学建模方程 $F = \tau_{13} + \beta\sigma_{13} = C$ 得出。显然,无论是主应力单元体还是最大剪切应力单元体(下图),莫尔-库仑理论都少考虑了一个应力变量 σ_2。

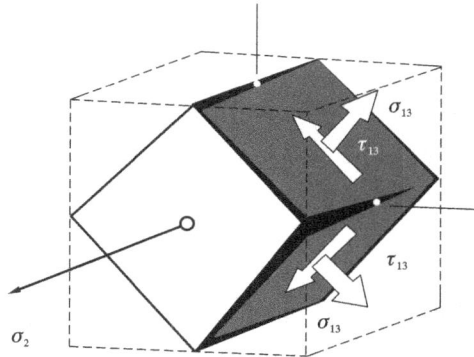

以下两图分别为密松、水布垭两种材料的最大主应力与最小主应力之比 $(\sigma_1/\sigma_3)_0$ 与围压 σ_3^0 关系的理论曲线与堆石试验结果对比(石修松,程展林)。

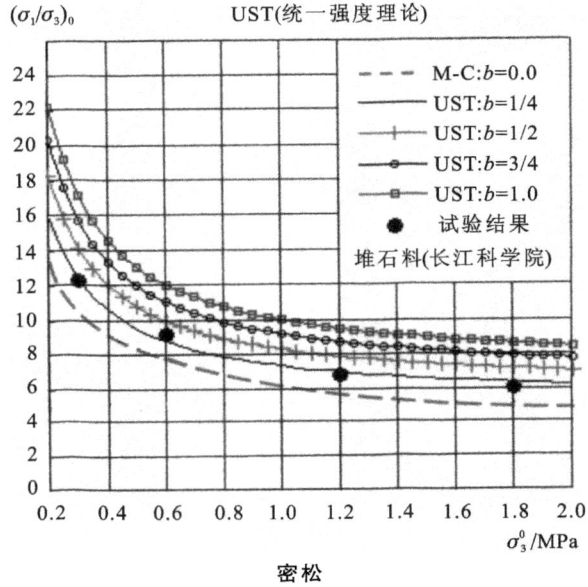

密松

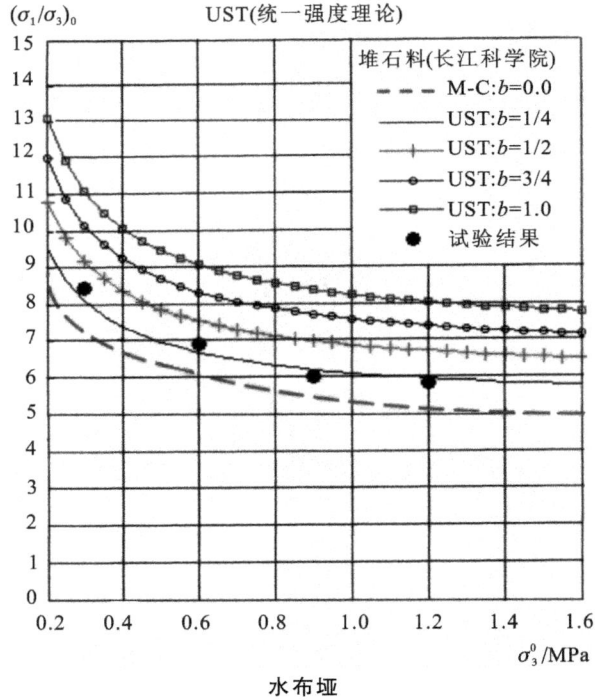

水布垭

2 莫尔-库仑强度理论的分析

2.1 概　述

　　土木、水利、岩土等工程专业的大学生在材料力学课程中已经知道莫尔-库仑强度理论,它是土力学的重要基础。莫尔-库仑强度理论具有清晰的物理概念、简单的数学表达式,并且与现在广泛应用的轴对称三轴试验相配合,因而得到广泛的应用。但是,莫尔-库仑强度理论也存在很多根本性的不足,并且与很多实验结果不相符合。这些不足,有的是明显的,有的却不明显,因而不被人们所注意。100多年来,国内外学者在这方面已经进行了大量的研究,对理论的发展作出了积极的贡献并且取得了一系列有价值的研究成果[1-10]。我们将这些研究成果进行收集、整理、归纳、总结,从而对莫尔-库仑理论的不足有了更进一步的认识。

　　在土力学中,莫尔-库仑强度理论是根本性的理论基础,也是土力学三大实际问题,即条形基础承载力、边坡稳定性、土压力和挡土墙的理论分析的基础。对土力学进行改革,必须对莫尔-库仑理论进行分析。

　　在这一章,我们将从各个不同方面对莫尔-库仑强度理论进行分析。有些分析可能牵涉到一些新的概念,但是不难理解,在以后各章中也有相应的进一步研究。

　　下面我们从 10 个方面,对莫尔-库仑强度理论进行分析。

2.2　对莫尔-库仑强度理论的分析之一:缺少一个变量

　　土体在荷载作用下将产生应力,这种应力无论是基础下面的土体、边坡的土体,还是挡土墙的土体,等等,一般都在三向应力作用之下。工程中一般将它们归纳为三个主应力 $(\sigma_1, \sigma_2, \sigma_3)$。

　　莫尔-库仑强度理论的数学表达式为

$$\sigma_1 - \alpha \sigma_3 = \sigma_拉 \tag{2.1}$$

　　显然,在土力学强度问题的三个变量中,莫尔-库仑强度理论只考虑了两个变量,即大、小主应力 (σ_1, σ_3),而没有考虑中间主应力 (σ_2)。

2.3　对莫尔-库仑强度理论的分析之二：
只考虑最大应力圆

莫尔-库仑强度理论在理论上以最大剪应力 $\sigma_{13}=(\sigma_1-\sigma_3)/2$ 及其面上的正应力 $\sigma_{13}=(\sigma_1+\sigma_3)/2$ 为材料破坏的要素,材料强度试验以最大剪应力的极限应力圆为依据,如图 2.1 所示。试验时,首先在试件上施加围压 σ_3 并保持不变,然后在竖直方向施加垂直压力 σ_1,它们所形成的应力圆如图 2.1 中的小圆 A 所示。继续增加垂直压力 σ_1 到某一极限值,材料发生破坏。这时,形成材料的极限应力圆,并与强度包线相切,如图 2.1 中应力圆 B 所示。图 2.1 中的圆 C 与强度包线相割,说明此时单元体早已发生剪切破坏,因而是该单元体临界破坏时的应力状态。

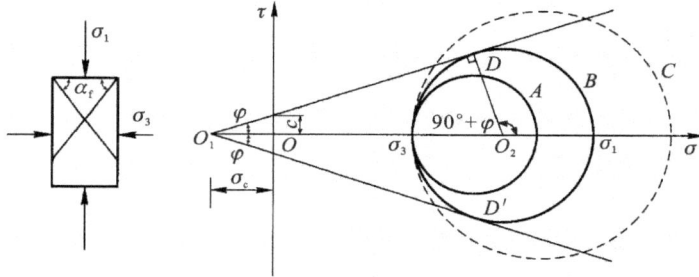

图 2.1　极限应力圆

这种与应力圆相一致的分析十分自然,并且与试验结果相配合。这是莫尔-库仑强度理论一个很有效的说明。但是,这里面恰隐藏着一个问题,它只考虑了三个应力圆中的一个最大应力圆。莫尔-库仑强度理论的极限应力圆只与最大主应力 σ_1 和最小主应力 σ_3 两个主应力有关,或者只与最大剪应力的极限应力圆的半径 $\tau_{max}=\tau_{13}=\dfrac{\sigma_1-\sigma_3}{2}$ 以及圆心的坐标 $\sigma_{13}=\dfrac{\sigma_1+\sigma_3}{2}$ 有关,如图 2.2 所示。它们都没有考虑中间主应力 σ_2。所以,莫尔-库仑强度理论和莫尔包络线只考虑了三个应力圆中的一个最大应力圆,在理论上同样是不完整的。

实际上,任何一个受力单元体都存在三个主剪应力和三个应力圆,除了最大剪应力的极限圆外,还有其他两个小的应力圆,并且两个小的应力圆的大小关系不确定,如图 2.3 所示。这些都将对材料的破坏产生影响。无论是图 2.3(a)还是图 2.3(b)的情况,都将影响材料强度极限圆的大小。

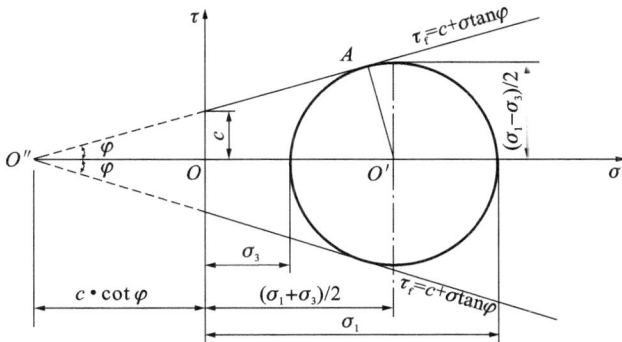

图 2.2 极限应力圆和包络线

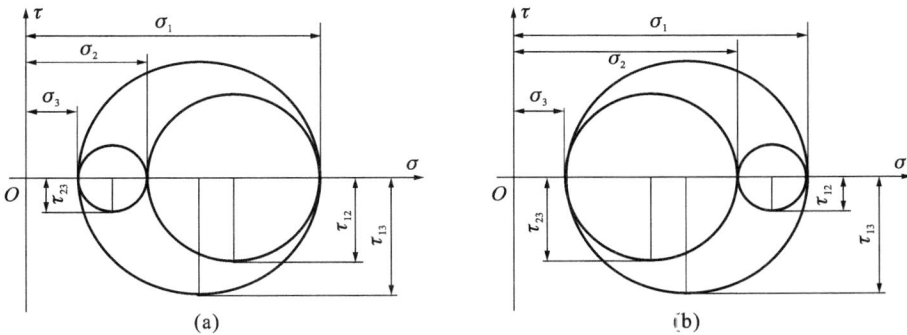

图 2.3 两个小的应力圆和它们的变化

（a）$\tau_{12} \leqslant \tau_{23}$；（b）$\tau_{12} \geqslant \tau_{23}$

2.4 对莫尔-库仑强度理论的分析之三： 断裂角分析

从图 2.1 的极限应力圆可知,单元体内达到极限状态时的断裂面的角度可由应力圆与单元体的对应关系确定:单元体上断裂面与水平面间的夹角为 α_f（图 2.1 左）,即断裂面与最大主应力面间的夹角 α_f 为

$$\alpha_f = \frac{1}{2}(90° + \varphi) = 45° + \frac{\varphi}{2} \qquad (2.2)$$

同理,单元体上断裂面与竖直面间的夹角,即断裂面与最小主应力面间的夹角为

$$\alpha_f = \frac{1}{2}(90° - \varphi) = 45° - \frac{\varphi}{2} \qquad (2.3)$$

这是根据莫尔-库仑强度理论的最大主剪应力极限应力圆分析的结果。但是,单元体存在三个主剪应力 τ_{13}、τ_{12}、τ_{23} 和三个应力圆。很多试验表明,除了最大剪

应力的极限圆外,其他两个小的应力圆都将对材料断裂角的变化产生影响。这种影响也表现在断裂角大小的变化,如图 2.4 所示。

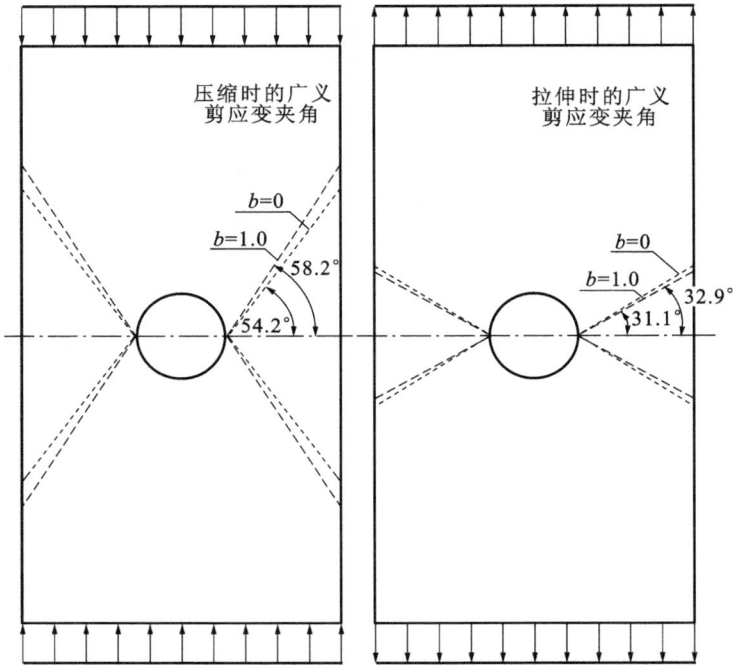

图 2.4 不同材料的断裂角大小的变化

当 $\tau_{13} = \tau_{12}$ 时,试件的断裂截面可能发展为两对(四个)截面,如图 2.5 所示。

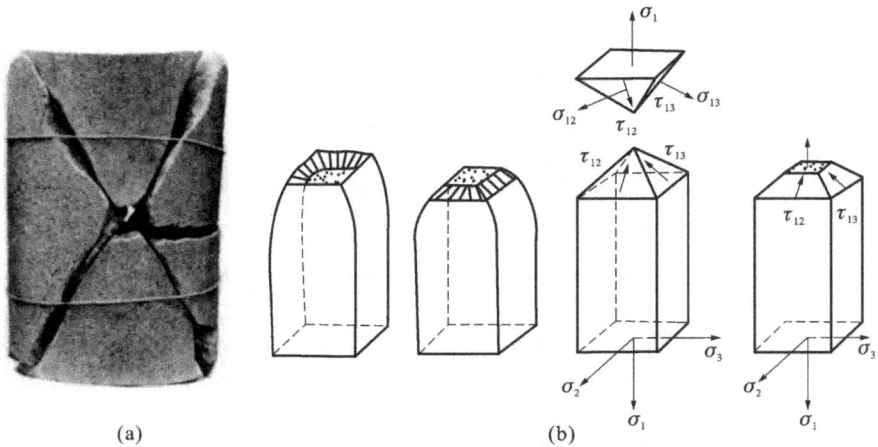

(a)   (b)

图 2.5 圆形试件和方形试件的破坏

(a)圆形试件;(b)方形试件

2.5　对莫尔-库仑强度理论的分析之四：土体强度指标 φ

1. 平面应变试验与轴对称三轴试验结果对比

在土力学和土工试验中，一般采用常规三轴试验（轴对称三轴试验）得出土体材料的强度指标摩擦角 φ。但是，Cornforth 进行砂土的平面应变试验时发现，砂土在平面应变条件下得出的土体材料的强度指标 $\varphi_{平面应变}$ 比常规三轴试验得出的土体材料的强度指标 $\varphi_{三轴}$ 大很多[2]。1966 年，Henkel 和 Wade 进行了饱和重塑黏土的平面应变试验，又得出同样的结果[3]。1974 年，Al. Hussaini 进行了砂的平面应变试验[4]；1977 年，Vaid 和 Campanella 进行了自然黏土的平面应变试验[5]，得出了同样的结果。图 2.6 为 Cornforth 进行不同孔隙率砂土的平面应变试验（试件在 $\sigma_1 > \sigma_2 > \sigma_3$ 应力状态下的剪切破坏）和常规三轴试验（试件在 $\sigma_1 > \sigma_2 = \sigma_3$ 应力状态下的剪切破坏）得出的结果[2]。从图中可以看出，两种试验得出的抗剪切强度指标 φ 有明显的差别。Al. Hussaini 对不同密度砂土进行了平面应变试验和常规三轴试验的对比，结果如图 2.7 所示[4]。Cornforth 和 Hussaini 的试验结果得出的强度指标摩擦角 φ 也都有明显的差别，这些都是由于中间主应力不同引起的。

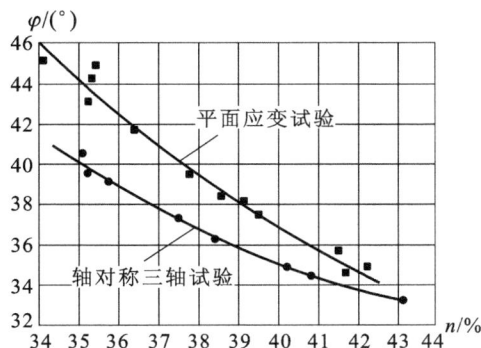

图 2.6　两种试验的内摩擦角
（Cornforth，1964 年）

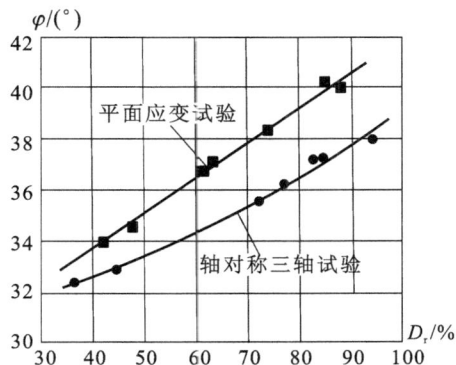

图 2.7　为摩擦角的变化
（Al. Hussaini，1973 年）

平面应变试验和常规三轴试验两种试验结果得出的抗剪强度指标有明显的差别。这种现象很快被清华大学黄文熙先生所注意，在"文化大革命"时期，他曾被关进"牛棚"隔离审查，但仍关心国际上土力学的发展，为土的本构关系的研究做了大量的准备工作。在"文化大革命"中断了 12 年的大学生和研究生培养之后，他立即研制了平面应变试验机，并指导研究生李树勤等进行了"在平面应变条件下砂土本构关系的试验研究"[6]，得出了明确的结论："无黏性土在平面应变条件下的本构特性同轴对称条件下有较大差别，在研究土的本构关系时不能忽视这些差别。"

表 2.1 给出了国内外最早进行的关于砂土的平面应变试验相对于轴对称三轴压缩的强度和变形的变化结果[6-8]。从表中可以看到，砂的平面应变试验得出的峰值强度（摩擦角 φ_p）一般比轴对称三轴强度摩擦角 φ 大 $1.0°\sim7.0°$，提高了 $2.8\%\sim18.4\%$；而相同载荷下峰值的轴向应变 ε 则减小了 $2.47\sim9.4$，即降低了 $40.8\%\sim63.9\%$。

表 2.1　　　　砂的平面应变试验相对于三轴压缩的强度和变形的变化

试验人	材料	固结方式	$(\sigma_1-\sigma_3)_{max}$ / (kg/cm^2)			峰值强度			相同载荷下峰值时的轴向应变 ε / %		
			普通三轴	平面应变	差值（增加%）	普通三轴	平面应变	差值（增加%）	普通三轴	平面应变	差值（减少%）
Cornforth，1964 年	密砂	K_0	11.1	13.9	2.83（25.6%）	41.7°	46.0°	4.3°（10.3%）	3.55	1.32	2.23（62.8%）
	中密砂	K_0	9.6	12.6	3.00（31.3%）	39.0°	43.7°	4.7°（12%）	4.00	1.51	2.49（62.2%）
	中砂	K_0	7.87	9.05	1.18（15%）	35.9°	38.0°	2.1°（5.9%）	6.82	2.07	4.75（69.6%）
	松砂	K_0	6.65	7.44	0.79（12%）	33.5°	34.0°	0.5°（1.5%）	11.1	3.30	7.76（69.9%）
Green，1972 年	密河砂	等向	7.40	9.46	2.06（28%）	39.0°	44.0°	5.0°（12.8%）	6.36	3.56	2.80（44%）
Lee，1970 年	松砂	K_0 $\sigma_3=1$	3.00	3.95	0.95（32%）	38.0°	45.0°	7.0°（18.4%）	14.7	5.30	9.40（63.9%）
	密砂	K_0 $\sigma_3=1$	3.41	5.75	2.34（69%）	40.0°	48.0°	8.0°（20%）	7.11	3.33	3.78（53.2%）
	密砂	K_0 $\sigma_3=5$	13.8	14.6	0.80（5.8%）	35.4°	36.4°	1.0°（2.8%）	21.7	9.60	12.10（55.8%）
Wade，1963 年	密细砂	K_0	10.6	11.9	1.3（12.3%）	40.7°	42.7°	2.0°（4.9%）	4.00	1.87	2.13（53.3%）
李树勤，1982 年	中密承德砂	等向 $\sigma_3=1$	2.89	3.89	1.0（34.6%）	36.3°	41.3°	5°（13.8%）	4.04	2.03	2.01（49.8%）
	中密承德砂	等向 $\sigma_3=3$	8.06	10.93	2.87（35.6%）	35.0°	40.2°	5.2°（14.9%）	5.30	2.91	2.39（45.1%）
	中密承德砂	等向 $\sigma_3=5$	13.24	17.74	4.5（34%）	34.7°	39.8°	5.1°（14.7%）	6.06	3.59	2.47（40.8%）

　　清华大学、河海大学、同济大学和中国水利水电科学研究院等学者都进行了平面应变问题的研究。马险峰、望月秋利等基于大阪市立大学真三轴压缩试验装置开发了改良型平面应变仪[9]，这种试验装置便于试样的放置，尤其是对于自立性较差的松散砂或软黏土试样，可同时进行拉伸试验。他们进行了砂的平面应变与轴对称三轴围压试验，并总结出不同研究者关于内摩擦角的结果，如图 2.8 所示[9]。

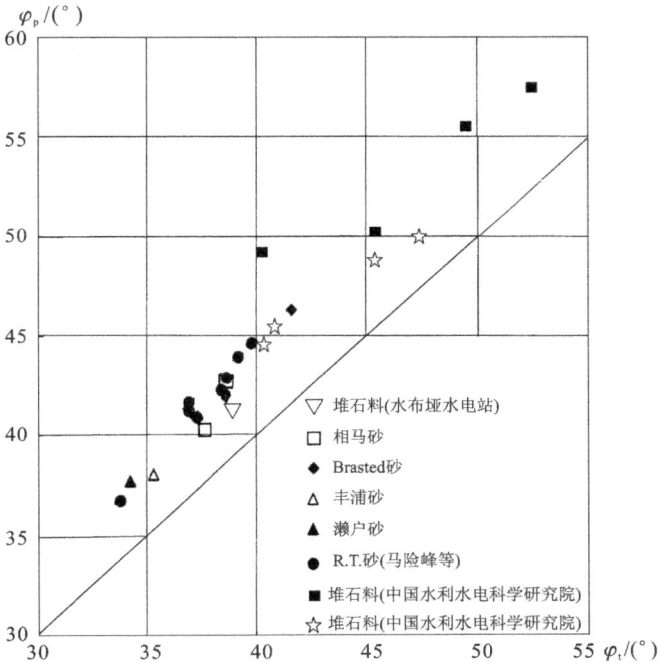

图 2.8　常规三轴和平面应变条件下得到的砂的内摩擦角

　　国内外的研究者都得出了一致的试验结果（图 2.9），并且分析结果也相同。他们都指出：平面应变试验与轴对称围压试验的差别主要在于中间主应力的不同。中间主应力对土体本构关系是有影响的。在理论上，这种影响将通过破坏准则反映到土体的本构关系中。清华大学陈仲颐、周景星、王洪瑾，北京交通大学赵成刚、白冰、王远霞等，以及李广信、张丙印、于玉贞等将平面应变试验的主要结果写进了土力学教科书中[10-13]，并指出"两种试验结果得出的抗剪强度指标 φ 有明显的差别。这种差别就是由中间主应力 σ_2 的不同引起的。由于莫尔-库仑理论存在着这种缺点，因此人们不断地致力于更完善的强度理论的研究与探索。"

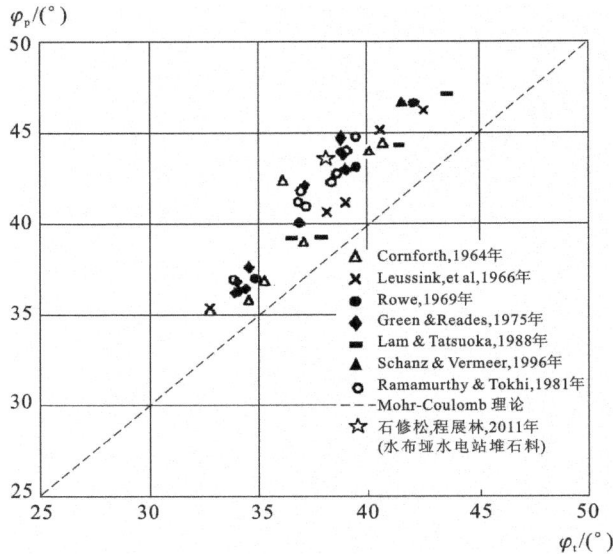

图 2.9 常规三轴和平面应变条件下得到的砂土和堆石料的内摩擦角的差异

2. 土体强度指标摩擦角 φ（真三轴试验结果）

常规三轴试验产生的三个应力是 $\sigma_1 > \sigma_2 = \sigma_3$ 的特殊状态。平面应变试验虽然产生了 $\sigma_1 > \sigma_2 \neq \sigma_3$ 的三轴应力，但是中间主应力的大小不能随意变化，一般平面应变试验产生的中间主应力 $\sigma_2 \leqslant \dfrac{\sigma_1 + \sigma_3}{2}$。

为了研究其他应力状态时的土体强度，在 20 世纪 60 年代进行平面应变试验研究的同时，也进行了真三轴试验机的研制和各种土体真三轴试验。图 2.10 是 Procter 和 Barden 以及 Reades 和 Green 对两种砂土在真三轴条件下得到的砂土的内摩擦角的变化[14,15]。图中纵坐标为摩擦角 φ，横坐标为应力状态参数 $\tau_\mu = \dfrac{\tau_{23}}{\tau_{13}} = \dfrac{\sigma_2 - \sigma_3}{\sigma_1 - \sigma_3}$。从图中可以看到，各种不同应力状态下得出的摩擦角 φ 都比莫尔-库仑理论得出的大。

图中应力状态参数 $\dfrac{\tau_{23}}{\tau_{13}} = 0$ 时的中间主应力 $\sigma_2 = \sigma_3$，即轴对称三轴试验的应力状态。中间主应力 σ_2 逐步增大，应力状态参数 $\dfrac{\tau_{23}}{\tau_{13}}$ 也逐步增大。应力状态参数 $\dfrac{\tau_{23}}{\tau_{13}} = 0.5$ 相当于中间主应力 $\sigma_2 = \dfrac{\sigma_1 + \sigma_3}{2}$，$\dfrac{\tau_{23}}{\tau_{13}} = 1$ 相当于中间主应力 $\sigma_2 = \sigma_1$。莫尔-库仑强度理论所预计的结果是相应的水平线。从真三轴试验的结果可以看到，

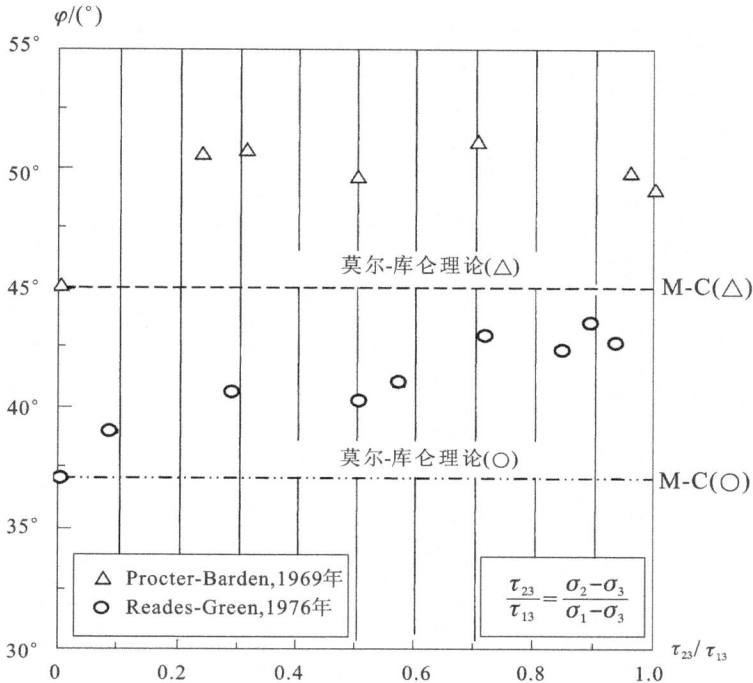

图 2.10　真三轴试验得到的砂土的内摩擦角

除了 $\dfrac{\tau_{23}}{\tau_{13}} = 0$ 时(相当于轴对称三轴试验)的结果外,其他各种应力状态下得到的摩擦角 φ 都大于轴对称三轴试验的结果。Procter 和 Barden 得出的摩擦角 φ 比莫尔-库仑理论大 5°左右,Reades 和 Green 得出的摩擦角 φ 比莫尔-库仑理论大 2.6°。可见莫尔-库仑理论与试验结果有较大的误差。

国内外学者进行的很多真三轴试验结果都得到类似的结果,如图 2.11 所示[14-22]。在图 2.11 中,曲线①～⑩分别为:①Proctor 和 Barden(密砂,1969 年),②Sutherl 和 Mesdary(密砂,1969 年),③Sutherl 和 Mesdary(松砂,1969 年),④Lade(密砂,1973 年),⑤Lade(松砂,1973 年),⑥Lomlza(砂,1967 年),⑦Ramamurty 和 Rawat(密砂,1973 年),⑧A1-Ani 和 Quasi(密砂,1975 年),⑨Ergun(密砂,1976 年),⑩Ergun(松砂,1976 年)。同济大学扈萍、黄茂松等对上海细砂土进行了真三轴试验,并总结了各种真三轴试验结果,如图 2.12 所示[23]。

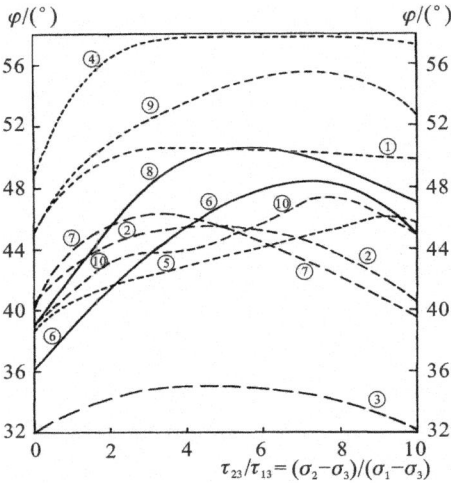

图 2.11　国内外学者的真三轴试验结果

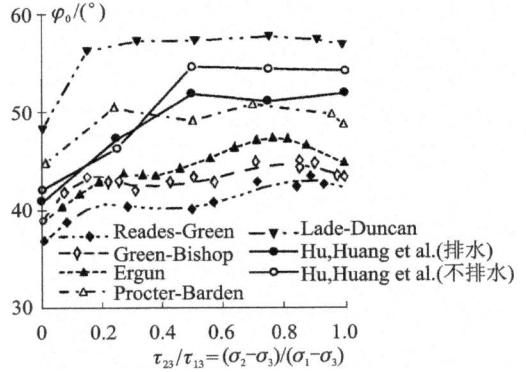

图 2.12　不同砂土真三轴试验的内摩擦角变化

2.6　对莫尔-库仑强度理论的分析之五：抗剪强度指标 C

上一节我们分析了土体在常规三轴试验得出的强度指标内摩擦角 $\varphi_{三轴}$ 与土体在平面应变条件下得出的内摩擦角 $\varphi_{平面应变}$ 的差别。莫尔-库仑理论不能解释这种差别。不仅如此,试验结果表明在常规三轴试验(轴对称三轴试验)得出的抗剪强度指标 $C_{三轴}$ 或 $(\sigma_1 - \sigma_3)_{三轴}$ 与土体在平面应变条件下得出的抗剪强度指标 C_p 或 $(\sigma_1 - \sigma_3)_p$ 有差别。

河海大学殷宗泽等结合工程,采用小浪底土心墙的土料,进行了固结排水的普通三轴和平面应变试验。图 2.13 给出了土体在 100 kPa、200 kPa 和 400 kPa 不同围压下的应力应变关系的试验结果[24],得出一系列常规三轴和平面应变条件下砂土抗剪强度的对比资料。可以看到平面应变试验得到的土体剪切强度比普通三轴试验得到的土体剪切强度大,且围压越大,剪切强度提高越多。图 2.14 是国内外学者得出的在常规三轴和平面应变条件下一些砂土的抗剪强度对比,试验结果与莫尔-库仑理论都不相符。

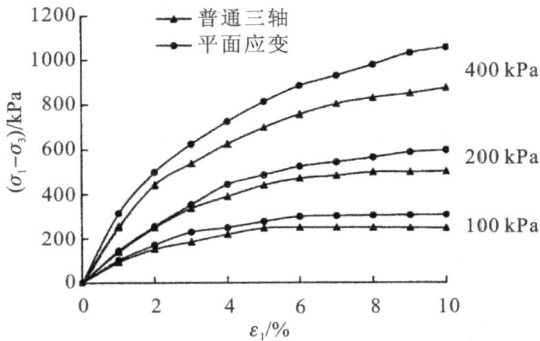

图 2.13 常规三轴和平面应变条件下黏土的应力应变关系(殷宗泽,赵航)

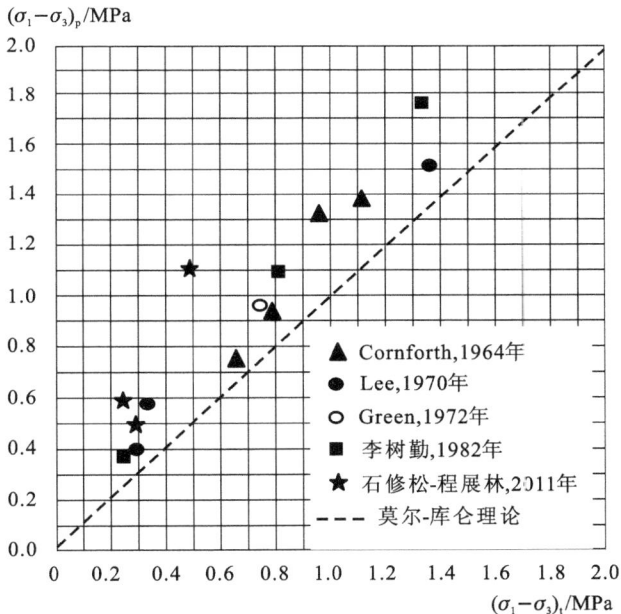

图 2.14 常规三轴和平面应变条件下一些砂土的抗剪强度对比

2.7 对莫尔-库仑强度理论的分析之六: 土体峰值强度 σ_1^0

试验对比不仅表明土体在常规三轴试验得出的内摩擦角 $\varphi_{\text{三轴}}$ 和抗剪强度与在平面应变条件下得出的内摩擦角 $\varphi_{\text{平面应变}}$ 和抗剪强度的差别,也可以看出土体在常规三轴试验得出的峰值强度 $(\sigma_1^0)_{\text{平面应变}}$ 与在平面应变条件下得出的峰值强度 $(\sigma_1^0)_{\text{三轴}}$ 的差别。图 2.15 和图 2.16 是承德中密砂(李树勤)和水泥土(宋新江,徐海

27

波)试验所得出的结果。从图中可以看到平面应变条件下得出的峰值强度明显大于常规三轴试验得出的峰值强度。

长江科学院和东南大学对堆石料进行了系统研究,并对三种堆石料在常规三轴和平面应变条件下的峰值强度进行了理论与试验结果的对比[25](石修松、程展林,2011 年)。三种堆石料得出的规律性一致,下面是其中的一例。图 2.17 为堆石材料的峰值强度与围压应力之比(σ_1/σ_3)与围压应力 σ_3 的关系曲线。由图可以看到,平面应变条件下的峰值强度与围压应力之比(σ_1/σ_3)平面应变明显大于常规三轴试验得出的峰值强度与围压应力之比(σ_1/σ_3)三轴。他们同时进行了各种拉压强度性质不同的材料在复杂应力状态下的强度计算,得出破坏时大、小主应力比值(σ_1/σ_3)与围压应力 σ_3 关系的理论值和试验结果,如图 2.17 所示。

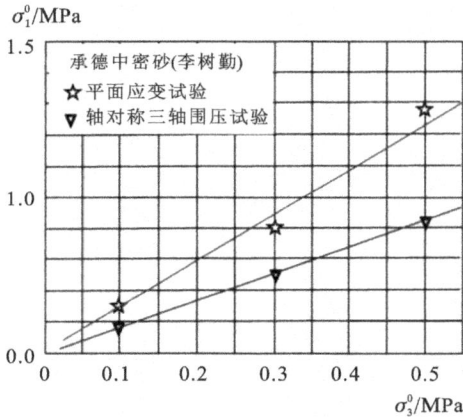

图 2.15　中密砂值强度的对比

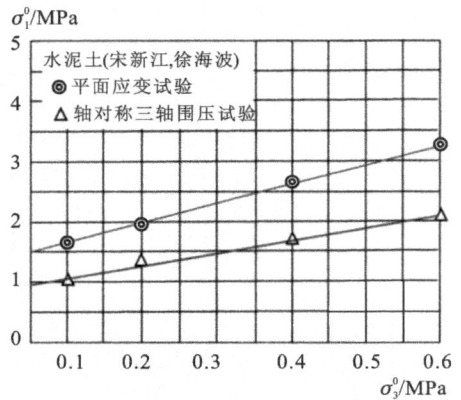

图 2.16　水泥土峰值强度的对比

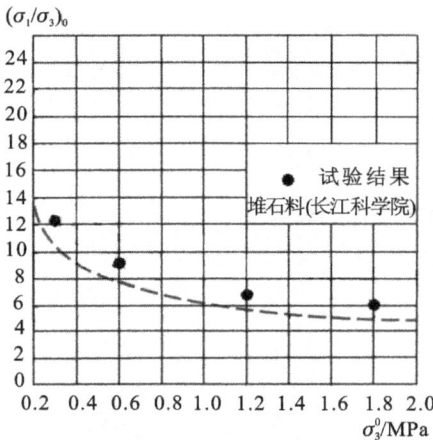

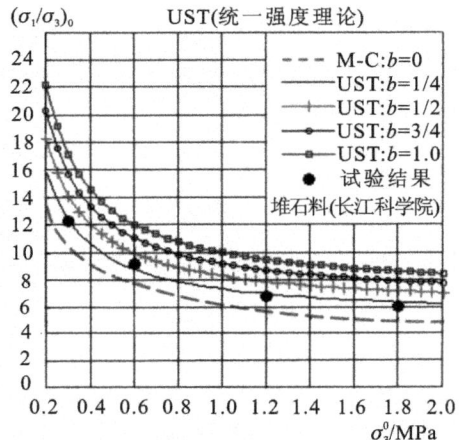

图 2.17　(σ_1/σ_3)-σ_3 关系的理论值和试验结果对比(石修松,程展林,2011 年)

2.8 对莫尔-库仑强度理论的分析之七：复杂应力试验

国内外学者对土体材料在复杂应力的极限面进行了大量的研究,用试验得出土体在三维应力空间 $(\sigma_1,\sigma_2,\sigma_3)$ 的极限面较为困难。一般在主应力空间 $(\sigma_1,\sigma_2,\sigma_3)$ 作一等倾线,即与三个应力轴 σ_1、σ_2、σ_3 的夹角相等的线,如图 2.18(a) 所示。与等倾线相垂直的平面称为偏平面,或 π 平面,如图 2.18(b) 所示。一般通过复杂应力试验得出偏平面的极限迹线进行各种强度理论的比较。各种不同的强度理论在偏平面的极限迹线的差别比较明显,易于区别。

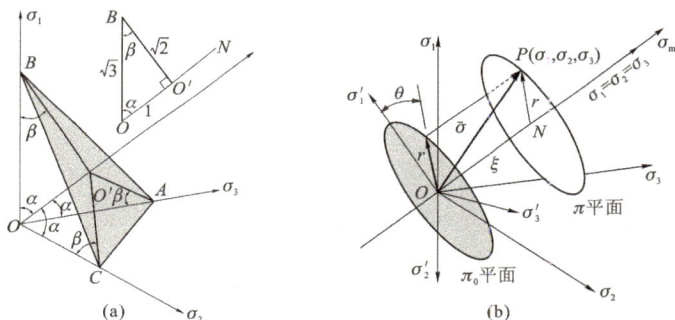

图 2.18 主应力空间的等倾线和偏平面

(a)等倾线;(b)偏平面(π 平面)

图 2.19 为日本京都大学的固结土的实验结果[26](Shibata 和 Karube,1965年),图 2.20 为日本东京都立大学的黄土的实验结果(Yoshimine),图 2.21 为同济大学对土材料的实验结果,图 2.22 为 Yamada 对富士河砂的实验结果。图中极限线的内边界为莫尔-库仑强度理论,外边界为双剪强度理论。从图中可以看到,实验得出的极限面一般都大于莫尔-库仑强度理论的极限面。在本书第 6 章我们将给出更多的实验结果。

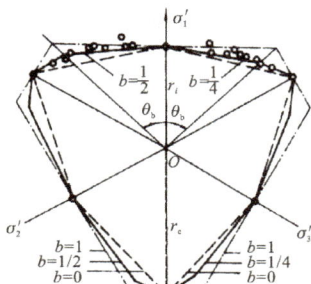

图 2.19 日本京都大学的固结土的实验结果

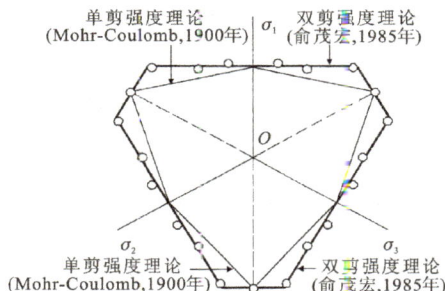

图 2.20 日本东京都立大学的黄土的实验结果

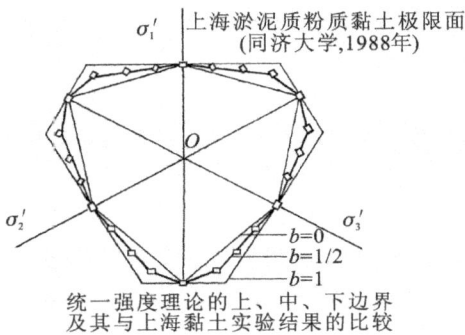

图 2.21　上海黏土的实验结果(同济大学)　　图 2.22　富士河砂的实验结果(Yamada)

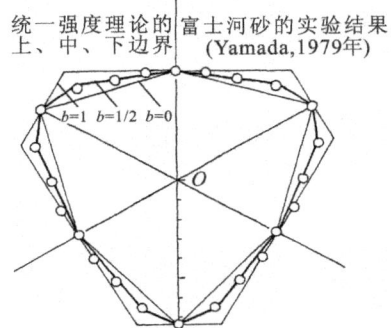

2.9　对莫尔-库仑强度理论的分析之八：结构分析结果讨论

图 2.23(a)是一个平面应力问题的梯形结构,上部承受均布载荷 q,采用不同强度理论求得梯形结构的极限载荷如图 2.23(b)所示[27]。图中 q_0 为莫尔-库仑强度理论得出的极限载荷;q 为各种强度理论得出的极限载荷;b 为强度理论参数;$\alpha = \sigma_t / \sigma_c$,为材料拉压强度比;$b = 0$ 为莫尔-库仑强度理论得出的结果。从图中可以看到,采用莫尔-库仑强度理论求得的结果不能反映材料拉压强度的不同,该结果显然是不合理的。

由此可见,莫尔-库仑强度理论不但在土体材料试验结果方面不相符合,而且应用到土体结构时,也可能得到不合理的结果。

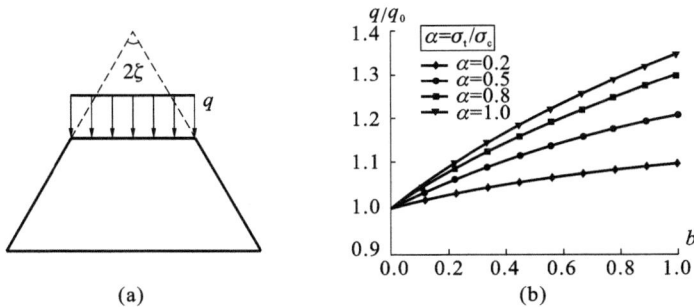

图 2.23　平面应力问题:梯形结构的极限载荷

2.10 对莫尔-库仑强度理论的分析之九：
轴对称三轴试验方法的讨论

三轴压缩试验是测定土体抗剪强度的一种常用的方法。三轴压缩仪由压力室、轴向加荷系统、施加周围压力系统、孔隙水压力测量系统等组成,如图 2.24 所示。

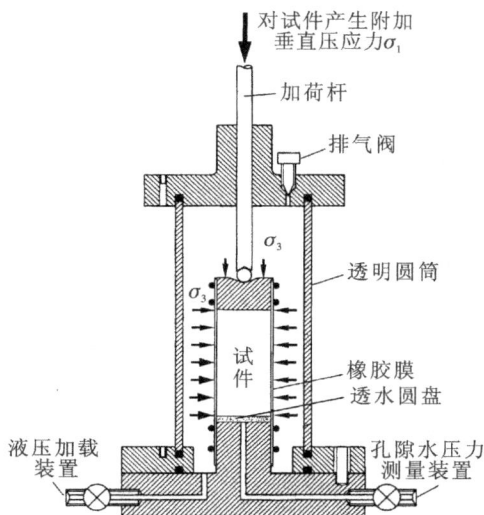

图 2.24 三轴压缩试验示意图

常规试验方法的主要步骤如下:将土切成圆柱体套在橡胶膜内,放在密封的压力室中,然后向压力室内压入液体(水或油),使试件在各个方向受到周围压力,并使液压在整个试验过程中保持不变,这时试件内各向的三个主应力都相等,因此不产生剪应力。然后通过传力杆对试件施加竖向压力,这样,竖向主应力就大于水平向主应力,保持水平向主应力不变,逐渐增大竖向主应力直到试件发生剪切破坏。设剪切破坏时由传力杆加在试件上的竖向压应力为 $\Delta\sigma_1$,则试件上的大主应力为 $\sigma_1 = \sigma_3 + \Delta\sigma_1$,而小主应力为 σ_3,以 $(\sigma_1 - \sigma_3)$ 为直径可画出一个极限应力圆,如图 2.25 中的圆 A。用同一种土样的若干组试件(3 组以上)按上述方法分别进行试验,每个试件施加不同的周围压力 σ_3,可分别得出剪切破坏时的大主应力 σ_1,将这些结果绘成一组极限应力圆,如图 2.25 中的圆 A、圆 B 和圆 C。根据极限应力圆,作一组极限应力圆的公共切线,即为土的抗剪强度包线,通常可近似取为一条直线。该直线与横坐标间的夹角即为土的内摩擦角 φ,直线与纵坐标相交的截距即为土的黏聚力 c。

轴对称三轴压缩试验按剪切前的固结程度和剪切时的排水条件分为以下三种试验方法。

(1)不固结不排水三轴试验,又称 UU 试验(Unconsolidated Undrained),简称不排水试验。试样在施加周围压力和随后施加竖向压力直至剪切破坏的整个过程中都不允许排水,试验自始至终关闭排水阀门。

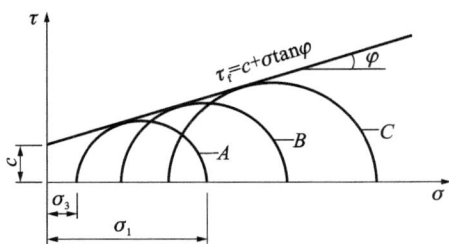

图 2.25　三轴压缩试验的包络线

(2)固结不排水三轴试验,又称 CU 试验(Consolidated Undrained)。试样在施加周围压力 σ_3 时打开排水阀门,允许排水固结,待固结稳定后关闭排水阀门,再施加竖向压力,使试样在不排水的条件下发生剪切破坏。

(3)固结排水三轴试验,又称 CD 试验(Consolidated Drained)。试样在施加周围压力 σ_3 时允许排水固结,待固结稳定后,再在排水条件下施加竖向压力至试件发生剪切破坏。

需要指出,在围压三轴试验(轴对称三轴试验)中,虽然可以产生一种三轴复杂应力 σ_1、σ_2、σ_3,但是这种复杂应力是一种特殊的应力状态,它们都处于一个特殊的平面之中,如图 2.26 所示。在这个试验中,土体受到 σ_1、σ_2、σ_3 的作用,所以人们往往把它作为三轴试验。但是,在围压三轴试验中,无论是等压固结、K_0 固结还是三轴压缩剪切或三轴伸长剪切,它们中的两个应力总是相等的,即 $\sigma_2 = \sigma_3$ 或 $\sigma_1 = \sigma_2$。由它们的试验结果可以得出材料的强度性能参数,但是区分不出不同强度理论的差别。

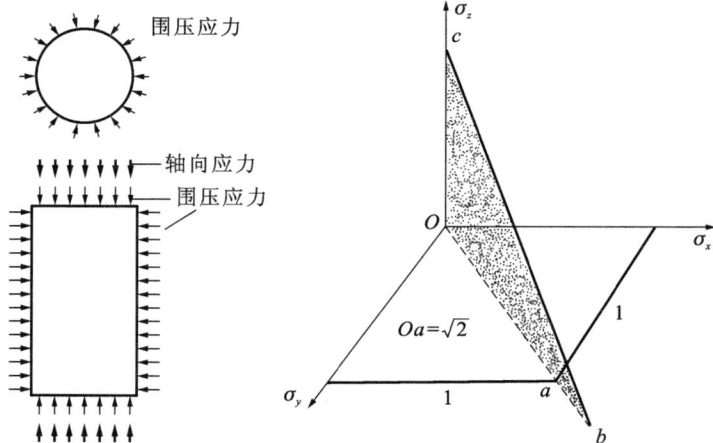

图 2.26　轴对称三轴试验的各种应力组合都在同一个平面

说明莫尔-库仑强度理论不合理的研究结果还有很多。图 2.27 是 Montary 砂在不同围压下的两种试验得出的系列结果。由图可以看到,无论砂土的紧密程度如何,在试验范围内,平面应变得到的结果都比三轴试验得出的高。

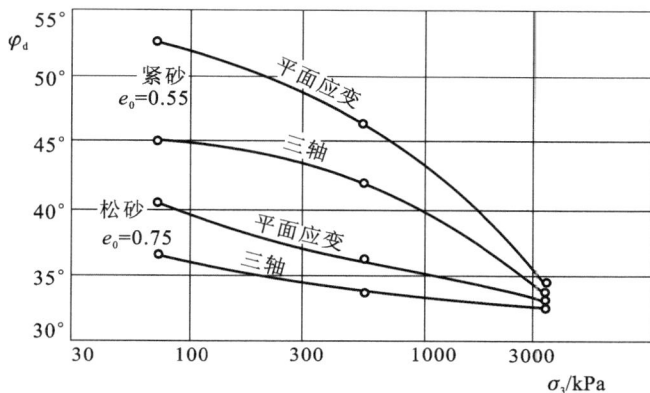

图 2.27　三轴压缩与平面应变试验的摩擦角比较(李广信)[36]

2.11　对莫尔-库仑强度理论的分析之十: 力学模型

土力学对土体强度解释时一般采用承受垂直压力的块体剪切作为力学模型,这是 1773 年库仑提出摩擦定律的模型。所以这是物体的外力平衡问题,如图 2.28 所示。

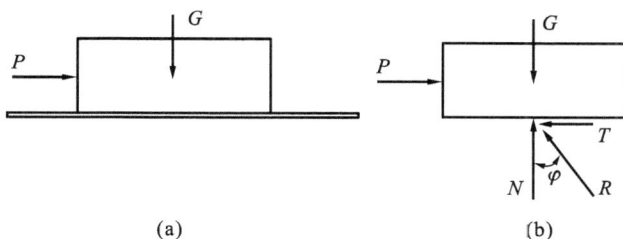

图 2.28　库仑摩擦理论的力学模型

如果将这个模型推广到单元体内的应力和强度问题中,这时单元体的应力状态将如图 2.28(a) 的立方单元体所示。根据应力分析,可以得出最大剪应力作用面的单元体如图 2.28(b) 所示。莫尔-库仑强度理论的数学建模方程为

$$F = \tau + \beta\sigma = C, \quad F = \tau_{13} + \beta\sigma_{13} = C \qquad (2.4)$$

式中,$\tau_{13} = (\sigma_1 - \sigma_3)/2$,为最大剪应力;$\sigma_{13} = (\sigma_1 + \sigma_3)/2$,为最大剪应力作用面上的

正应力；β 和 C 为材料参数，可由材料单向拉伸强度条件和单向压缩条件确定，即

$$\sigma_1 = \sigma_拉, \quad \sigma_2 = \sigma_3 = 0 \tag{2.5}$$

$$\sigma_1 = \sigma_2 = 0, \quad \sigma_3 = -\sigma_压 \tag{2.6}$$

将式（2.5）、式（2.6）代入莫尔-库仑强度理论的数学建模式（2.4），并把材料强度参数表示为 $\sigma_拉 = \sigma_t$，$\sigma_压 = \sigma_c$，$\sigma_t/\sigma_c = \alpha$，可求得莫尔-库仑强度理论的数学建模公式中的常数为

$$\beta = \frac{\sigma_c - \sigma_t}{\sigma_c + \sigma_t} = \frac{1-\alpha}{1+\alpha}, \quad C = \frac{\sigma_c \sigma_t}{\sigma_c + \sigma_t} = \frac{\sigma_t}{1+\alpha} \tag{2.7}$$

将材料参数公式代入式（2.4），得莫尔-库仑强度理论的公式为

$$\sigma_1 - \alpha\sigma_3 = \sigma_t \tag{2.8}$$

这是莫尔-库仑强度理论的解析推导方法。这个方法显示出莫尔-库仑强度理论只考虑了一个剪应力及其面上的正应力，所以可以称之为单剪强度理论。

从单元体应力分析出发，可以给出莫尔-库仑强度理论的单剪单元体力学模型，如图 2.29（b）所示。由此也显示出莫尔-库仑强度理论的数学建模方程［式（2.4）］中的缺陷，即没有考虑力学模型中显示出来的中间主应力 σ_2。这就是莫尔-库仑强度理论根本性的缺陷所在。将莫尔-库仑强度理论应用到土体结构的强度分析，即土力学的土压力、地基承载力和土坡稳定性分析三个实际问题，也随之带来了相应的缺陷。

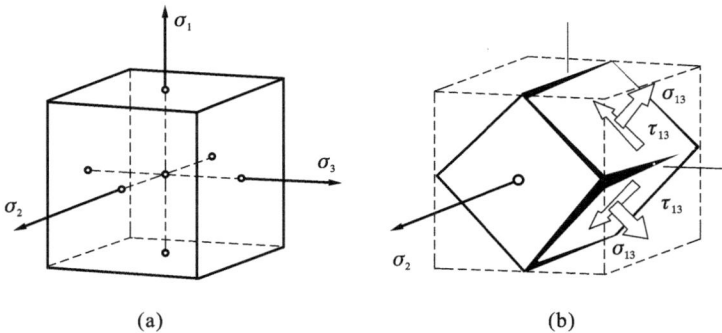

图 2.29　单剪强度理论的力学模型
（a）主应力单元体；（b）单剪单元体

如果我们从单剪力学模型出发，则可以建立一个新的单剪强度理论的数学建模方程为

$$F = \tau_{13} + \beta\sigma_{13} + B\sigma_2 = C \tag{2.9}$$

式中的常数 β 和 C 可同样由式（2.4）和式（2.5）求出，这时得出新的单剪强度理论公式为：

$$\sigma_1 - \alpha\sigma_3 + B(1+\alpha)\sigma_2 = \sigma_t \tag{2.10}$$

对于拉压强度相同的材料,材料拉压强度比 $\alpha = \sigma_t/\sigma_c = 1$,上式简化为

$$\sigma_1 - \sigma_3 + 2B\sigma_2 = \sigma_t \tag{2.11}$$

式(2.10)和式(2.11)中,如中间主应力参数 $B=0$,则式(2.10)和式(2.11)分别成为莫尔-库仑强度理论和 Tresca 准则。

2.12 沃伊特-铁木森科难题

以上从 10 个方面对莫尔-库仑强度理论进行了研究。但是,要想提出一个好的强度理论并非易事。实际上,早在 1900 年莫尔在德国 Dresden 大学提出他的强度理论之时,世界著名力学家沃伊特教授(Voigt W,1850—1919)就在德国哥廷根大学采用岩石和玻璃等材料进行复杂的应力实验,以验证莫尔的理论。当时德国是世界科学技术的中心,科学研究十分活跃。莫尔(Otto Mohr,1835—1918)的学生虎勃(August Otto Föppl,1854—1924)在德国慕尼黑大学,虎勃的学生普朗特(Ludwig Prandtl,1875—1953)在德国哥廷根大学,普朗特的学生冯·卡门(Theodore von Karman,1881—1963)以及其他许多教授都对强度理论进行过研究。强度理论研究主要是指各向同性材料。他们的研究重点各不相同,但是都有与岩土力学相关的工作。1910—1911 年,普朗特指导冯·卡门制造了高压轴对称三轴试验装置,对大理石进行了大量三轴围压试验。这些试验成为岩土力学的经典试验。

沃伊特在 1883 年被选为德国哥廷根大学教授。他在 1900—1901 年进行试验的结果与莫尔-库仑强度理论并不相符。1901 年,沃伊特得出结论认为:"强度问题是非常复杂的,要想提供一个单独的理论有效地应用到各种建筑材料上是不可能的。"(即沃伊特"不可能"结论。)也就是说,要提出一个能够应用于各种不同材料的统一强度理论是不可能的。半个世纪之后,虽然已经有了 1904—1913 年的 Huber-von Mises 准则、1952 年的 Drucker-Prager 准则,沃伊特关于统一强度理论的"不可能"结论仍然没有改变。1953 年,世界著名力学大师铁木森科在他的材料力学史中又重复了沃伊特的结论。铁木森科写道:"沃伊特进行了大量复杂应力试验,以校核莫尔的理论。试验的材料均为脆性材料,所得结果并不与莫尔的理论相符合。沃伊特由此得出结论:认为强度问题是非常复杂的,要想提供一个单独的理论有效地应用到各种建筑材料上是不可能的。"沃伊特的"不可能"结论再次被另一位力学大师所提出。我们可以称之为"沃伊特-铁木森科难题"(Voigt-Timoshenko Conundrum)。它在材料力学历史中是一个长期没有得到解决的问题。1985 年,《中国大百科全书·力学》也认为:"想建立一种统一的、适用于各种工程材料和各种不同的应力状态的强度理论是不可能的。"(注:2009 年第 2 版的《中国大百科全

书》中已经将这句话删除。）

统一强度理论长期被认为不可能,是材料力学中的世界百年难题。塑性力学学者孟德尔松在他 1968 年的一本塑性力学书中认为,米泽斯强度理论已经很好,在工程应用中也足够精确,他甚至写道:"寻找更精确的理论,特别是因为他们必定更复杂,似乎是一个徒劳的任务。"范钦珊曾在他的《材料力学》教科书中指出:"关于失效准则,自 1900 年提出莫尔准则以来,有两个难题一直没有得到很好的解决,其一是除面内最大切应力外,其余各面上的切应力对屈服的影响未能计及;其二是未能将各种准则统一成一种失效准则。"

2.13　土力学的改革和发展需要有新的理论基础

由于莫尔-库仑强度理论的各种缺陷,各国学者提出了各种各样的改进的破坏准则。其中比较著名的为 Drucker-Prager 准则(1952 年)、Matsuoka-Nakai 准则(1973 年)和 Lade-Duncan 准则(1974 年),他们的准则都考虑了中间主应力的影响。进入 21 世纪,人们又提出了各种组合的准则,例如 Drucker-Prager 准则(1952年)与 Matsuoka-Nakai 准则的组合、Matsuoka-Nakai 准则与 Lade-Duncan 准则的组合、Matsuoka-Nakai 准则与 Mohr-Coulomb 准则的组合,等等。这些组合准则可以灵活地在两种准则之间变化出很多破坏准则,打破了单一准则的局限性。但是这些组合准则一般都达不到 Drucker 公设外凸性的全部区域。

现在世界各国学者提出的破坏准则已有上百种。在 20 世纪所提出的上百种材料破坏准则中,大多数为曲线方程,只有①最大正应力准则、②最大应变准则、③最大剪应力准则、④莫尔-库仑强度理论、⑤双剪应力屈服准则、⑥广义双剪强度理论、⑦统一强度理论为线性方程。由于①②③⑤四个线性准则与土体的实际情况和实验结果不符,因此④⑥⑦三种强度理论有可能用于土体结构强度理论的解析解。

土力学是变形固体力学的一门分支学科。1951 年,美国科学院院士、前国际理论与应用力学学会主席德鲁克(Drucker)提出了著名的 Drucker 公设[28],根据Drucker 公设可得出相应的强度理论外凸性。由此可知,各种强度理论必为外凸理论并且在图 2.30(a)的内外边界之间。事实上,莫尔-库仑的单剪强度理论为所有外凸极限面的下限,双剪强度理论为所有外凸极限面的上限,统一强度理论(Unified Strength Theory,简称 UST)不仅建立了它们之间的联系,还形成一系列有序排列的新准则,并覆盖了域内所有的范围,如图 2.30(b)所示[29]。统一强度理论可以适合于更多的材料以及工程应用[30-42]。统一强度理论出现于 1991 年[29],它在土力学中的应用是一个全新的强度理论,我们将在本书第 6 章进行系统论述。

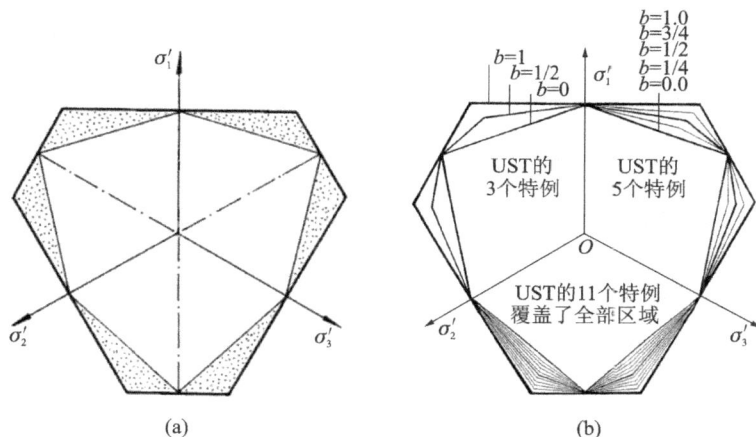

图 2.30 覆盖了全部区域的统一强度理论

2.14 本 章 小 结

自从 1900 年提出莫尔-库仑强度理论以来,世界各国学者对它进行了各种各样的研究。本章对大量研究资料进行了归纳,称为"十条分析"。在莫尔的时代,世界科学研究中心已经从法国转移到德国,德国成为世界科学技术发展的中心。莫尔-库仑强度理论也是应用最普遍的理论,以后的几十年,关于莫尔-库仑强度理论的缺陷开始逐渐显示出来,但是新的强度理论多数为非线性的强度理论,应用不便。在第二次世界大战之前,土力学创始人太沙基从德国国家社会主义工人党党魁希特勒的屠杀中逃到美国,莫尔-库仑强度理论在土力学中的应用也在美国哈佛大学得到了推广,本章研究的问题给我们提出了新的思考方向。

参考文献

[1] Wood C C. Shear strength and volume change characteristics of compacted soil under conditions of plane strain. London: University of London, 1958.

[2] Cornforth D H. Some experiments on the influence of strain conditions on the strength of sand. Geotechnique, 1964, 14(2): 143-167.

[3] Henkel D J, Wade N H. Plane strain tests on a saturated remolded clay. Journal of the Soil Mechanics Foundation Division, ASCE, 1966, 92(SM6): 67-80.

[4] Hussaini M M. Influence of relative density on the strength and deformation

of sand under plane strain conditions//Evaluation of relative density and its role in geotechnical projects involving cohesionless soils. ASTM, STP 523, 1973:332-347.

[5] Vaid Y P, Campanella R G. Triaxial and plane strain behaviour of natural clay. Journal of Geotechnical Engineering, ASCE,1974,100(3): 207-224.

[6] 李树勤. 在平面应变条件下砂土本构关系的试验研究. 北京:清华大学,1982.

[7] Green G E. Strength and deformation of sand measured in an independent stress control cell. In Stress-Strain Behavior of Soils: Proceedings of the Roscoe Memorial Symposium, Cambridge,1971:285-323.

[8] Lee K L. Comparison of plane strain and triaxial tests on sand. ASCE Journal Soil Mechanics and Foundation,1970,96(3): 901-923.

[9] 马险峰,望月秋利,蔡敏. 基于平面应变试验的修正塑性功硬化软化模型. 岩土工程学报,2007,29(6): 887-893.

[10] 陈仲颐,周景星,王洪瑾.土力学. 北京:清华大学出版社,1994.

[11] 赵成刚,白冰,王远霞.土力学原理. 北京:清华大学出版社,北京交通大学出版社,2004.

[12] 李广信,张丙印,于玉贞.土力学.2版.北京:清华大学出版社,2013.

[13] 李广信.高等土力学. 北京:清华大学出版社,2004.

[14] Proctor D C, Barden L. Correspondence on a note on the drained strength of sand under generalized stain conditions by G. E. Green and A. W. Bishop. Geotechnique,1969,19(3): 424-426.

[15] Alhussaini M M, Townsend F C. Investigation of K(O) testing in cohesionless soils. Final Report Army Engineer Waterways Experiment Station Vicksburg Ms,1975.

[16] Sutherl H B, Mesdary M S. The influence of the intermediate Principal stress on the strength of sand. Proceedings 7th International Conference on Soil Mechanics and Foundation Engineering, Mexico,1969,1: 391-399.

[17] Lade P V, Duncan J M. Cubical triaxial tests on cohesionless soil. Journal of Soil Mechanics and Foundation Engineering, ASCE,1973,99(10): 793-812.

[18] Lomlze G M, Kryzhanovskii A L. On the strength of the sand. Proceedings of Geotechnique Conference Oslo,1967,1: 215-219.

[19] Lomize G M, Kryzhanovskii A L J, Vorontsov E I,et al. Study on deformation and strength of soils under three dimensional stare of stress. Proceed-

ings of the 7th International Conference of Soil Mechanics and Foundation Engineering, Mexico, 1969, 1：257-265.

[20] Ramamurty T, Rawat P C. Shear strength of sand under general stress system. Proceedings of the 8th International Conference on Soil Mechanics and Foundation Engineering, Moscow, 1973, 1(2)：339-342.

[21] Ergun M U. Study of generalized strength characteristics of granular soils in a three-dimensional apparatus. Doctoral Dissertation, University of London, 1976.

[22] Ergun M U. Discussion to the paper "Independent stress control and triaxial extension tests on sand" by Reades and Green. Geotechnique, 1978, 27(4)：605-608.

[23] 扈萍, 黄茂松, 马少坤, 等. 粉细砂的真三轴试验与强度特性. 岩土力学, 2011, 32(2)：465-470.

[24] 殷宗泽, 赵航. 中主应力对土体本构关系的影响. 河海大学学报, 1990, 18(5)：54-61.

[25] 石修松, 程展林. 堆石料平面应变条件下统一强度理论参数研究. 岩石力学与工程学报, 2011, 30(11)：2244-2253.

[26] Shibata T, Karube D. Influence of the variation of the intermediate principal stress on the mechanical properties of normally consclidated clays. Proceedings of the 6th ICSMFE, 1965, 1：359-363.

[27] Yu Maohong, Ma Guowei, Li Jianchun. Structural plasticity：limit, shakedown and dynamic plastic analyses of structures. Berlin and Hangzhou：Springer and ZJU Press, 2009.

[28] Drucker D C. A more foundational approach to stress-strain relations. Proceedings of the First National Congress of Applied Mechanics, ASME, 1951：487-491.

[29] Yu Maohong, He Linan. A new model and theory on yield and failure of materials under the complex stress state//Mechanical Behaviour of Materials-6 (ICM-6), Jono M and Inoue T, ed. Pergamon Press, Oxford, 1991, 3：841-846.

[30] Yu Maohong. Unified strength theory and its applications. Berlin：Springer, 2004.

[31] Yu Maohong. Generalized Plasticity. Berlin：Springer, 2006.

[32] Timoshenko S P. History of strength of materials：with a brief account of

the history of theory of elasticity and theory of structures. McGraw-Hill, New York,1953.

[33] 李元松,张电吉,陈清云,等,高等岩土力学. 武汉:武汉大学出版社,2013.

[34] Bishop A W. The strength of soils as engineering materials. Sixth Rankine Lecture,Geotechnique,1966,16(2):91-130.

[35] Chu J,Lo S C R,Lee I K. Strain softening and shear band formation of sand in multi axial testing. Geotechnique,1996,46(1):63-82.

[36] 李广信,黄永男,张其光. 土体平面应变方向上的主应力. 岩土工程学报, 2001,23(3):358-361.

[37] 孙红,袁聚云,赵锡宏. 软土的真三轴试验研究. 水利学报,2002,46(12): 74-78.

[38] 邓楚健,郑颖人,朱建凯. 平面应变条件下 M-C 材料屈服时的中主应力公式. 岩土力学,2008,29(2):310-314.

[39] 许成顺,栾茂田,何杨,等. 中主应力对饱和松砂不排水单调剪切特性的影响. 岩土力学,2006,27(5):689-673.

[40] 陈祖煜. 土质边坡稳定分析——原理·方法·程序. 北京:中国水利水电出版社,2003.

[41] Mochizuki A,Cai M,Takahashi S. A method for plane strain testing of sand. Journal of Japanese Society of Civil Engineering,1993,475(Ⅲ-24): 99-107.

[42] Ko H Y,Scott R F. Deformation of sand at failure. Journal of Soil Mechanics and Foundation Engineering, ASCE,1968,94(4):883-898.

阅读参考材料

意大利国家考古博物馆藏的《爱与美之女神维纳斯》雕像（摄影：俞茂宏）

弥勒佛雕像的三个方向的视图（摄影：俞茂宏）

西安围棋女冠军的头像在三个方向的视图（摄影：俞茂宏）

从三个方向拍摄的弥勒佛雕像的正面图、侧面图和斜视图的图像不同,但都是同一个弥勒佛的头像。现实世界的人物头像也是如此。单元体应力状态的概念也与此类似。

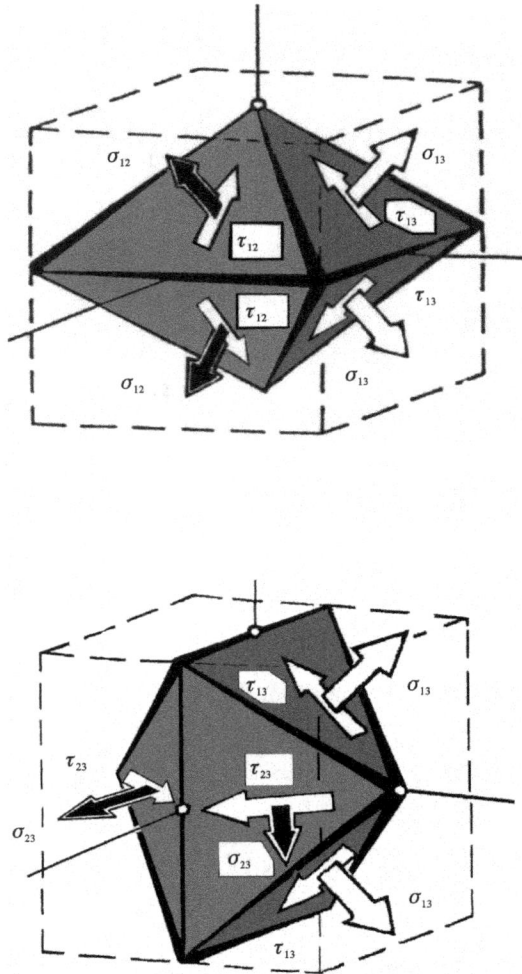

这是俞茂宏于 20 世纪 80 年代初建立的一对双剪单元体力学模型。在此之前,力学界只有著名力学家 Ros、Eichinger 以及 Nada 于 20 世纪 20 年代提出了等倾八面体以及相应的八面体剪应力强度理论。

3 应力状态和单元体

3.1 概　　述

应力在土力学中是一个重要的概念。一个结构在载荷作用下,材料的各个部位(点、单元体)都将产生应力,不同部位的应力往往不相同。对于同一个单元体,不同截面的应力也各不相同。单元体的应力分析以及它们与土体材料强度的关系是土力学的一个基本问题,也是工程中的一个重要问题[1-6]。

这一章将对应力、单元体和应力状态的基本问题进行讨论和研究,并从土体空间受力的更一般的三向应力状态出发来研究。研究的内容与一般土力学和固体力学基本相同。但是,本章引入了俞茂宏提出的双剪单元体力学模型、双剪应力圆、双剪应力参数等新的概念[7-11],这一做法不仅有利于以后统一强度理论的研究,也有利于其他各章的理解和工程应用[7-8]。

当一个点所受应力确定时,通过这点不同方向的截面二的应力各不相同,但都是指同一点的应力状态。一般情况下,一点的应力状态用六面体三个相互垂直的截面上的三组应力,即 9 个应力分量来表示。在数学上这 9 个应力元素组成一个二阶张量,因此也可用应力张量 σ_{ij} 来描述一点的应力状态。

$$\sigma_{ij} = \begin{bmatrix} \sigma_x & \tau_{xy} & \tau_{xz} \\ \tau_{yx} & \sigma_y & \tau_{yz} \\ \tau_{zx} & \tau_{zy} & \sigma_z \end{bmatrix} \tag{3.1}$$

一点的应力状态也可以用一个 3×3 的应力矩阵表示为:

$$\sigma = \begin{bmatrix} \sigma_x & \tau_{xy} & \tau_{xz} \\ \tau_{yx} & \sigma_y & \tau_{yz} \\ \tau_{zx} & \tau_{zy} & \sigma_z \end{bmatrix}$$

由剪应力互等定理,$\tau_{xy} = \tau_{yx}$,$\tau_{yz} = \tau_{zy}$,$\tau_{zx} = \tau_{xz}$,所以 9 个应力分量中只有 6 个独立分量。

如果单元体某一截面上的剪应力等于零,则这一截面称为主平面。主平面上的正应力称为主应力。对于任意一点的应力状态,都可以找到三对相互垂直的主平面。主平面上作用着三个主应力 σ_1、σ_2 和 σ_3,按代数值的大小排列为 $\sigma_1 \geqslant \sigma_2 \geqslant \sigma_3$。三个主应力与 9 个应力分量的作用面不同,但都代表作用于同一单元体的应力状态,它们之间可以互相转换。所以一点的应力状态也可以用三个主应力矩阵表示为：

$$\sigma = \begin{bmatrix} \sigma_1 & 0 & 0 \\ 0 & \sigma_2 & 0 \\ 0 & 0 & \sigma_3 \end{bmatrix} \tag{3.2}$$

按照主应力不等于零的数目,点的应力状态分为三类。

(1)单向应力状态:单元体的两个主应力等于零。

(2)二向应力状态(平面应力状态):单元体的一个主应力等于零。

(3)三向应力状态(空间应力状态):单元体的所有主应力均不等于零。

二向和三向应力状态统称为复杂应力状态。

3.2 空间应力状态

本节讨论从一般空间应力状态$(\sigma_x,\sigma_y,\sigma_z,\tau_{xy},\tau_{yz},\tau_{zx})$求任意斜截面 abc 上的应力。一般空间应力状态如图 3.1(a)所示,如斜截面法线 PN 的方向余弦为 $\cos(N,x)=l,\cos(N,y)=m,\cos(N,z)=n$,则可求得斜截面上的全应力在 x、y、z 三个坐标的应力分量分别为[图 3.1(b)]:

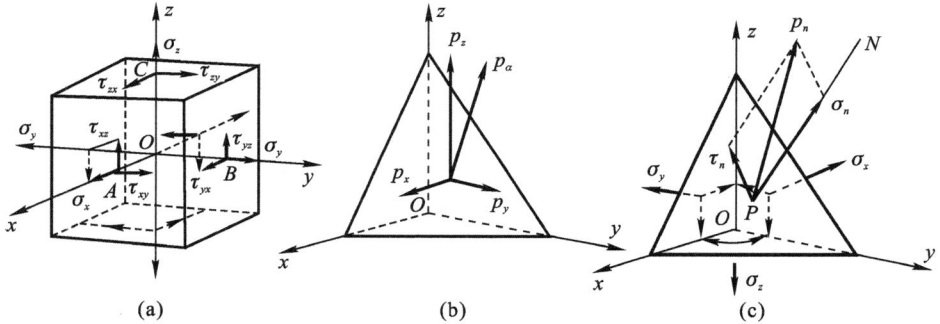

图 3.1 斜截面上的应力

$$p_x = \sigma_x l + \tau_{xy}m + \tau_{xz}n$$
$$p_y = \tau_{yx}l + \sigma_y m + \tau_{yz}n \tag{3.3}$$
$$p_z = \tau_{zx}l + \tau_{zy}m + \sigma_z n$$

斜截面上的全应力、正应力和剪应力分别为:

$$p_\alpha^2 = p_x^2 + p_y^2 + p_z^2$$
$$\sigma_\alpha = \sigma_x l^2 + \sigma_y m^2 + \sigma_z n^2 + 2\tau_{xy}lm + 2\tau_{yz}mn + 2\tau_{zx}nl \tag{3.4}$$
$$\tau_\alpha^2 = p_\alpha^2 - \sigma_\alpha^2$$

主应力 σ_1、σ_2 和 σ_3 的大小可以由以下方程式的三个根求得:

$$\sigma^3 - I_1\sigma^2 + I_2\sigma - I_3 = 0 \tag{3.5}$$

式中，I_1、I_2 和 I_3 均不随坐标轴的选择而变，称为应力不变量，它们分别等于：

第一应力不变量

$$I_1 = \sigma_x + \sigma_y + \sigma_z = \sigma_1 + \sigma_2 + \sigma_3 \tag{3.6}$$

第二应力不变量

$$I_2 = \begin{vmatrix} \sigma_x & \tau_{xy} \\ \tau_{xy} & \sigma_y \end{vmatrix} + \begin{vmatrix} \sigma_y & \tau_{yz} \\ \tau_{yz} & \sigma_z \end{vmatrix} + \begin{vmatrix} \sigma_z & \tau_{zx} \\ \tau_{zx} & \sigma_x \end{vmatrix}$$

$$= \sigma_x\sigma_y + \sigma_y\sigma_z + \sigma_z\sigma_x - \tau_{xy}^2 - \tau_{yz}^2 - \tau_{zx}^2 = \sigma_1\sigma_2 + \sigma_2\sigma_3 + \sigma_3\sigma_1 \tag{3.7}$$

第三应力不变量

$$I_3 = \begin{vmatrix} \sigma_x & \tau_{xy} & \tau_{zx} \\ \tau_{xy} & \sigma_y & \tau_{yz} \\ \tau_{zx} & \tau_{yz} & \sigma_z \end{vmatrix}$$

$$= \sigma_x\sigma_y\sigma_z + 2\tau_{xy}\tau_{yz}\tau_{zx} - \sigma_x\tau_{yz}^2 - \sigma_y\tau_{zx}^2 - \sigma_z\tau_{xy}^2 = \sigma_1\sigma_2\sigma_3 \tag{3.8}$$

式(3.4)写成主应力 σ_1、σ_2 和 σ_3 的形式为：

$$(\sigma - \sigma_1)(\sigma - \sigma_2)(\sigma - \sigma_3) = 0 \tag{3.9}$$

可以证明，由式(3.5)和式(3.9)求得的三个主应力 σ_1、σ_2 和 σ_3 的作用面(即主平面)相互垂直。

同理，可定义应力偏量和应力主偏量分别为：

$$S_{ij} = \begin{bmatrix} \sigma_x - \sigma_m & \tau_{xy} & \tau_{xz} \\ \tau_{yx} & \sigma_y - \sigma_m & \tau_{yz} \\ \tau_{zx} & \tau_{zy} & \sigma_z - \sigma_m \end{bmatrix} \tag{3.10}$$

$$S_i = \begin{bmatrix} \sigma_1 - \sigma_m & 0 & 0 \\ 0 & \sigma_2 - \sigma_m & 0 \\ 0 & 0 & \sigma_3 - \sigma_m \end{bmatrix} \tag{3.11}$$

应力偏量的三个不变量分别为：

$$J_1 = S_1 + S_2 + S_3 = 0 \tag{3.12}$$

$$J_2 = \frac{1}{2}S_{ij}S_{ij} = \frac{2}{3}(\tau_{13}^2 + \tau_{12}^2 + \tau_{23}^2)$$

$$= \frac{1}{6}\left[(\sigma_1 - \sigma_2)^2 + (\sigma_2 - \sigma_3)^2 + (\sigma_3 - \sigma_1)^2\right] \tag{3.13}$$

$$J_3 = |S_{ij}| = S_1 S_2 S_3 = \frac{1}{27}(\tau_{13} + \tau_{12})(\tau_{21} + \tau_{23})(\tau_{31} + \tau_{32}) \tag{3.14}$$

对于各向同性材料，主应力状态的三个变量(σ_1, σ_2, σ_3)可以表述为应力不变量的三个变量(I_1, I_2, I_3)或(I_1, J_2, J_3)。

3.3 从主应力状态(σ_1, σ_2, σ_3)求斜截面应力

单元体是围绕一点用几个截面所截取出来的微小多面体。对于同一个受力点,从不同方位所截取出来的单元体,其面上的应力情况各不相同,但它们的应力状态相同。

3.3.1 从主应力空间应力状态(σ_1, σ_2, σ_3)求斜截面应力

图 3.2(a)为主应力单元体,在单元体截面上作用有三个主应力 σ_1、σ_2 和 σ_3。欲求方向余弦为(l, m, n)的斜截面上的应力,可以采用截面法截取一个四面体,如图 3.2(b)所示。由四面体的平衡条件可以得出垂直于截面的正应力 σ_a 和平行于截面的剪应力 τ_a,它们分别等于:

$$\sigma_a = \sigma_1 l^2 + \sigma_2 m^2 + \sigma_3 n^2 \tag{3.15}$$

$$\tau_a = \sigma_1^2 l^2 + \sigma_2^2 m^2 + \sigma_3^2 n^2 - (\sigma_1 l^2 + \sigma_2 m^2 + \sigma_3 n^2)^2 \tag{3.16}$$

斜截面上的全应力 p_a 为

$$p_a = \bar{\sigma}_a + \bar{\tau}_a$$

p_a 的数值为

$$p_a^2 = \sigma_1^2 l^2 + \sigma_2^2 m^2 + \sigma_3^2 n^2 \tag{3.17}$$

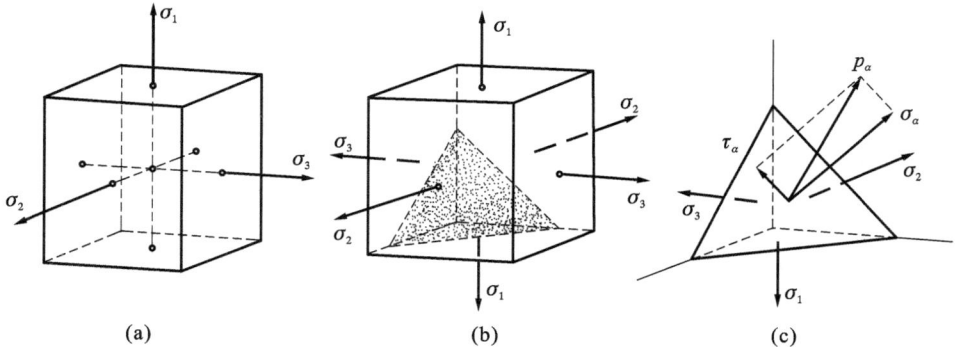

图 3.2 主应力单元体

(a)主应力单元体;(b)主应力单元体和斜截面;(c)斜截面应力

3.3.2 主剪应力 τ_{13}、τ_{12} 和 τ_{23}

与主平面成 $45°$ 角的截面上作用的剪应力称为主剪应力。主剪应力 τ_{13}、τ_{12} 和 τ_{23} 的数值分别为:

$$\tau_{13} = \frac{1}{2}(\sigma_1 - \sigma_3), \quad \tau_{12} = \frac{1}{2}(\sigma_1 - \sigma_2), \quad \tau_{23} = \frac{1}{2}(\sigma_2 - \sigma_3) \quad (3.18)$$

在主剪应力 τ_{13}、τ_{12}、τ_{23} 的作用面上同时作用着相应的正应力 σ_{13}、σ_{12}、σ_{23}，它们的数值分别为：

$$\sigma_{13} = \frac{1}{2}(\sigma_1 + \sigma_3), \quad \sigma_{12} = \frac{1}{2}(\sigma_1 + \sigma_2), \quad \sigma_{23} = \frac{1}{2}(\sigma_2 + \sigma_3) \quad (3.19)$$

在式(3.18)中，我们可以看到三个主剪应力存在下述关系：

$$\tau_{13} = \tau_{12} + \tau_{23} \quad (3.20)$$

式(3.20)表明，在三个主剪应力中只有两个独立量。由此可以得到很多新的概念。

3.3.3　八面体应力(σ_8, τ_8)

如果斜截面的法线与主轴成相同的角度，即

$$l = m = n = \pm\frac{1}{\sqrt{3}} \quad (3.21)$$

则这些截面称为等倾面，作用于等倾面的剪应力称为八面体剪应力 τ_8(或 τ_{oct})，作用于等倾面的正应力称为八面体正应力 σ_8(或 σ_{oct})。八面体正应力 σ_8 的数值等于平均应力 σ_m，即

$$\sigma_8 = \frac{1}{3}(\sigma_1 + \sigma_2 + \sigma_3) = \sigma_m \quad (3.22)$$

八面体剪应力 τ_8(或 τ_{oct})的值为：

$$\tau_8 = \frac{1}{3}\left[(\sigma_1 - \sigma_2)^2 + (\sigma_2 - \sigma_3)^2 + (\sigma_1 - \sigma_3)^2\right]^{\frac{1}{2}}$$

$$= \frac{1}{\sqrt{3}}\left[(\sigma_1 - \sigma_m)^2 + (\sigma_2 - \sigma_m)^2 + (\sigma_3 - \sigma_m)^2\right]^{\frac{1}{2}} \quad (3.23)$$

三个主剪应力 τ_{12}、τ_{23}、τ_{13} 的大小及其所在截面的外法线方向余弦可由剪应力的极值条件求得，如表 3.1 所示。

表 3.1　　　　　　　　　　　　　主应力与主剪应力作用方向

相关参数	主应力平面			主剪应力作用面			等倾八面体面
l	± 1	0	0	$\pm(1/\sqrt{2})$	$\pm(1/\sqrt{2})$	0	$1/\sqrt{3}$
m	0	± 1	0	$\pm(1/\mu_\tau)$	0	$\pm(1/\sqrt{2})$	$1/\sqrt{3}$
n	0	0	± 1	0	$\pm(1/\sqrt{2})$	$\pm(1/\sqrt{2})$	$1/\sqrt{3}$
σ	σ_1	σ_2	σ_3	$\sigma_{12} = \dfrac{\sigma_1 + \sigma_2}{2}$	$\sigma_{13} = \dfrac{\sigma_1 + \sigma_3}{2}$	$\sigma_{23} = \dfrac{\sigma_2 + \sigma_3}{2}$	$\sigma_8 = \dfrac{\sigma_1 + \sigma_2 + \sigma_3}{3}$
τ	0	0	0	$\tau_{12} = \dfrac{\sigma_1 - \sigma_2}{2}$	$\tau_{13} = \dfrac{\sigma_1 - \sigma_3}{2}$	$\tau_{23} = \dfrac{\sigma_2 - \sigma_3}{2}$	τ_8

3.4 六面体、八面体和十二面体及相应面上的应力

前文已指出,单元体是围绕一点用几个截面所截取出来的微小多面体。对于同一个受力点,从不同方位所截取出来的单元体,其面上的应力情况各不相同,但它们的应力状态相同。所以,应力状态也可以采用不同形状的单元体来表示。图 3.2(a)为一般材料力学和结构力学(包括弹性力学和塑性力学等)中最常采用的一种空间等分体。它由三对相互垂直的六个截面所组成,当面上只有正应力作用时,它为主平面,面上的应力为主应力(σ_1,σ_2,σ_3)。了解这些截面之间的相互关系,可以方便地从一个六方体构造出各种不同的单元体。下面是几种特殊状况的单元体。

1. 单剪单元体

如果用四个与主平面成 45°角的一组截面,从主应力单元体[图 3.2(a)]可以截取出一个新的单元体,则可得出最大主剪应力 τ_{13} 作用的单元体,如图 3.3(a)所示。同理,可得中间主应力 τ_{12}(或 τ_{23})和最小主剪应力 τ_{23}(或 τ_{12})作用的主剪应力单元体,分别如图 3.3(b)、(c)所示。

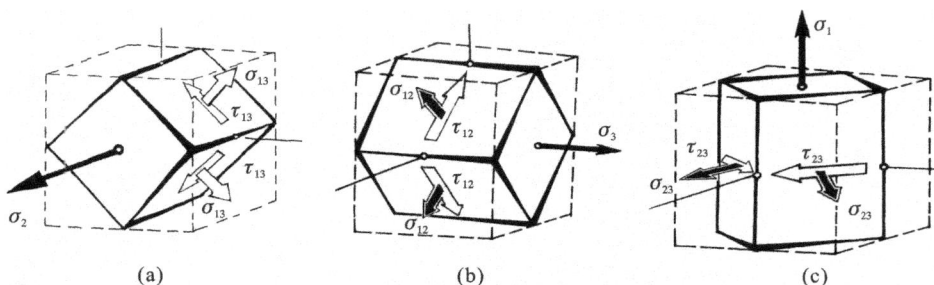

图 3.3 单剪单元体

(a)(τ_{13},σ_{13},σ_2);(b)(τ_{12},σ_{12},σ_3);(c)(τ_{23},σ_{23},σ_1)

2. 双剪单元体

应力状态理论虽然是在 19 世纪就已经成熟的经典理论,但是此后不时也有新的概念产生。双剪单元体[7-9]就是西安交通大学俞茂宏在 20 世纪 80 年代初建立的一种新的单元体。

如在最大主剪应力单元体[图 3.3(a)]的基础上,用一组相互垂直的主剪应力 τ_{12} 作用面截取出一个新的单元体,则可得出一个新的正交八面体[1],如图 3.4(a)所示。由于这一新的单元体上作用着两组主剪应力 τ_{13} 和 τ_{12}(中间主剪应力),因此也可称之为双剪单元体。如果 $\tau_{12} < \tau_{23}$,即 τ_{23} 成为中间主剪应力,则可由 τ_{13} 和

τ_{23} 作用的两组截面组成另一个双剪单元体,如图 3.4(b)所示。双剪单元体是由最大主剪应力 τ_{13} 的四个相互垂直的截面和中间主剪应力 τ_{12}(或 τ_{23})的四个相互垂直的截面共八个截面共同组成的正交八面体,是一种扁平形状的八面体。

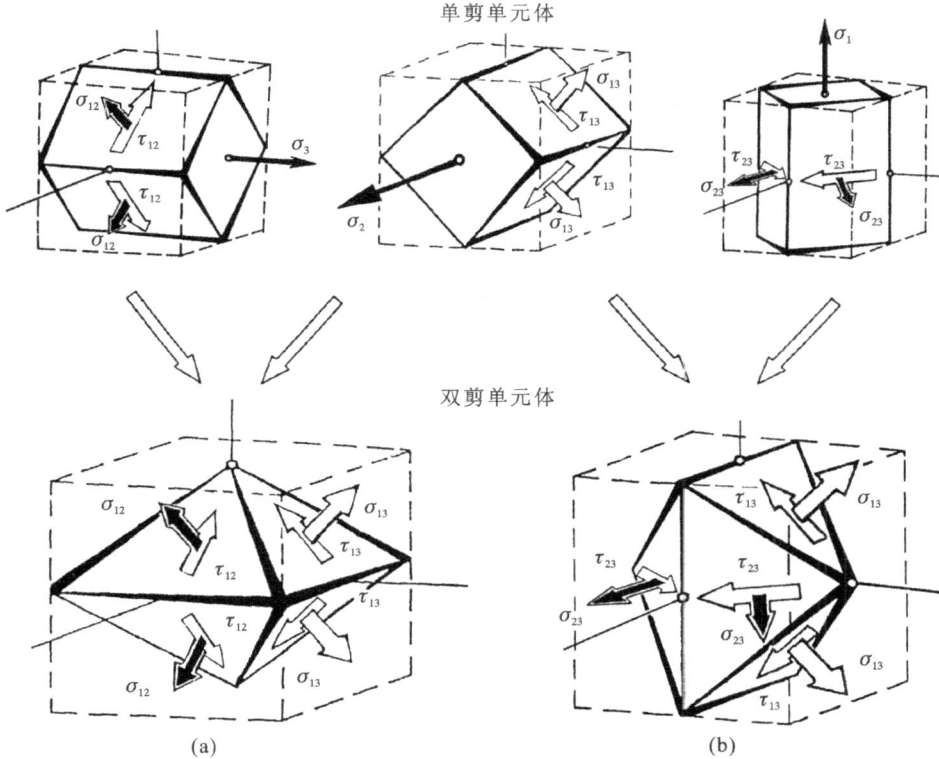

图 3.4 单剪单元体→双剪单元体

(a)(τ_{13},τ_{12},τ_{13},τ_{12});(b)(τ_{13},τ_{23},τ_{13},τ_{23})

三个主剪应力中只有两个独立量。对于受力物体,影响较大的是两个较大的主剪应力。如果主应力的大小顺序为 $\sigma_1 \geqslant \sigma_2 \geqslant \sigma_3$,则 τ_{13} 为最大主剪应力,τ_{12}(或 τ_{23})为次大主剪应力(中间主剪应力)。由此可得两个较大主剪应力作用的双剪单元体如图 3.4(a)、(b)所示。由于中间主剪应力可能为 τ_{12},也可能为 τ_{23},因此考虑两种可能所得出的两种双剪单元体分别如图 3.4 所示的两个正交八面体。双剪单元体是俞茂宏提出的一个新的重要的力学模型,在今后各章中,我们将以此为基础来建立有关的理论,并推导相应的强度理论。

3.三剪单元体

图 3.5 所示为三组主剪应力作用面所形成的十二面体[4],显示了三个主剪应力(τ_{13},τ_{12},τ_{23})和主剪应力作用面上的正应力(σ_{13},σ_{12},σ_{23})。它是一个菱形十二面

体,可以称之为三剪单元体。但是,三个主剪应力(τ_{13},τ_{12},τ_{23})之间存在 $\tau_{13} = \tau_{12} + \tau_{23}$ 的关系,所以在三个主剪应力中只有两个独立量。

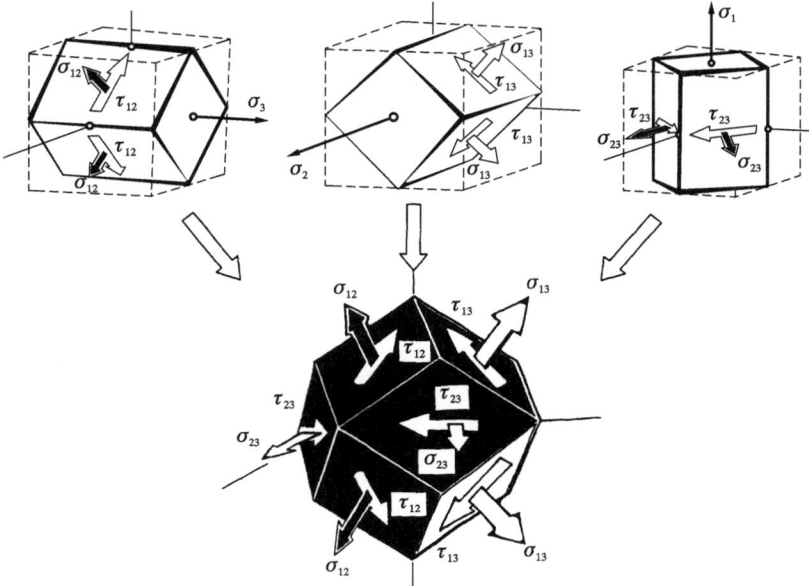

图 3.5 三剪单元体

4. 等倾单元体

图 3.6 所示的单元体是一个等倾八面体,由著名力学家 Ros 和 Eichinger[5] (1926 年)以及 Nadai[6](1933 年)提出,并应用于八面体剪应力强度理论的推导。等倾八面体八个面的法线方向都与主应力轴成等倾的角度,并且每个面的边长均较正交八面体的边长短。

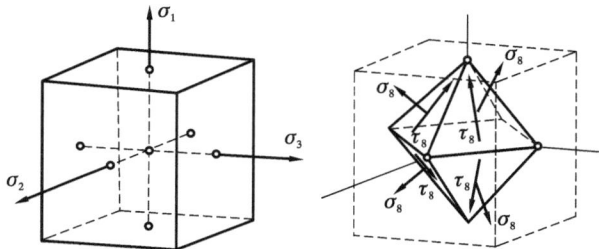

图 3.6 主应力单元体和等倾八面体

等倾八面体单元体(τ_8,σ_8)各截面上的方向余弦相等,即 $l = m = n = 1/\sqrt{3}$。它们的应力称为八面体正应力 σ_8 和八面体剪应力 τ_8,组成一个等倾八面体,如图 3.6 所示。八面体正应力 σ_8 和八面体剪应力 τ_8 公式见式(3.22)和式(3.23)。

3.5 莫尔应力圆

采用莫尔应力圆可以较直观地反映出三个主应力 σ_1、σ_2、σ_3 和三个主剪应力 τ_{13}、τ_{12}、τ_{23} 以及它们之间的关系,如图 3.7 所示。

前已述及,在三个主剪应力中只有两个独立量,这一关系也可以在应力圆中直观地看出,最大应力圆的直径为 $2\tau_{13}$,它在数值上等于另两个较小应力圆的直径之和,即 $2\tau_{13}=2\tau_{12}+2\tau_{23}$,因此它们之中只有两个独立量。双剪概念的应力圆表述如图 3.8 所示。双剪应力圆有两种情况,图 3.8(a) 为 $\tau_{12}>\tau_{23}$ 的情况,图 3.8(b) 为 $\tau_{12}<\tau_{23}$ 的情况。

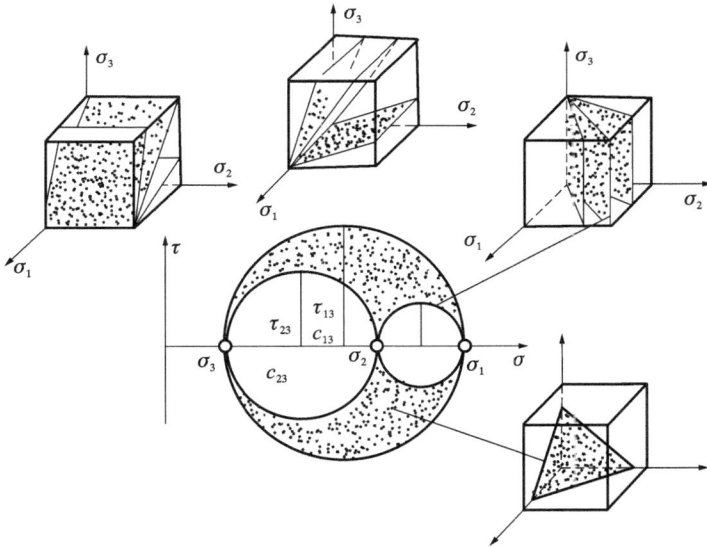

图 3.7　三向应力圆

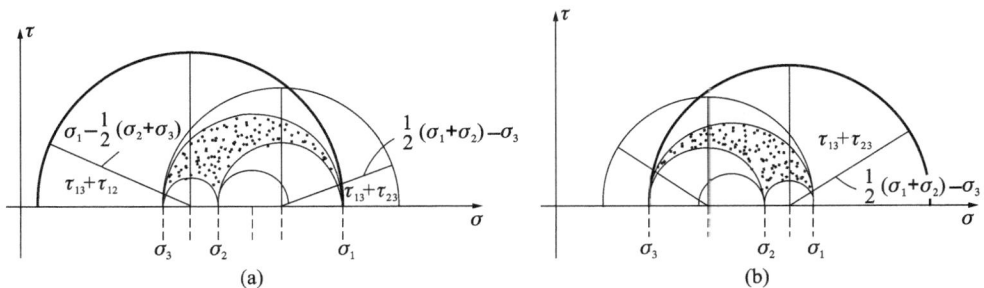

图 3.8　双剪应力圆表述

(a) $\tau_{12}>\tau_{23}$;(b) $\tau_{12}<\tau_{23}$

3.6 应力路径、双剪应力路径

材料在受力过程中单元体的应力和应变往往发生变化。例如,在单向拉伸过程中,单元体的应力从零逐渐增加到某一数值时,代表单元体应力状态的应力圆的变化如图 3.9 所示。如取各应力圆上的最高的顶点(即剪应力数值最大的一点)作为应力点,做单元体在受力过程中应力点的移动轨迹,即为该单元体应力变化的路径,简称应力路径。图 3.9 中右边的应力点轨迹为单向拉伸的应力路径,左边的应力点轨迹为单向压缩的应力路径。图 3.9 的应力路径的各应力点均以 $\sigma = (\sigma_1 + \sigma_3)/2$ 为横坐标,以最大剪应力 $\tau_{max} = (\sigma_1 - \sigma_3)/2$ 为纵坐标。

在土木、水利、铁道等工程中,常常采用轴对称三轴试验。试件为圆柱试件,在试件的侧向施加一定的围压,然后逐渐增加轴向压力。这时轴向压力一般大于施加于圆柱试件侧向的围压,试件轴向缩短,所以也称为三轴压缩试验。按以上的应力符号规则,三轴压缩试验的应力状态为 $\sigma_1 = \sigma_2 \neq \sigma_3$,相应的应力路径如图 3.10 所示。

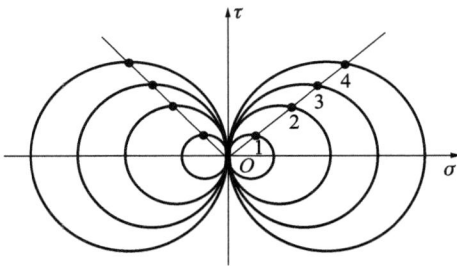

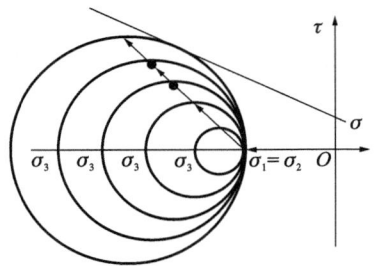

图 3.9 应力路径 　　　　　　图 3.10 三轴压缩试验的应力路径

图 3.10 的应力路径,可以直接取加载过程中的最大剪应力 τ_{13} 和相应的正应力 σ_{13} 坐标点的变化做出。这一应力路径的缺点是只反映了最大主应力和最小主应力,而不能反映中间主应力 σ_2 的影响,因为 $\tau_{13} = \dfrac{\sigma_1 - \sigma_3}{2}$,$\sigma_{13} = \dfrac{\sigma_1 + \sigma_3}{2}$,为此可以采用以下几种新的应力路径。

(1)最大剪应力与静水应力路径,即以最大剪应力与静水应力 $\sigma_m = \dfrac{\sigma_1 + \sigma_2 + \sigma_3}{2}$ 的坐标点做出应力路径。

(2)双剪应力路径,即以双剪应力圆的半径($\tau_{13} + \tau_{23}$)为纵坐标,以双剪应力圆的圆心为横坐标,或以静水应力 σ_m 为横坐标做出应力路径。

3.7 应力状态类型、双剪应力状态参数

一点的主应力状态（$\sigma_1, \sigma_2, \sigma_3$）可以组合成无穷多个应力状态。根据应力状态的特点并选取一定的应力状态参数，可以将应力状态划分为几种典型的类型。Lode 于 1926 年曾引入一个应力状态参数：

$$\mu_\sigma = \frac{2\sigma_2 - \sigma_1 - \sigma_3}{\sigma_1 - \sigma_3} \tag{3.24}$$

这一应力状态参数常称为 Lode 参数，得到了广泛的应用。但是 Lode 参数的意义并不是很明确。通过进一步研究发现 Lode 参数可以简化，我们将式（3.24）写为主剪应力形式为：

$$\mu_\sigma = \frac{2\sigma_2 - \sigma_1 - \sigma_3}{\sigma_1 - \sigma_3} = \frac{\tau_{23} - \tau_{12}}{\tau_{13}} \tag{3.25}$$

实际上由于存在 $\tau_{12} + \tau_{23} = \tau_{13}$，因此三个主剪应力中只有两个独立量。因此，俞茂宏于 1991 年在《土木工程学报》的讨论中提出把 Lode 应力参数式中的三个剪应力省去一个，直接用两个剪应力之比作为应力状态参数[12]，即双剪应力状态参数 μ_τ 和 μ'_τ 分别为：

$$\mu_\tau = \frac{\tau_{12}}{\tau_{13}} = \frac{\sigma_1 - \sigma_2}{\sigma_1 - \sigma_3} = \frac{S_1 - S_2}{S_1 - S_3} \tag{3.26}$$

$$\mu'_\tau = \frac{\tau_{23}}{\tau_{13}} = \frac{\sigma_2 - \sigma_3}{\sigma_1 - \sigma_3} = \frac{S_2 - S_3}{S_1 - S_3} \tag{3.27}$$

$$\mu_\tau + \mu'_\tau = 1, \quad 0 \leqslant \mu_\tau \leqslant 1, \quad 0 \leqslant \mu'_\tau \leqslant 1 \tag{3.28}$$

双剪应力状态参数 μ_τ 或 μ'_τ 具有简单而明确的概念。它是两个主剪应力的比值，也是两个应力圆的半径（或直径）之比；它可以作为反映中间主应力效应的一个参数，也可以作为应力状态类型的一个参数。此外，这两个双剪应力状态参数只反映应力状态的类型，而与静水应力的大小无关，它们也是两个反映应力偏量状态的参数。显然，根据双剪应力状态参数的定义和性质可得以下几点。

（1）$\mu_\tau = 1$（$\mu'_\tau = 0$）时，相应的应力状态有以下三种：

① $\sigma_1 > 0, \sigma_2 = \sigma_3 = 0$，单向拉伸应力状态；

② $\sigma_1 = 0, \sigma_2 = \sigma_3 < 0$，双向等压状态；

③ $\sigma_1 > 0, \sigma_2 = \sigma_3 < 0$，一向拉伸、另二向等压。

（2）$\mu_\tau = \mu'_\tau = 0.5$ 时，相应的应力状态如下：

① $\sigma_2 = \frac{1}{2}(\sigma_1 + \sigma_3) = 0$，纯剪切应力状态；

② $\sigma_2 = \dfrac{1}{2}(\sigma_1 + \sigma_3) > 0$，二拉一压状态；

③ $\sigma_2 = \dfrac{1}{2}(\sigma_1 + \sigma_3) < 0$，一拉二压状态。

（3）$\mu_\tau = 0(\mu'_\tau = 1)$ 时，相应的应力状态为：

① $\sigma_1 = \sigma_2 = 0$，$\sigma_3 < 0$，单向压缩状态；

② $\sigma_1 = \sigma_2 > 0$，$\sigma_3 = 0$，双向等拉状态；

③ $\sigma_1 = \sigma_2 < 0$，$\sigma_3 > 0$，二向等拉、一向压缩。

根据双剪应力状态参数，按两个较小主剪应力 τ_{12} 和 τ_{23} 的相对大小，可以十分清晰地把各种应力状态分为以下三种类型。

（1）广义拉伸应力状态，即 $\tau_{12} > \tau_{23}$ 状态。此时 $0 \leqslant \mu'_\tau < 0.5 < \mu_\tau \leqslant 1$，三向应力圆中的两个小圆右大左小。如果以偏应力来表示，则是一种一拉二压的应力状态，并且拉应力的绝对值最大，故把这种应力状态称为广义拉伸应力状态。当左面小应力圆缩为一点时，右面中应力圆与大应力圆相同，两圆合一，$\mu'_\tau = 0$，$\mu_\tau = 1$，即 $\sigma_2 = \sigma_3$。应力 $\sigma_2 = \sigma_3$ 可大于零、小于零或等于零，$\sigma_2 = \sigma_3 = 0$ 时为单向拉伸应力状态。

（2）广义剪切应力状态，即 $\tau_{12} = \tau_{23}$ 状态。此时 $\sigma_2 = (\sigma_1 + \sigma_3)/2$，三向应力圆中的两个较小应力圆相等，中间偏应力 $S_2 = 0$，另两个偏应力为一拉一压，且数值相等。这时两个双剪应力参数相等，即 $\mu_\tau = \mu'_\tau = 0.5$，对应于 $\sigma_2 = (\sigma_1 + \sigma_3)/2$，但 $\sigma_2 = (\sigma_1 + \sigma_3)/2$ 可大于零、小于零或等于零。当 $\sigma_2 = (\sigma_1 + \sigma_3)/2 = 0$ 时，为纯剪切应力状态。

（3）广义压缩应力状态，即 $\tau_{12} < \tau_{23}$ 状态。此时 $0 \leqslant \mu_\tau < 0.5 < \mu'_\tau \leqslant 1$，应力圆中两个小应力圆右小左大，广义压缩应力绝对值为最大。当右面的小应力圆缩为一点时，左面中应力圆与大应力圆相同，两圆合一，$\mu_\tau = 0$，$\mu'_\tau = 1$，即 $\sigma_1 = \sigma_2$。应力 $\sigma_1 = \sigma_2$ 可大于零、小于零或等于零，其中 $\sigma_1 = \sigma_2$，$\sigma_3 < 0$ 时的应力状态为单向压缩应力状态。

俞茂宏引入的双剪应力状态参数不但简化了 Lode 应力状态参数，而且形式简单，概念清晰，也使双剪理论体系中的概念更加丰富，还可使目前在不同专业中的关于应力状态类型的定义和分类得到统一。双剪应力状态参数 μ_τ 和 μ'_τ 与 Lode 应力参数 μ_σ 之间的关系为：

$$\mu_\tau = \frac{1 - \mu_\sigma}{2} = 1 - \mu'_\tau \tag{3.29}$$

$$\mu'_\tau = \frac{1 + \mu_\sigma}{2} = 1 - \mu_\tau \tag{3.30}$$

3.8 主应力空间

单元体的主应力状态($\sigma_1,\sigma_2,\sigma_3$)可用 σ_1-σ_2-σ_3 直角坐标中的一个应力点 $P(\sigma_1,\sigma_2,\sigma_3)$ 来确定,如图 3.11 所示。应力点的矢径 OP 为

$$\sigma = \sigma_1 e_1 + \sigma_2 e_2 + \sigma_3 e_3 = \sigma_i e_i \tag{3.31}$$

式中 e_i 为坐标轴的正向单位矢。

通过坐标原点作一等斜的 π_0 平面,π_0 平面的方程为

$$\sigma_1 + \sigma_2 + \sigma_3 = 0 \tag{3.32}$$

在 π_0 平面上所有应力点的应力球张量(或静水应力 σ_m)均等于零,只有应力偏张量。π_0 平面的法线 ON 称为等倾线,它与三个坐标轴成 $54°44'$ 等倾角,其方程为

$$\sigma_1 = \sigma_2 = \sigma_3 \tag{3.33}$$

应力张量 σ_{ij} 可分解为球张量和偏张量,应力状态矢量 σ 也可分解为平均应力或静水应力矢量 σ_m 和平均剪应力矢量或均方根主应力差 τ_m,如图 3.11 所示,即

$$\sigma = \sigma_m + \tau_m \tag{3.34}$$

它们的大小(模)分别等于:

$$\varepsilon = \frac{1}{\sqrt{3}}(\sigma_1 + \sigma_2 + \sigma_3) \tag{3.35}$$

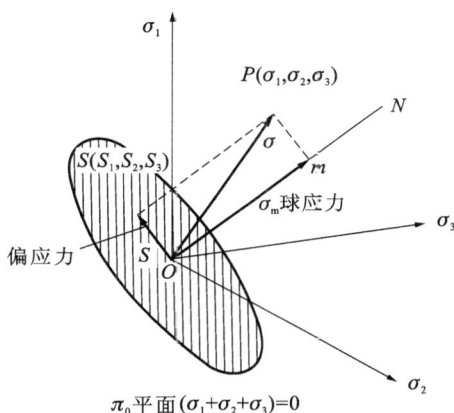

图 3.11 应力空间和应力状态矢量

$$\gamma = \sqrt{\frac{1}{3}\left[(\sigma_1 - \sigma_2)^2 + (\sigma_2 - \sigma_3)^2 + (\sigma_3 - \sigma_1)^2\right]}$$

$$= \sqrt{3}\tau_8 = \sqrt{2J_2} = 2\tau_m \tag{3.36}$$

式中,σ_8 为八面正应力;τ_8 为八面体剪应力;J_2 为应力偏量第二不变量;τ_m 为均方根剪应力,有

$$\tau_m = \sqrt{\frac{\tau_{13}^2 + \tau_{12}^2 + \tau_{23}^2}{3}} = \sqrt{\frac{1}{12}\left[(\sigma_1 - \sigma_2)^2 + (\sigma_2 - \sigma_3)^2 + (\sigma_3 - \sigma_1)^2\right]} \tag{3.37}$$

平行于 π_0 平面但不通过坐标原点的平面称为 π 平面,其方程式为

$$\sigma_1 + \sigma_2 + \sigma_3 = C \tag{3.38}$$

式中,C 为任意常数。π 平面上各应力点具有相同的应力球张量(或相同的静水应力 $\sigma_m = C/3$),且平行于静水应力线但不通过坐标原点的直线方程为:

$$\sigma_1 - C_1 = \sigma_2 - C_2 = \sigma_3 - C_3 \tag{3.39}$$

式中，C_1、C_2、C_3 为三个任意常数，沿着这条直线上的各点具有相同的应力偏量。因此，对于一些与静水应力 σ_m 无关的问题，我们可以在 π_0 平面上进行研究。

应力空间三个主应力坐标轴 σ_1、σ_2、σ_3 在 π 平面上的投影为 σ_1'、σ_2'、σ_3'，它们之间的投影关系通过应力在等斜面上的投影得到。在图 3.12 中，ABC 为等斜面，ON 为等倾线，两者正交，OO' 分别与 $O'A$、$O'B$ 以及 $O'C$ 成直角，等倾线 ON 与三个应力坐标轴之间的夹角都为 $\alpha = \cos^{-1}(1/\sqrt{3}) = 54°44'$。因此，可得 π 平面上的 σ_1'、σ_2'、σ_3' 坐标与应力空间的三个坐标轴 σ_1、σ_2、σ_3 之间的关系如下：

$$\sigma_1' = \sigma_1 \cos\beta = \sqrt{\frac{2}{3}}\sigma_1$$

$$\sigma_2' = \sigma_2 \cos\beta = \sqrt{\frac{2}{3}}\sigma_2 \qquad (3.40)$$

$$\sigma_3' = \sigma_3 \cos\beta = \sqrt{\frac{2}{3}}\sigma_3$$

剪应力 τ_m 恒作用在 π 平面上，它在 σ_1'、σ_2'、σ_3' 轴上的三个分量存在以下关系：

$$S_1 + S_2 + S_3 = 0$$

因此它只有两个独立的分量。只要知道 τ_m 的模和它与某一轴间的夹角，或者它在 π 平面上一对垂直坐标 x、y 的两个分量，即可确定 τ_m。

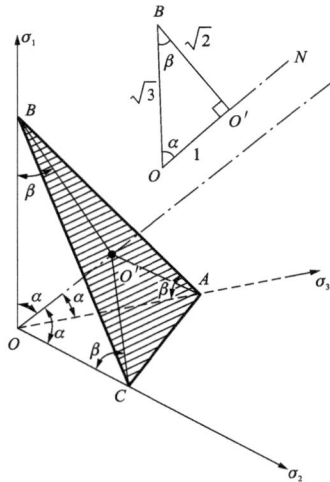

图 3.12　等倾偏平面

3.9 静水应力轴空间柱坐标

由于材料的力学性能往往与静水应力的大小有一定的关系，因此在强度理论的研究中，特别是在岩石、土体、混凝土破坏准则和本构关系的研究中，常常采用以静水应力轴为主轴的应力空间，如图 3.13 所示，图中主轴为静水应力轴或 z 轴；π 平面的坐标则可取 (x,y) 的直角坐标，或 (r,θ) 的极坐标，如图 3.14 所示。

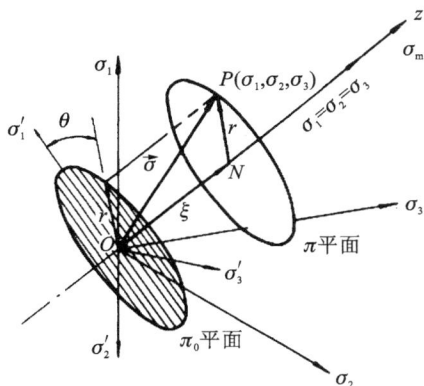

图 3.13　柱坐标

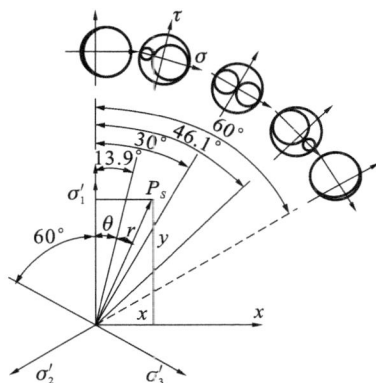

图 3.14　π 平面上的应力状态

因此主应力空间的应力点 $P(\sigma_1,\sigma_2,\sigma_3)$ 可表示为 $P(x,y,z)$ 或 $P(\xi,\theta,r)$，它们与主应力、主剪应力以及静水应力轴坐标之间的关系如下：

$$x = \frac{1}{\sqrt{2}}(\sigma_3 - \sigma_2) = -\frac{\tau_{23}}{\sqrt{2}}$$

$$y = \frac{1}{\sqrt{6}}(2\sigma_1 - \sigma_2 - \sigma_3) = \frac{\sqrt{6}}{3}(\tau_{13} + \tau_{12}) = \frac{\sqrt{6}}{2}S_1 \qquad (3.41)$$

$$z = \frac{1}{\sqrt{3}}(\sigma_1 + \sigma_2 + \sigma_3) = \frac{1}{\sqrt{3}}I_1 = \sqrt{3}\sigma_8 = \sqrt{3}\sigma_m$$

柱坐标 (ξ,θ,r) 各变量与主应力 $P(\sigma_1,\sigma_2,\sigma_3)$ 之间的关系为：

$$\xi = |ON| = \frac{1}{\sqrt{3}}(\sigma_1 + \sigma_2 + \sigma_3) = \frac{I_1}{\sqrt{3}} = \sqrt{3}\sigma_m \qquad (3.42)$$

$$\theta = \tan^{-1}\frac{x}{y}, \quad \tan\theta = \frac{\sqrt{3}(\sigma_2 - \sigma_3)}{2\sigma_1 - \sigma_2 - \sigma_3} = \frac{\sqrt{3}(1-\mu_\tau)}{1+\mu_\tau} \qquad (3.43)$$

$$r = |NP| = \frac{1}{\sqrt{3}}\left[(\sigma_1 - \sigma_2)^2 + (\sigma_2 - \sigma_3)^2 + (\sigma_3 - \sigma_1)^2\right]^{\frac{1}{2}}$$

$$= (S_1^2 + S_2^2 + S_3^2)^{\frac{1}{2}} = \sqrt{2J_2} = \sqrt{3}\tau_8 = 2\tau_m \tag{3.44}$$

由式(3.41)和式(3.43)可得出

$$\cos\theta = \frac{y}{r} = \frac{\sqrt{6}S_1}{2\sqrt{2J_2}} = \frac{\sqrt{3}}{2} \cdot \frac{S_1}{\sqrt{J_2}} = \frac{2\sigma_1 - \sigma_2 - \sigma_3}{2\sqrt{3J_2}} \tag{3.45}$$

注意到应力偏量第二不变量 $J_2 = -(S_1S_2 + S_2S_3 + S_3S_1)$ 和第三不变量 $J_3 = S_1S_2S_3$，由三角关系可得

$$\cos(3\theta) = 4\cos^3\theta - 3\cos\theta = \frac{3\sqrt{3}}{2J_2^{3/2}}(S_1^3 - J_2S_1) = \frac{3\sqrt{3}}{2} \cdot \frac{J_3}{J_2^{3/2}} \tag{3.46}$$

三个主偏应力可推导得出：

$$S_1 = \frac{2}{\sqrt{3}}\sqrt{J_2}\cos\theta \tag{3.47}$$

$$S_2 = \frac{2}{\sqrt{3}}\sqrt{J_2}\cos\left(\frac{2\pi}{3} - \theta\right) \tag{3.48}$$

$$S_3 = \frac{2}{\sqrt{3}}\sqrt{J_2}\cos\left(\frac{2\pi}{3} + \theta\right) \tag{3.49}$$

以上关系只有在 $\sigma_1 \geqslant \sigma_2 \geqslant \sigma_3$ 和 $0 \leqslant \theta \leqslant \pi/3$ 的条件下才适用。以后我们可以看到，对于各向同性材料，在 π 平面上的材料极限面具有三轴对称性，因此一般只要了解在 $60°$ 范围内的材料特性或极限面即可按三轴对称性，做出整个 π 平面 $360°$ 范围的材料极限面。

根据以上三式和式(3.42)以及偏应力的概念，可得出相应的三个主应力为：

$$\sigma_1 = \frac{1}{\sqrt{3}}\xi + \sqrt{\frac{2}{3}}r\cos\theta$$

$$\sigma_2 = \frac{1}{\sqrt{3}}\xi + \sqrt{\frac{2}{3}}r\cos\left(\theta - \frac{2\pi}{3}\right) \quad (0 \leqslant \theta \leqslant \pi/3) \tag{3.50}$$

$$\sigma_3 = \frac{1}{\sqrt{3}}\xi + \sqrt{\frac{2}{3}}r\cos\left(\theta + \frac{2\pi}{3}\right)$$

如用应力张量第一不变量 I_1 和应力偏量第二不变量 J_2 表示，式(3.50)亦可表示为：

$$\sigma_1 = \frac{I_1}{3} + \frac{2}{\sqrt{3}}\sqrt{J_2}\cos\theta$$

$$\sigma_2 = \frac{I_1}{3} + \frac{2}{\sqrt{3}}\sqrt{J_2}\cos\left(\theta - \frac{2\pi}{3}\right) \quad (0 \leqslant \theta \leqslant \pi/3) \tag{3.51}$$

$$\sigma_3 = \frac{I_1}{3} + \frac{2}{\sqrt{3}}\sqrt{J_2}\cos\left(\theta + \frac{2\pi}{3}\right)$$

三个主剪应力亦可相应推导得出：

$$\tau_{13} = \sqrt{J_2}\sin\left(\theta + \frac{\pi}{3}\right)$$

$$\tau_{12} = \sqrt{J_2}\sin\left(\frac{\pi}{3} - \theta\right) \tag{3.52}$$

$$\tau_{23} = \sqrt{J_2}\sin\theta$$

由以上各式可以方便地研究 π 平面上各应力分量之间的关系，并且可以建立起三个主应力独立量（$\sigma_1,\sigma_2,\sigma_3$）和三个应力不变量（$J_1,J_2,J_3$）或应力空间柱坐标三个独立量（$\xi,\theta,r$）之间的关系，以及它们与应力状态参数（双剪应力状态参数或 Lode 应力参数）之间的关系。表 3.2 总结了几种典型应力状态的应力状态特点和应力角 θ 与应力状态参数的关系。

图 3.14 中同时绘出了与不同应力角相对应的几种典型应力状态的三向应力圆。应力圆的纵坐标 τ 均对应于 π 平面应力状态，即相对于静水应力 $\sigma_m = C$ 的状态。因此，当增加或减少一个静水应力时，应力圆的相对大小和位置均不变。

由于材料的强度以及强度极限面往往随静水应力而变化，因此在（ξ,θ,r）柱坐标中研究极限面很方便。

表 3.2　　　　　　　　　　　　　　**应力角 θ 与应力状态参数的关系**

应力状态		主应力	主剪应力	偏应力	应力角 θ	应力状态参数		
广义拉伸	纯拉、二向等压	$\sigma_2 = \sigma_3$	$\tau_{12} = \tau_{13}$ $\tau_{23} = 0$	$S_2 = S_3$ $S_1 = S_2 + S_3$	$0°$	1	0	-1
	$\tau_{23} = \dfrac{\tau_{12}}{3}$ $\tau_{13} = 4\tau_{23}$	$\sigma_2 < \dfrac{1}{2}(\sigma_1 + \sigma_3)$	$\tau_{12} > \tau_{23}$	$S_1 = S_2 + S_3$	$13.9°$	$\dfrac{3}{4}$	$\dfrac{1}{4}$	$-\dfrac{1}{2}$
纯剪切应力状态		$\sigma_2 = \dfrac{\sigma_1 + \sigma_3}{2}$	$\tau_{12} = \tau_{23}$	$S_1 = \lvert S_3 \rvert$ $S_2 = 0$	$30°$	$\dfrac{1}{2}$	$\dfrac{1}{2}$	0
广义压缩	$\tau_{12} = \dfrac{\tau_{23}}{3}$ $\tau_{13} = 4\tau_{12}$	$\sigma_2 > \dfrac{\sigma_1 + \sigma_3}{2}$	$\tau_{12} < \tau_{13}$	$\lvert S_3 \rvert = S_1 + S_2$	$46.1°$	$\dfrac{1}{4}$	$\dfrac{3}{4}$	$\dfrac{1}{2}$
	纯压、二向等拉	$\sigma_2 = \sigma_1$	$\tau_{12} = 0$ $\tau_{23} = \tau_{13}$	$S_1 = S_2$ $\lvert S_3 \rvert = S_1 + S_2$	$60°$	0	1	$+1$

参考文献

[1]［美］米恩斯 W D. 应力和应变. 丁中一，译. 北京：科学出版社，1982.

[2]杜庆华. 工程力学手册. 北京：高等教育出版社，1994.

[3]赵光恒. 工程力学、岩土力学、工程结构及材料分册. 北京：中国水利水电出

版社,2006.

[4] Parry R H G. Mohr circles,stress paths and geotechnics. 2nd ed. London: Spon Press,2004.

[5] Ros M,Eichinger A. Versuche sur klarung der frage der bruchgefahr//Proceedings of the 2nd International Congress of Applied Mechanics. Zurich, 1926:315-327.

[6] Nadai A. Theories of strength. Journal Appliment Mechanics,1933,1: 111-129.

[7] 俞茂宏,何丽南. 晶体和多晶体金属塑性变形的非 Schmid 效应和双剪应力准则. 金属学报,1983,19(5):190-196.

[8] 俞茂宏,何丽南,宋凌宇. 广义双剪应力强度理论及其推广. 中国科学,1985, 28(12):1113-1121.

[9] 俞茂宏. 复杂应力状态下材料屈服和破坏的一个新模型及其系列理论. 力学学报,1989,21(S):42-49.

[10] 俞茂宏. 双剪理论及其应用. 北京:科学出版社,1998.

[11] Yu Maohong. Unified strength theory and its applications. Berlin:Springer,2004.

[12] Yu Maohong,He Linan. A new model and theory on yield and failure of materials under the complex stress state//Jono M,Inoue T. Mechanical Behaviour of Materials-6(ICM-6). Oxford:Pergamon Press,1991,3:841-846.

阅读参考材料

布辛奈斯克（Valentin Joseph Boussinesq，1842—1929）

布辛奈斯克，法国著名的物理学家和数学家。布辛奈斯克一生对数学物理中的很多分支都有重要的贡献，土力学的半无限体的应力布辛奈斯克解是他众多杰出贡献中的一项。

建筑物下面各部位的土体承受的应力各不相同，但是都承受着两种应力：土的自重应力和载荷引起的附加应力。

条形载荷引起附加应力的大、小主应力如下图所示。图中所示的各个应力椭圆的长短轴的方向和长短分别表示不同位置大、小主应力的方向和大小。图中左边的点画线为载荷中心线。由于对称，图中只画出一半的单元体应力。

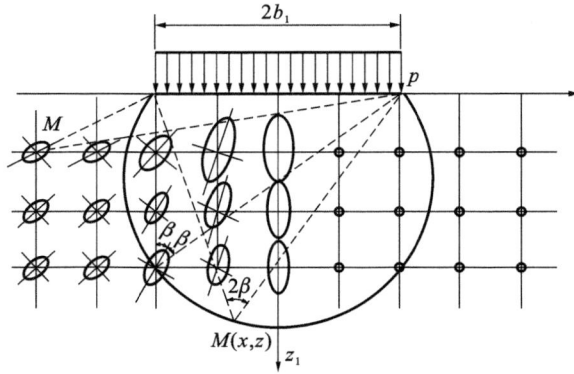

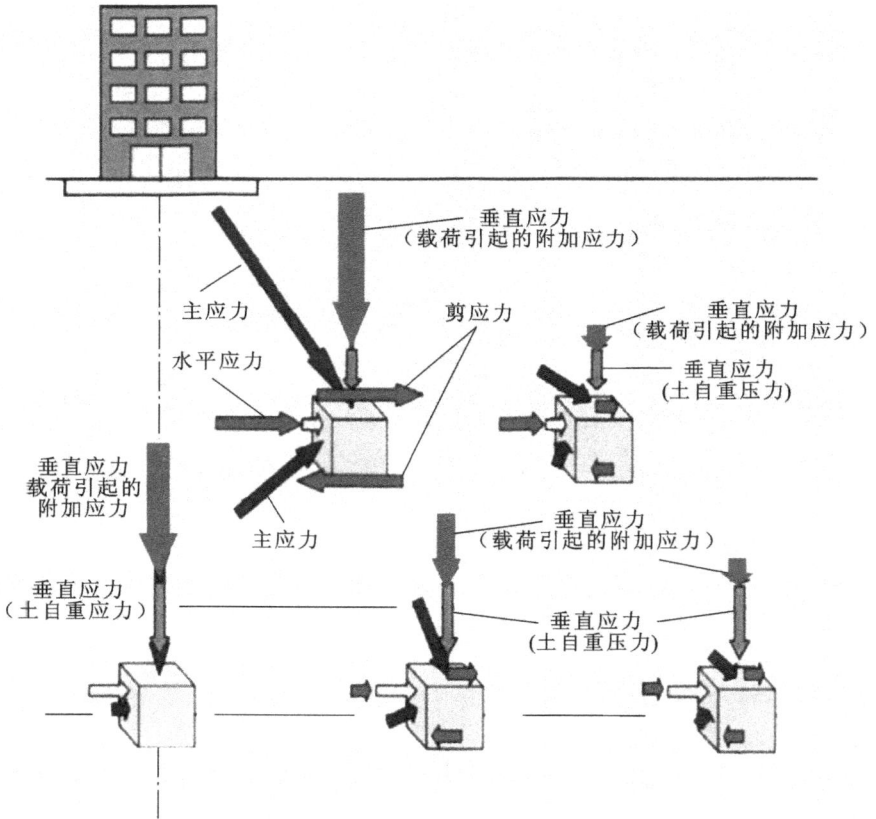

4 土体中的应力计算

4.1 概　　述

应力在土力学中是一个重要的概念。我们在第 3 章对应力、单元体和应力状态的基本概念做了介绍,这一章将进一步研究土体在外载荷作用下以及由土体本身重量引起的应力。土体中的应力十分复杂,我们主要在连续介质力学的框架下进行研究,将固体力学的研究结果应用于土力学问题。图 4.1 所示的是地面上某一区域受一均布力的作用后地下某点的应力状态。在三维坐标中,x、y 为地面坐标,z 为深度坐标。图 4.1 的地下应力与本章前面插图的分析是一致的。

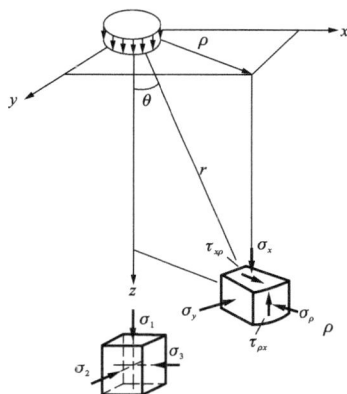

对于一般的土体结构,它的应力分析较为复杂。土体中的应力分布取决于基础结构的形状。

图 4.1　地面下某点的应力状态

其中工程结构较为典型的问题可以分为三种,即平面应力问题、平面应变问题和空间轴对称问题,如图 4.2 所示。但是土体不能在平面应力下受力,所以,土力学一般研究平面应变和空间轴对称问题。平面应变问题沿轴线各截面的应力相同;对于空间轴对称问题,土体中的应力以中心轴对称分布,通过中心轴线的不同截面的应力分布相同。此外,还有方形基础和矩形基础,它们是一般三维空间问题,应力分析更为复杂。

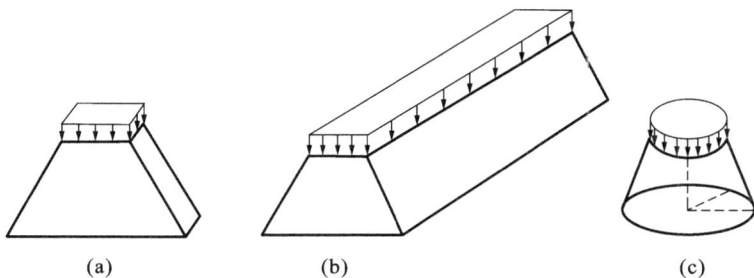

(a)　　　　　　　(b)　　　　　　　(c)

图 4.2　工程结构的三大典型问题

(a)平面应力问题;(b)平面应变问题;(c)空间轴对称问题

1885 年法国数学家、物理学家布辛奈斯克（Boussinesq）用弹性理论推导出了在半无限空间弹性体表面上作用有竖直集中力 P 时,在弹性体内任意点所引起的应力解析解。这是一个轴对称的空间问题。对称轴就是集中力 P 的作用线,以 P 作用点为原点,则 M 点坐标为 (x, y, z),如图 4.3 所示。

由布辛奈斯克得出 M 点的 6 个应力分量和 3 个位移分量的表达式,这一问题称为竖直集中力作用的布辛奈斯克课题。此后,很多学者对不同的问题进行了求解,得出了不同问题的各种解答。

对于简单的问题,我们可以求得土中应力分析问题的解析解;对于复杂的问题,解析解求解较为困难,可以采用计算机数值分析方法。图 4.4 所示为边坡在载荷作用下的主应力分布情况,图中的两个线条分别表示主应力的大小和方向。

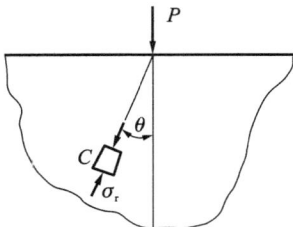

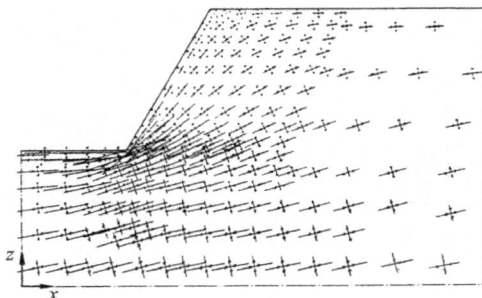

图 4.3　布辛奈斯克课题　　　　图 4.4　边坡在载荷作用下的主应力分布情况

这一章的应力问题研究,主要研究有效应力、自重应力和地基载荷作用下的附加应力,主要参考清华大学出版社出版的《土力学》[1,2] 和东南大学、浙江大学、湖南大学、苏州大学合作编写的《土力学》[3]。

4.2　土中的有效应力

土体由固体颗粒、水和气体三相材料组成。土体受力后,内部的应力情况比较复杂。维也纳工业大学教授菲林格（Paul Fillunger, 1883—1937）于 1913—1915 年进行了很多实验。1913 年,菲林格指出:"液体渗透进石坝结构的压力在材料内部产生了一个压力,这个压力在所有方向相等。"这就是现在关于土体孔隙中的水压力的最早描述。接着他又给出了关于土的有效应力强度的更加准确的论述:"可以假设均匀的内压不会引起材料强度的大幅度降低。"这是孔隙水压力不会对多孔固体强度产生任何影响的概念的第一个阐述。1915 年,菲林格通过实验再次得出结论认为:"孔隙水压对多孔固体的材料性质完全不产生任何影响。"

Von Terzaghi 于 1923 年提出了方程 $\sigma=\sigma'+u$,并指出土体受力后产生的总应力 σ 由两部分组成:一部分是 u,以各个方向相等的强度作用于水和固体,这一部分称作孔隙水压力(图 4.5);另一部分为总应力 σ 和孔隙水压力 u 之差,即 $\sigma'=\sigma-u$,它只在土的固相中发生作用,总主应力的这一部分称作有效主应力(改变孔隙水压力实际上并不产生体积变化,孔隙水压力实际上与在应力条件下土体产生破裂无关)。这被称为有效应力原理。

有效应力原理的实质是有效应力控制了土体的体积变化和强度。有效应力原理对于土体特别是饱和土体来说基本上是正确的。孔隙介质中的总应力等于有效应力加孔隙压力,它们之间的关系为 $\sigma=u_w+\sigma'$(有时简写为 $\sigma=u+\sigma'$),如图 4.5 所示。

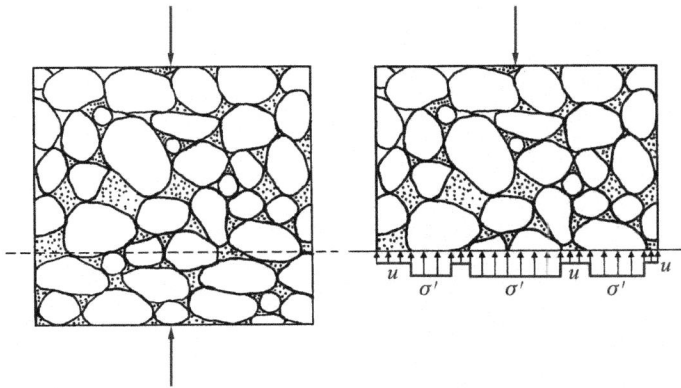

图 4.5 有效应力和孔隙水压力示意图

有效应力原理现在已成为土力学的重要部分。因此,对饱和土体稳定性的研究需要具有总应力和孔隙水压力的知识(本书在第 6 章和第 7 章将做进一步阐述)。

有效应力原理主要包含下述两点:

(1)作用于土体上的总应力是有效应力和孔隙水压力之和,即

$$\sigma=\sigma'+u,\quad \sigma'=\sigma-u \tag{4.1}$$

(2)土体的强度和变形性质只取决于其有效应力,而孔隙水压力对这些性质并不产生影响。

4.3 自重应力

建筑物修建之前,土中已经存在着来自土体本身重量的自重应力。土是由土粒、水和气所组成的非连续介质,若把土体简化为连续体,并应用连续理论来研究

土中应力分布,则考虑土中某单位面积上的平均应力[4-7]。

在计算土中应力时,假设天然地面是一个无限大的水平面,如果地面下土质均匀,天然重度为 γ,则在天然地面任意深度 z 处的竖向自重应力为:

$$\sigma_{cz} = \gamma \cdot z \tag{4.2}$$

竖向自重应力 σ_{cz} 沿水平面分布,且与 z 成正比,即随深度线性增加,如图 4.6 所示。

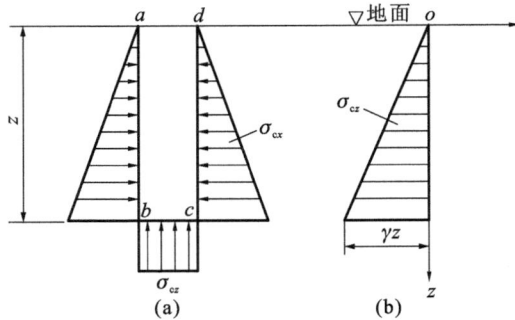

图 4.6 均质土中竖向自重应力

土中除有作用于水平面的竖向自重应力外,在竖直面上还作用有水平向的侧向自重应力,根据弹性力学,侧向自重应力 σ_{cx} 和 σ_{cy} 应与 σ_{cz} 成正比,而剪切力均为零,即:

$$\sigma_{cx} = \sigma_{cy} = k_0\sigma_{cz}, \quad \tau_{xy} = \tau_{yz} = \tau_{zx} = 0 \tag{4.3}$$

式中,比例系数 k_0 称为土的侧压力系数或静止土压力系数。

土往往是成层的,因而各层土具有不同重度。如地下水位位于同一土层中,计算自重应力时,地下水位面应作为分层界面。如图 4.7 所示,地下水位以下土层必须以有效重度 γ' 代替天然重度 γ,这样得到成层土的自重应力计算公式为:

$$\sigma_{cz} = \sum_{i=1}^{n}\gamma_i h_i \tag{4.4}$$

式中,σ_{cz} 为天然地面以下任意深度 z 处的自重应力;n 为深度 z 范围内的土层总数;h_i 为第 i 层土的厚度;γ_i 为第 i 层土的天然重度,地下水位以下取有效重度。

由土中竖向自重应力沿深度的分布图可知,竖向自重应力的分布规律为:

(1)土的自重应力分布线是一条折线,折点在土层交界处和地下水位处,在不透水层面处分布线有突变;

(2)同一层土的自重应力按直线变化;

(3)自重应力随深度的增加而变大;

(4)在同一平面,自重应力各点相等。

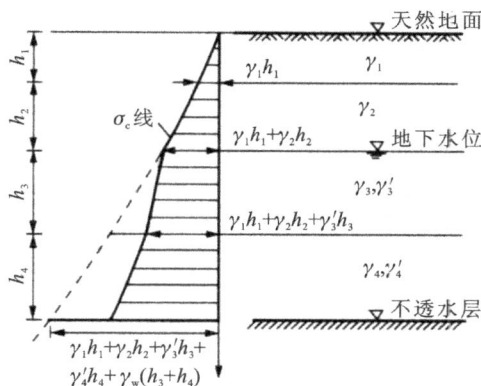

图 4.7　成层土中竖向自重应力沿深度的分布

　　自然界中的天然土层,形成至今已有很长的时间,在本身的自重作用下引起的土的压缩变形早已完成,因此自重应力一般不会引起建筑物基础的沉降。但对于近期沉积或堆积的土层,就应考虑由自重应力引起的变形。

4.4　基底压力

　　建筑物载荷是通过基础传给地基的,在基础底面与地基之间产生接触压力,通常称为基底压力。它既是基础作用于地基表面的力,也是地基对基础的反作用力[8-9]。

4.4.1　中心载荷作用时

　　作用于基底的载荷通过基底形心,基底压力假定为均匀分布[图 4.8(a)],此时基底压力按下式计算:

$$p = \frac{F + G}{A} \tag{4.5}$$

式中,F 为作用在基础顶面通过基底形心的竖向载荷,单位为 kN;G 为基础及其台阶上填土的总重,单位为 kN,$G = \gamma_G A d$,其中 γ_G 为基础和填土的平均重度,一般取 $\gamma_G = 20$ kN/m³,地下水位以下取有效重度,d 为基础埋置深度;A 为基底面积。

4.4.2　偏心载荷作用时

　　常见的偏心载荷作用于矩形基底的一个主轴上,可将基底长边方向取与偏心方向一致,此时两短边边缘最大压力 p_{max} 与最小压力 p_{min} 可按材料力学短柱偏心受压公式计算:

$$p_{\min}^{\max} = \frac{F+G}{lb}\left(1 \pm \frac{6e}{l}\right)$$ (4.6)

式中,l、b 分别为基底平面的长边与短边尺寸;e 为载荷偏心距。

从上式可知,按载荷偏心距 e 的大小,基底压力的分布可能出现下述三种情况:

① 当 $e < 1/6$ 时,$p_{\min} > 0$,基底压力呈梯形分布[图 4.8(b)];

② 当 $e = 1/6$ 时,$p_{\min} = 0$,基底压力呈三角形分布;

③ 当 $e > 1/6$ 时,$p_{\min} < 0$,即产生拉力,根据偏心载荷与基底反力平衡的条件,载荷合力($F + G$)应通过三角形分布图的形心[图 4.8(c)]。

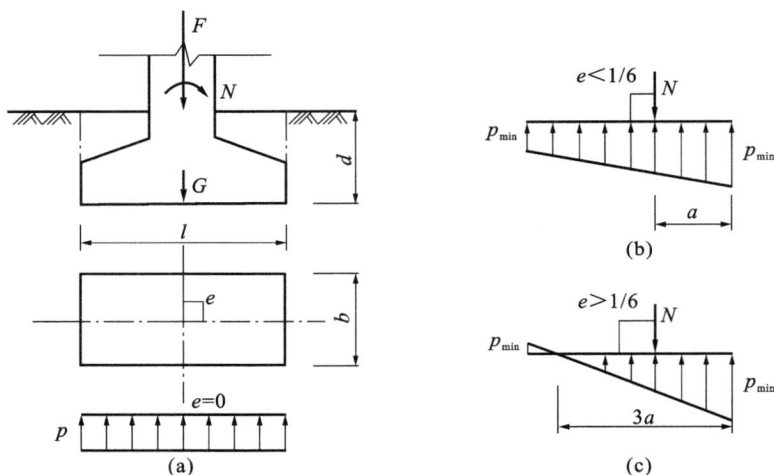

图 4.8 基底压力分布的简化计算

(a)中心载荷作用下;(b)载荷偏心距 $e < 1/6$ 时;(c)载荷偏心距 $e > 1/6$ 时

4.5 地基附加应力

地基附加应力是建筑载荷引起的土中应力,是引起地基变形的主要因素。

4.5.1 竖向集中力下的地基附加应力

在均匀的、各向同性的半无限弹性体表面作用一竖向集中力 F 时,半空间内任一点 $M(x,y,z)$ 处的应力和位移的弹性力学解释由法国的布辛奈斯克首先提出,如图 4.9 所示。他根据弹性理论推导出的应力及位移表达式如下。其中,R 为该点至地面力作用点的距离;r 为该点的水平投影点至集中力作用点的距离;E、μ 分别为土的弹性模量及泊松比。

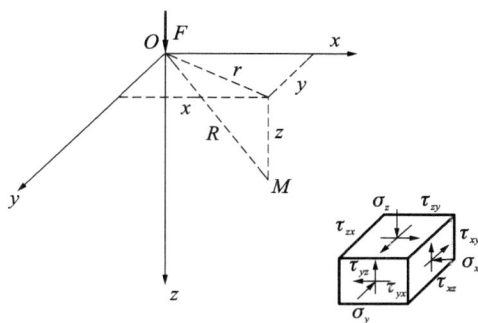

图 4.9 集中力作用下土中应力计算

1. M 点三向正应力分量

$$\sigma_x = \frac{3F}{2\pi}\left\{\frac{x^2 z}{R^5} + \frac{1-2\mu}{3}\left[\frac{R^2 - Rz - z^2}{R^3(R+z)} - \frac{x^2(2R+z)}{R^3(R+z)^2}\right]\right\} \tag{4.7}$$

$$\sigma_y = \frac{3F}{2\pi}\left\{\frac{y^2 z}{R^5} + \frac{1-2\mu}{3}\left[\frac{R^2 - Rz - z^2}{R^3(R+z)} - \frac{y^2(2R+z)}{R^3(R+z)^2}\right]\right\} \tag{4.8}$$

$$\sigma_z = \frac{3Fz^3}{2\pi R^5} \tag{4.9}$$

2. M 点三向切应力分量

$$\tau_{xy} = \tau_{yx} = \frac{3F}{2\pi}\left[\frac{xyz}{R^5} - \frac{1-2\mu}{3}\cdot\frac{xy(2R+z)}{R^3(R+z)^2}\right] \tag{4.10}$$

$$\tau_{yz} = \tau_{zy} = \frac{3F}{2\pi}\cdot\frac{yz^2}{R^5} \tag{4.11}$$

$$\tau_{zx} = \tau_{xz} = \frac{3F}{2\pi}\cdot\frac{xz^2}{R^5} \tag{4.12}$$

3. M 点三向位移分量

$$u = \frac{F(1+\mu)}{2\pi E}\left[\frac{xz}{R^3} - (1-2\mu)\frac{x}{R(R+z)}\right] \tag{4.13}$$

$$v = \frac{F(1+\mu)}{2\pi E}\left[\frac{yz}{R^3} - (1-2\mu)\frac{y}{R(R+z)}\right] \tag{4.14}$$

$$w = \frac{F(1+\mu)}{2\pi E}\left[\frac{z^2}{R^3} + 2(1-\mu)\frac{1}{R}\right] \tag{4.15}$$

工程中应用最多的是竖向法应力 σ_z 及竖向位移 w，为了应用方便，可对法向应力进行改造：

$$\sigma_z = \frac{3Fz^3}{2\pi R^5} = \frac{3Fz^3}{2\pi(r^2+z^2)^{5/2}} = \alpha\frac{F}{z^2} \tag{4.16}$$

式中，$R = \sqrt{x^2+y^2+z^2}$；α 为集中力作用下的地基竖向应力系数，其计算公式为：

$$\alpha = \frac{3}{2\pi\left[(r/z)^2 + 1\right]^{5/2}}$$

若无限体表面有几个集中力作用,则其附加应力可运用叠加法计算:

$$\sigma_z = \frac{1}{z^2}\sum_{i=1}^{n}\alpha_i F_i \qquad (4.17)$$

若局部载荷的平面形状或分布规律不规则,则可将载荷面(或基础底面)分成若干形状规则(如矩形)的面积单元,将每个单元的分布载荷视为集中力,再计算其附加应力,这种方法称为等代载荷法。

4.5.2 分布载荷下地基附加应力

若基础底面的形状及分布载荷都是有规律的,则可应用积分的方法求得地基土中的附加应力。

设半无限土体表面作用一分布载荷 $p(x,y)$,如图 4.10 所示,地基土中某点的竖向应力 σ_z 可根据下式来计算:

$$\sigma_z = \iint_A \mathrm{d}\sigma_z = \frac{3z^3}{2\pi}\iint_A \frac{p(x,y)\mathrm{d}\xi\mathrm{d}\eta}{\left[(x-\varepsilon)^2 + (y-\eta)^2 + z^2\right]^{5/2}} \qquad (4.18)$$

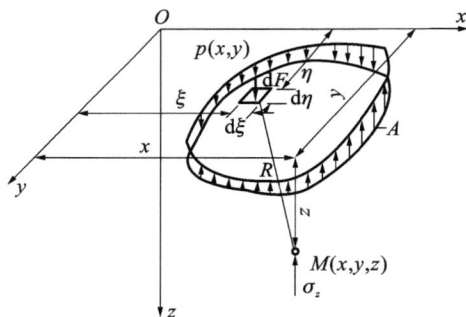

图 4.10　分布载荷作用下土中应力计算

求解上式时与下面三个条件有关:

(1)分布载荷 $p(x,y)$ 的分布规律及其大小;

(2)分布载荷的分布面积 A 的几何形状及其大小;

(3)应力计算点的坐标 x、y、z 的值。

积分后的结果比较复杂,但都是 l/b、$z/b(z/r_0)$ 等的函数。工程上为了应用方便,常采用"无量纲化"处理,即以 l/b、$z/b(z/r_0)$ 编制一些表格,应用时根据 l/b、$z/b(z/r_0)$ 查表即可得出分布载荷下的附加应力系数 α_f,再用下式求得附加应力 σ_z:

$$\sigma_z = \alpha_f p_0 \qquad (4.19)$$

4.5.3　空间问题的应力计算

常见的空间问题有均布矩形载荷、三角形分布的矩形载荷及均布的圆形载荷等。

(1)矩形均布载荷作用时土中竖向附加应力的计算。

如图 4.11 所示,设矩形载荷面的长度和宽度分别为 l 和 b,作用于地基上的竖向均布载荷为 p_0,则

$$\sigma_z = \alpha_c p_0 \tag{4.20}$$

式中,α_c 称为均布矩形角点下的竖向附加应力系数,取

$$\alpha_c = \frac{1}{2\pi}\left[\frac{lbz(l^2+b^2+2z^2)}{(l^2+z^2)(b^2+z^2)\sqrt{l^2+b^2+z^2}} + \arctan\frac{lb}{z\sqrt{l^2+b^2+z^2}}\right]$$

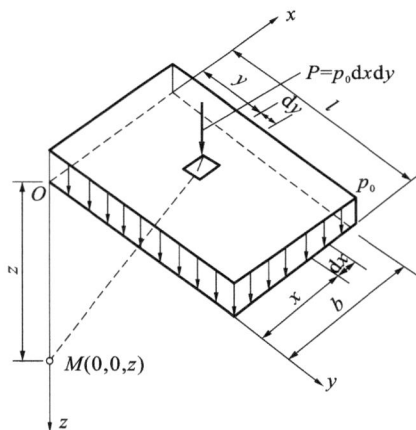

图 4.11　均布矩形载荷角点下的附加应力

当应力计算点不在角点之下时,可利用角点法求得。

(2)矩形面积上作用三角形载荷时土中竖向附加应力的计算。

如图 4.12 所示,在矩形载荷面上承受三角形分布的竖向载荷最大值为 p_0,载荷为零的 1 角点下深度 z 处的 M 点坐标为 $(0,0,z)$,且 $p(x,y)=(x/b)p_0$,则相应的竖向应力为:

$$\sigma_z = \frac{3z^3}{2\pi}p_0\int_0^l\int_0^b\frac{x\mathrm{d}x\mathrm{d}y}{b(x^2+y^2+z^2)^{2/5}} = \alpha_{t1}p_0 \tag{4.21}$$

式中,α_{t1} 为三角形载荷最小值对应的附加应力系数,其值为

$$\alpha_{t1} = \frac{lz}{2\pi b}\left(\frac{1}{\sqrt{l^2+z^2}} - \frac{z^2}{(b^2+z^2)\sqrt{l^2+b^2+z^2}}\right) \tag{4.22}$$

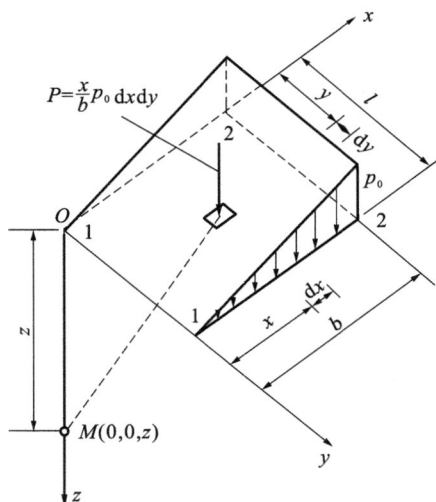

图 4.12 三角形分布矩形载荷角点下的附加应力

同理,可求得载荷最大值的角点 2 下任意深度处的竖向附加应力为:

$$\sigma_z = (\alpha_c - \alpha_{t1})p_0 = \alpha_{t2}p_0 \tag{4.23}$$

式中,α_{t2} 为三角形载荷最大值对应的附加应力系数,$\alpha_{t2} = \alpha_c - \alpha_{t1}$ 。

4.6　平面应变问题的附加应力

　　若在无限弹性体表面作用无限长条形的分布载荷,载荷在宽度方向的分布是任意的,但在长度方向的分布规律则是相同的。在计算土中任意点的应力时,只与该点的平面坐标有关,而与长度方向坐标无关,这种情况属于平面应变问题。实践中常把墙基、路基、坝基、挡土墙基础视为平面应变问题。

　　1.线载荷

　　在地基土表面作用无限分布、宽度极微小的均布线载荷,以 $\bar{p}$ 表示。如图 4.13 所示,竖向线载荷作用在 y 轴上,沿 y 轴取一微小线元素 $\mathrm{d}y$,其上作用载荷 $\bar{p}\mathrm{d}y$,把它看作集中力 $\mathrm{d}F = \bar{p}\mathrm{d}y$,则

$$\mathrm{d}\sigma_z = \frac{3z^3\bar{p}\mathrm{d}y}{2\pi R^5} \tag{4.24}$$

积分得:

$$\sigma_z = \int_{-\infty}^{+\infty} \frac{3\bar{p}z^3}{2\pi[x^2 + y^2 + z^2]^{\frac{5}{2}}}\mathrm{d}y = \frac{2\bar{p}z^3}{\pi(x^2 + z^2)^2} \tag{4.25}$$

　　同理,按弹性力学方法可得

$$\sigma_x = \frac{2\bar{p}x^2 z}{\pi(x^2 + z^2)^2} \tag{4.26}$$

$$\tau_{xz} = \tau_{zx} = \frac{2\bar{p}xz^2}{\pi(x^2 + z^2)^2} \tag{4.27}$$

按广义胡克定律和 $\varepsilon_y = 0$ 的条件有:

$$\tau_{xy} = \tau_{yx} = \tau_{yz} = \tau_{zy} = 0$$

$$\sigma_y = \mu(\sigma_x + \sigma_z) \tag{4.28}$$

上式在弹性理论中被称为费拉曼(Flamant)解。

2.均布条形载荷

在实际工程中经常遇到图 4.14 所示的条形载荷,则均有条形载荷 p_0 沿 x 轴的某微分段 $\mathrm{d}x$ 上的载荷可以用线载荷 $\bar{p}$ 代替,并引入 OM 线与 z 轴线间的夹角 β,得:

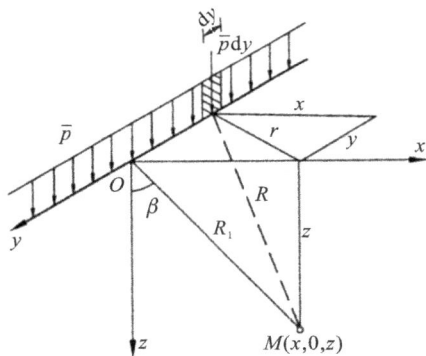

图 4.13　线载荷作用　　　　　图 4.14　均布条形载荷

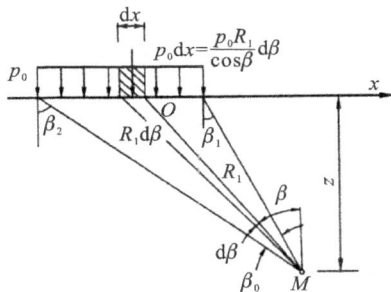

$$\bar{p} = p_0 \mathrm{d}x = \frac{p_0 R_1}{\cos\beta}\mathrm{d}\beta \tag{4.29}$$

则地基中任一点 M 处的附加应力用极坐标表示如下:

$$\sigma_z = \int_{\beta_1}^{\beta_2} \mathrm{d}\sigma_z = \frac{p_0}{\pi}\left[\sin\beta_2\cos\beta_2 - \sin\beta_1\cos\beta_1 + (\beta_2 - \beta_1)\right] \tag{4.30}$$

同理可得:

$$\sigma_x = \frac{p_0}{\pi}\left[-\sin(\beta_2 - \beta_1)\cos(\beta_2 + \beta_1) + (\beta_2 - \beta_1)\right] \tag{4.31}$$

$$\tau_{zx} = \tau_{xz} = \frac{p_0}{\pi}(\sin^2\beta_2 - \sin^2\beta_1) \tag{4.32}$$

各式中当 M 点位于载荷分布宽度两端点竖直线之间时,β_1 取负值,反之取正值。

代入材料力学公式,可得 M 点的大主应力 σ_1 和小主应力 σ_3 的表达式:

$$\begin{cases} \sigma_1 \\ \sigma_3 \end{cases} = \frac{\sigma_z + \sigma_x}{2} \pm \sqrt{\left(\frac{\sigma_z - \sigma_x}{2}\right)^2 + \tau_{zx}^2} = \frac{p_0}{\pi}\left[(\beta_2 - \beta_1) \pm \sin(\beta_2 - \beta_1)\right]$$

$$\tag{4.33}$$

条形载荷引起附加应力的大、小主应力如图 4.15 所示。大、小主应力作用的方向分别与这个张角的角平分线方向平行和垂直。图 4.15 所示的各个应力椭圆长短轴的方向和长短分别表示不同位置大、小主应力方向和大小。大、小主应力的等值线是过条形基础边缘两点的圆弧,圆弧上各点对此弧的圆周角相等。

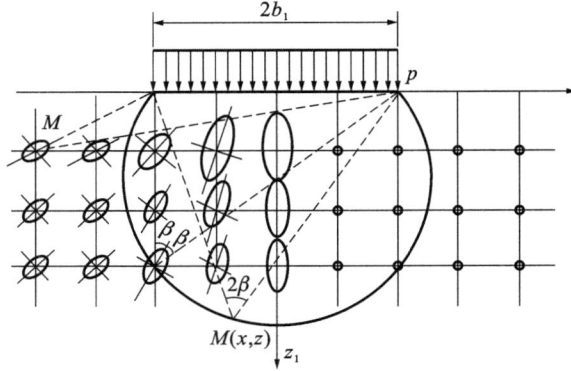

图 4.15 条形载荷引起附加应力的大、小主应力方向和应力椭圆

为了计算方便,还可将上述 σ_z、σ_x 和 τ_{xz} 三个公式改用直角坐标表示。此时取条形载荷的中点作为原点,则三个应力分量如下:

$$\sigma_z = \frac{p_0}{\pi}\left[\arctan\frac{1-2n}{2m} + \arctan\frac{1+2n}{2m} - \frac{4m(4n^2-4m^2-1)}{(4n^2+4m^2-1)^2+16m^2}\right] = \alpha_{sz}p_0$$

$$(4.34)$$

$$\sigma_x = \frac{p_0}{\pi}\left[\arctan\frac{1-2n}{2m} + \arctan\frac{1+2n}{2m} + \frac{4m(4n^2-4m^2-1)}{(4n^2+4m^2-1)^2+16m^2}\right] = \alpha_{sx}p_0$$

$$(4.35)$$

$$\tau_{xz} = \tau_{zx} = \frac{p_0}{\pi}\frac{32m^2n}{(4n^2+4m^2-1)^2+16m^2} = \alpha_{sxz}p_0 \qquad (4.36)$$

式中,α_{sz}、α_{sx} 和 α_{sxz} 分别为均布条形载荷作用下相应的三个附加应力系数,都是 $n=x/b$ 和 $m=z/b$ 的函数。

利用以上有关各式可绘出 σ_z、σ_x 和 τ_{zx} 等值线图,这种椭圆球形状的曲线也称为应力泡。图 4.16 所示为条形载荷作用下的 σ_z、σ_x 和 τ_{zx} 等值线图(应力泡)。

为了对地基附加应力分布有更全面的了解,下面给出其他一些典型载荷作用下的各种不同地基附加应力图的 σ_z 等值线图(应力泡)。图 4.17 为集中载荷 Q 作用下的 σ_z 等值线图,图 4.18 为线载荷 P 作用下的 σ_z 等值线图。

图 4.19 为 $L=1.5B$ 和 $L=2B$ 的长方形均布载荷作用下的 σ_z 应力等值线图。图 4.2C 为 $L=3B$ 和长条形(L 足够长时)均布载荷作用下的 σ_z 应力等值线图。根

据这些图,可以判断出建筑物的长宽比不同时,地表面的载荷在地基中引起的附加应力的影响范围。由图 4.19(b)可知,当 $L=2B$ 时,垂直方向附加应力为 $-0.1p$ 时的影响深度增加到 $3B$ 左右。由图 4.20(b)可知,条形载荷($L\approx\infty$)的垂直方向附加应力为 $-0.1p$ 时的影响深度增加到 $6.3B$ 左右。

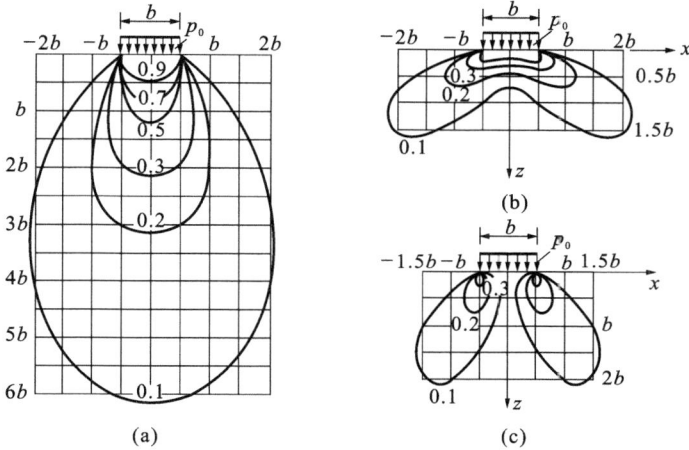

图 4.16　均布长条形载荷作用下地基附加应力 σ_z(a)、σ_x(b)和 τ_{xz}(c)等值线

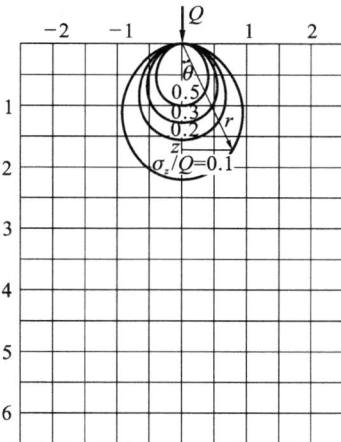

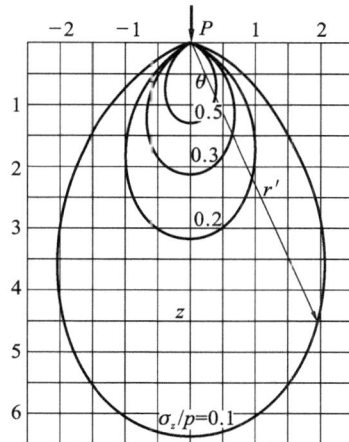

图 4.17　集中载荷 Q 作用下的 σ_z 等值线图　　**图 4.18**　线载荷 P 作用下的 σ_z 等值线图

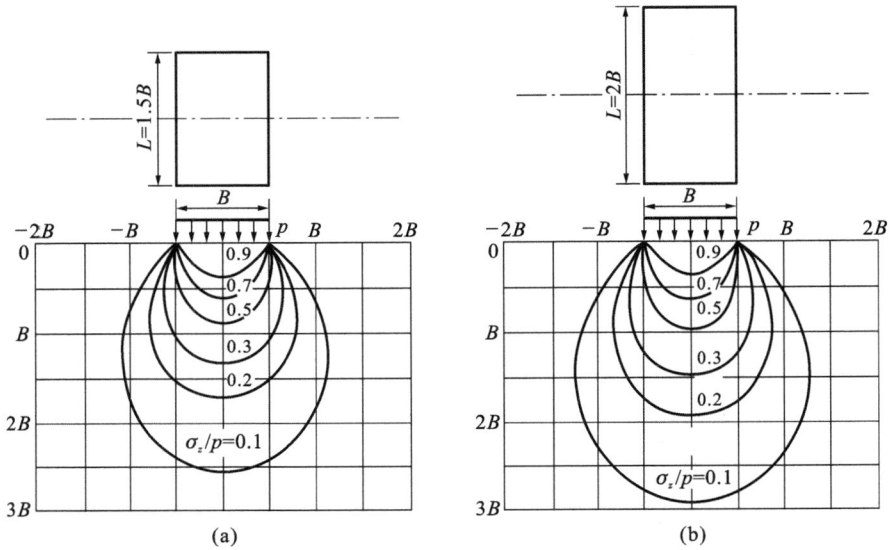

图 4.19 长方形均布载荷作用下的 σ_z 等值线图

(a)$L=1.5B$;(b)$L=2B$

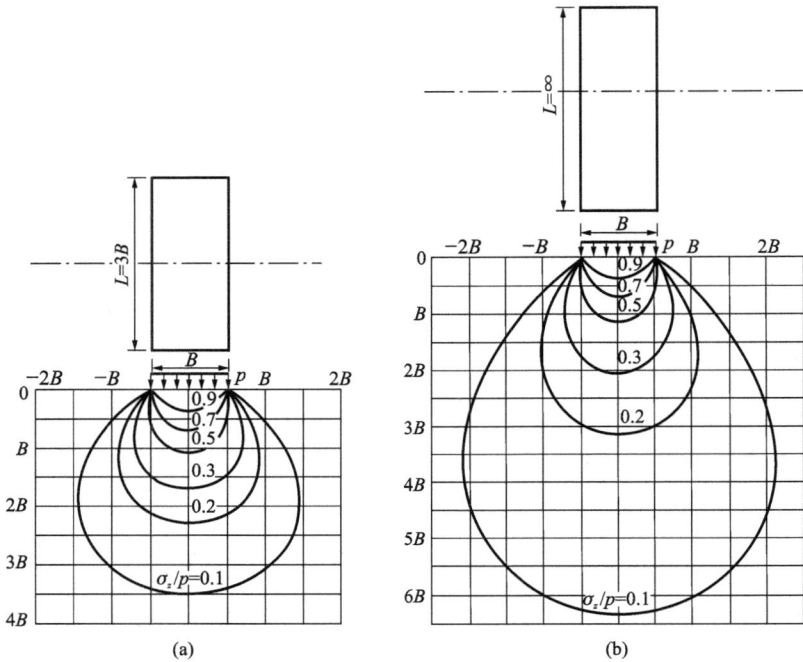

图 4.20 长条形均布载荷作用下的 σ_z 等值线图

(a)$L=3B$;(b)$L=\infty$

4.7 均布圆形载荷下的应力

设圆形载荷面积的半径为 r_0,作用在地基表面的竖向均布载荷为 p_0。在图 4.21 中计算附加应力适宜采用极坐标求解。这时,$dA = r dr d\theta$,$dF = p_0 r dr d\theta$,通过坐标变换得:

$$\sigma_z = \int_0^{r_0} \int_0^{2\pi} \frac{3p_0 r z^3 dr d\theta}{2\pi (r^2 + z^2)^{5/2}} = p_0 \left[1 - \left(\frac{z^2}{z^2 + r^2} \right)^{3/2} \right] = \alpha_r p_0 \qquad (4.37)$$

式中,α_r 为均布圆形载荷中心点下的附加应力系数。

同理可得均布圆形载荷周边下的附加应力为:

$$\sigma_z = \alpha_t p_0 \qquad (4.38)$$

式中,α_t 为均布圆形载荷周边下的附加应力系数。均布圆形载荷下的应力分布如图 4.22 所示。

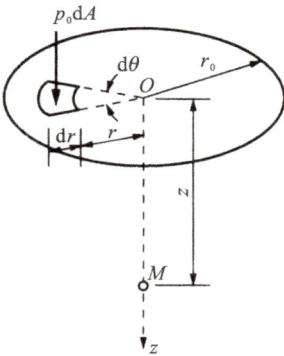

图 4.21 均布圆形载荷作用下附加应力

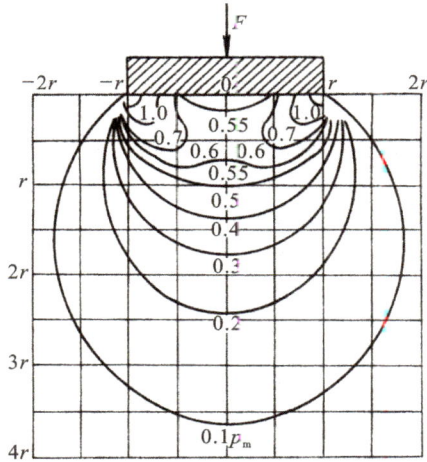

图 4.22 均布圆形载荷作用下的应力泡

作为比较,图 4.23 和图 4.24 分别给出了圆形和正方形均布载荷作用下的应力 σ_z 等值线图。由图可知,当载荷是圆形载荷和 $L = B$ 的正方形载荷时,垂直方向附加应力为 $-0.1p$ 时的影响深度约为 $2B(2D)$。

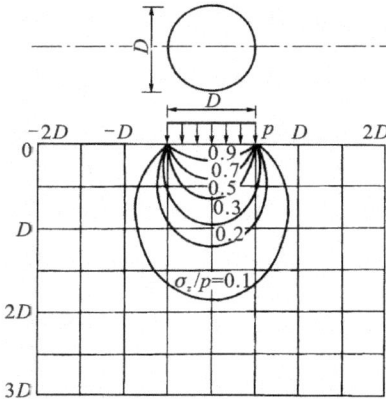

图 4.23 圆形均布载荷作用下的
σ_z 等值线图

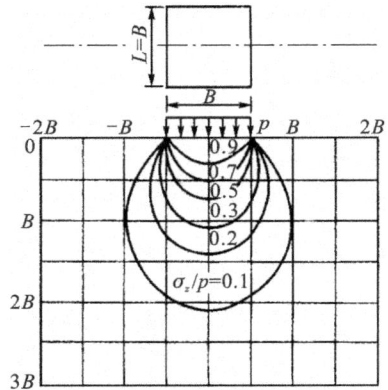

图 4.24 正方形均布载荷作用下的
σ_z 等值线图

4.8　非均质和各向异性地基中的附加应力

在前面,我们把地基土看作均质和各向同性的线性变形体,然后按弹性力学问题计算附加应力。而实际地基土较为复杂,有时需要考虑地基不均匀和各向异性对附加应力计算的影响。

4.8.1　双层地基

1.上软下硬土层

图 4.25(a)所示的上软下硬情况,虚线表示均质地基中水平面上的附加应力分布。此时,土层中的附加应力值比均质土的有所增大,即存在所谓应力集中现象。岩层埋藏愈浅,应力集中的影响愈显著,当可压缩土层的厚度小于或等于载荷面积宽度的一半时,载荷面积下的 σ_z 几乎不扩散,即可认为 σ_z 不随深度变化。

可见,应力集中与载荷面的宽度、压缩土层厚度 h 以及界面上的摩擦力有关。叶戈洛夫(Eropob K. E.)给出了竖向条形载荷下,上软下硬土层沿载荷面中轴线上各点的附加应力计算公式:

$$\sigma_z = \alpha_D p_0 \tag{4.39}$$

其中,α_D 为双层土的附加应力系数。

2.上硬下软土层

当土层出现上硬下软的情况时,往往会出现应力扩散现象,如图 4.25(b)所示。在坚硬的上层与软弱下卧层中引起的应力扩散现象,随上层土厚度的增大而

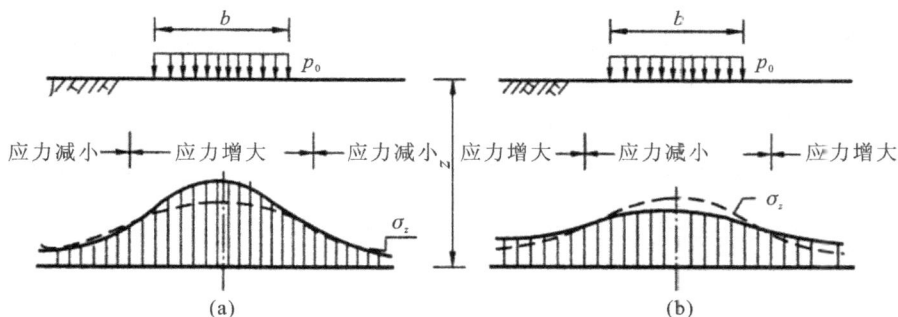

图 4.25 非均质地基对附加应力的影响

(a)应力集中现象;(b)应力扩散现象

更加显著,它还与双层地基的变形模量 E、泊松比 μ 有关,即随下列参数 f 的增加而显著:

$$f = \frac{E_{01}}{E_{02}} \cdot \frac{1-\mu_2^2}{1-\mu_1^2} \tag{4.40}$$

为了计算方便,叶戈洛夫引出了不计上、下界面摩擦力时竖向均布条形载荷下,界面上一点的附加应力计算公式:

$$\sigma_z = \alpha_E p_0 \tag{4.41}$$

式中,α_E 为附加应力系数。

3.载荷中心竖直线情况

在载荷中心竖直线上也是如此,如图 4.26 所示。应力随深度的增加迅速减小,曲线 1 表示均质地基情况;曲线 2 为上软下硬土层情况,σ_z 产生应力集中情况;曲线 3 为上硬下软土层情况,σ_z 产生应力扩散现象。

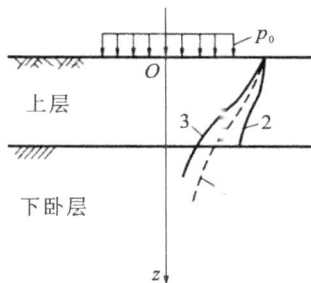

图 4.26 双层地基竖向应力分布的比较

4.8.2 变形模量随深度增大的地基

在地基中,土的变形模量常随地基深度的增大而增大。这种现象在沙土中尤为显著,这是由土体在沉积过程中的受力条件所决定的,与通常假定的均质地基相比较,沿载荷中心线下,非均质的地基附加应力将产生应力集中。对于集中力作用下地基附加应力的计算,可采用弗洛利克(Frohlich O.K.)等建议的半经验公式:

$$\sigma_z = \frac{vF}{2\pi R^2}\cos^v\theta \tag{4.42}$$

式中,v 表示应力集中因数,对于黏土或完全弹性体,$v=3$;对于硬土,$v=6$;对于沙土和黏土之间的土,$v=3\sim6$。

4.8.3 各向异性地基

在工程实践中常见的薄交互层就是典型的各向异性地基,对于天然形成的水平薄交互层地基,其水平向变形模量 E_{oh} 常大于竖向变形模量 E_{ov}。考虑由于土的这种层状构造特性与通常假定的均质各向异性地基有差别,沃尔夫(Wolf,1935年)假定地基水平和竖直方向的泊松比相同,但变形模量不同的情况下推导得均布线载荷下各向异性地基的附加应力 σ'_z 为:

$$\sigma'_z = \frac{\sigma_z}{m}$$

$$m = \sqrt{\frac{E_{oh}}{E_{ov}}}$$

(4.43)

因此,当非均质地基的 $E_{oh} \geqslant E_{ov}$ 时,地基中将出现应力扩散现象;而当 $E_{oh} < E_{ov}$ 时,地基中出现应力集中现象。

参考文献

[1] 陈仲颐,周景星,王洪瑾. 土力学. 北京:清华大学出版社,1994.

[2] 李广信,张丙印,于玉贞. 土力学. 2版. 北京:清华大学出版社,2013.

[3] 张克恭,刘松玉. 土力学. 北京:中国建筑工业出版社,2001.

[4] 钱家欢,殷宗泽. 土力学. 南京:河海大学出版社,1988.

[5] Das Braja M. Advanced soil mechanics. USA:Hemisphere Publishing Co.,1983.

[6] Lambe T W,Whitman R V. Soil mechanics. New York:John Wiley & Sons,1979.

[7] Pearson C. Theoretical elasticity. Boston:Harvard University Press,1959.

[8] Chen W F,Saleeb A F. Constitutive equations for engineering materials:Vol 1:Elasticity and Modeling (Second Edition)/Plasticity and Modeling. Elsevier Science Ltd,1994.

[9] Chen W F,Saleeb A F. Constitutive equations for engineering materials:Vol 1:Elasticity and Modeling(Second Edition)/Plasticity and Modeling. Elsevier Science Ltd,1994,1:259-304.

阅读参考材料

莫尔（Otto Mohr，1835—1918，上图左），德国斯图加特大学教授，他的学生虎勃（August Otto Föppl，1854—1924，上图右）为德国慕尼黑大学教授。虎勃是普朗特（Ludwig Prandtl，1875—1953，下图左）的指导教授。普朗特是冯·卡门（Theodore von Karman，1881—1963，下图右）的指导教授。他们的研究重点各不相同，但是都有与岩土力学相关的工作。钱学森（下图中）为冯·卡门的学生（见本章二维码内容）。

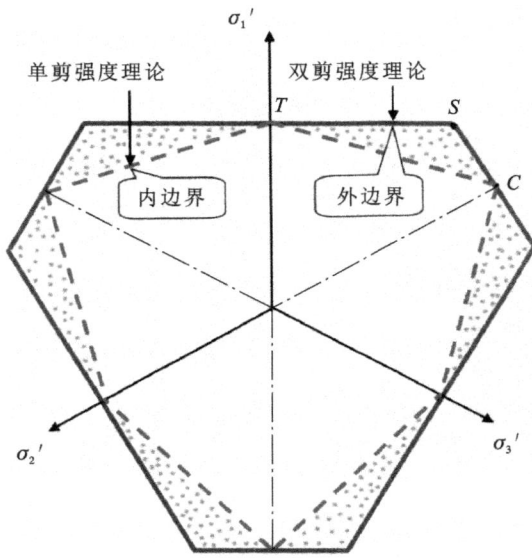

根据 Drucker 公设，各种强度理论的极限面必为外凸曲面并且在上图所示的内外两个不等边六角形之间。

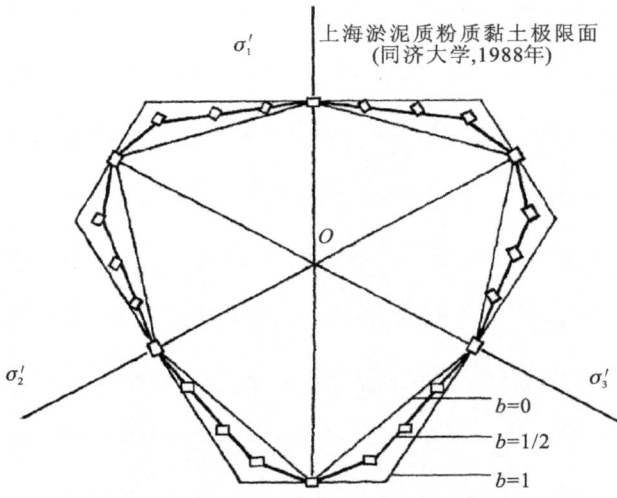

统一强度理论的上、中、下边界
及其与上海黏土实验结果的比较

5 土体强度的一些基本特性

5.1 概　　述

传统土力学对土的强度的研究主要为土的剪切强度。为了研究更一般的强度理论,在本章中,我们将以国内外的大量试验结果为依据来讨论土体材料的一些基本强度特性。这些试验结果都是很珍贵的,它们是土体强度理论研究的重要基础。

土的结构十分复杂,种类繁多,并且有各种不同的分类方法。以细粒土为例,按土的结构分类就有骨架状结构、絮凝状结构、团聚状结构、凝块状结构、叠片状结构、磁畴状结构等。实际上,同样的一类土,在不同的地方,它们的性质也往往不同。

图 5.1 是粗粒体的结构示意图。粗粒体之间可能有其他颗粒土和水。颗粒之间的水由于毛细管作用,一般会比自由水面升高一些。颗粒愈小,颗粒之间的空隙愈小,毛细水的上升高度愈大。

根据《中国大百科全书》《中国水利百科全书》(2006 年第 2 版)和力学词典,本构关系(constitutive relations,又称本构模型、本构方程)是反映物质宏观性质的数学模型。本构模型是采用连续介质力学模型求解岩土工程问题的关键。岩土的应力-应变关系与应力状态、应力路径、加荷速率、应力水平、成分、结构、状态等息息相关,土还具有剪胀性、各向异性等,因此,岩土体的本构关系十分复杂。至今人们建立的土体的本构模型非常多,有的很复杂,有的却很简单,但能得到大家认可并非易事。

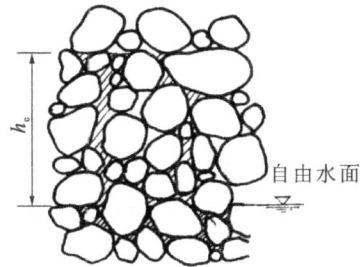

图 5.1　粗粒体的结构示意图

岩土材料工程性质非常复杂,一个模型能反映一个或几个特殊规律即为好模型。著名力学家、土木工程大师李国豪院士曾经讲过:复杂的事往往简单,这就是力学研究的工作。一般我们希望它们具有简单的数学表达式,较少并且易于确定的材料参数,能够反映材料的主要特性。

太沙基的土力学建立在连续介质力学的基础上。但是,土的细观结构是不连续的,并且还有固体骨料、水和空气等多种组分。它的种类繁多,性质复杂。近年来,人们在土的细观力学性能研究方面取得了很多成果。但是,这既不与土的宏观力学性质相矛盾,也不妨碍宏观性能的研究和发展。十分有意义的是:虽然土的结构和性质复杂,但是它的宏观力学性质表现出很大的规律性[1-25]。这种规律性不但表现在单轴试验的结果中,而且在多轴试验中也有相同的结果。下面是一个典型的试验例子[2]。

长江科学院曾对碎块体进行系统的三轴试验研究,他们对 13 个试件进行了共26 次三轴应力状态下碎块体的力学性质试验[2]。三轴试验装置如图 5.2(a)所示,碎块体的三向受力图如图 5.2(b)所示。

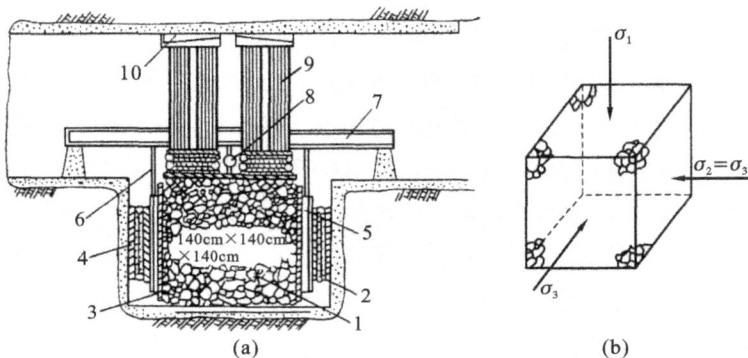

图 5.2 碎块体三轴试验装置图和三轴应力图

1—试件;2—液压钢枕;3—钢模板;4—钢垫板;5—传压工字钢排;6—表架;

7—工字钢架(长 4 m);8—测表;9—传力柱(共 8 根);10—螺栓楔块

碎块体加载时实测的 $(\sigma_1-\sigma_3)$ 与 $(\sigma_1+\sigma_3)$ 关系、σ_1 与 σ_3 关系,以及 $(\sigma_1-\sigma_3)$ 与 σ_3 的关系分别如图 5.3(a)、(b)、(c)所示[2]。从这些曲线中可以看到,虽然碎块体的组合是随机的,但是在同样密集度的情况下,它在改变应力状态时所测得的各种强度变化是有规律的。由于 $(\sigma_1-\sigma_3)=2\tau_{13}$,$(\sigma_1+\sigma_3)=2\sigma_{13}$,因此图 5.3(a)曲线就是碎块体的剪切强度与正应力的关系。

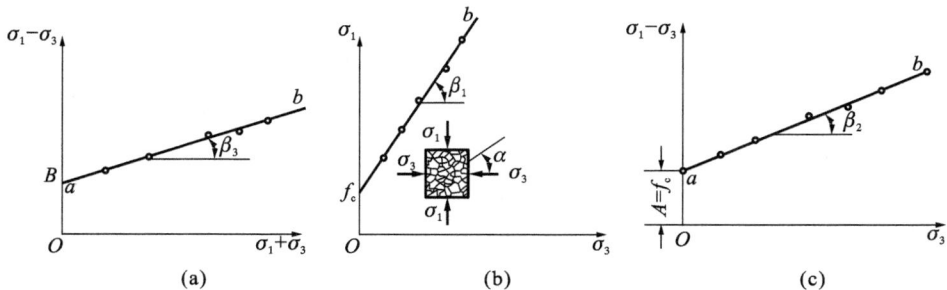

图 5.3 碎块体的强度变化规律

(a)$(\sigma_1-\sigma_3)$ 与 $(\sigma_1+\sigma_3)$ 关系;(b)σ_1 与 σ_3 关系;(c)$(\sigma_1-\sigma_3)$ 与 σ_3 关系

图 5.4 是 1956 年英国伦敦大学 Parry 博士关于 Weald 黏土在三轴试验得出的剪应力与平均应力的关系曲线[3];图 5.5 则是文献[4]和[5]给出的英国伦敦黏土的 42 个试件在三轴试验得出的剪应力与平均应力的无量纲关系曲线。由图可以看出,它们具有很好的规律性。

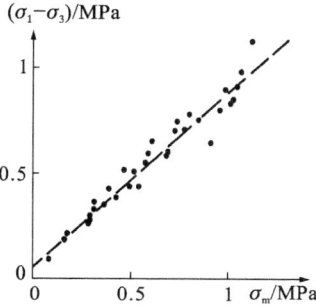

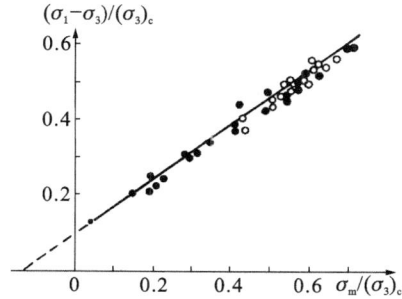

图5.4　Weald 黏土的 τ-σ_m 关系曲线 （Parry,1956 年）　　　　图5.5　伦敦黏土的 τ-σ_m 关系曲线

其他如粗粒土和各种堆石料[6-11]、煤矸石[12]、颗粒轻质混合土[13]、土石混合体（含石量 40%）[14]、矿山排土场散体岩土[15]等不同结构的土的力学性质都具有一定的规律性。这种规律性是土力学的基础。

又例如生活垃圾土的组成和结构十分复杂。由于现代城市化的迅速发展,城市垃圾堆积物所产生的稳定性问题、滑坡问题已引起世界各国的重视,人们对其进行了大量研究,Kavaganjian 等统计了有关文献资料。图 5.6 是生活垃圾土的抗剪强度与法向应力的关系曲线。从图中可以看到,它们之间具有一定的规律性（Kavaganjian,1995 年）[15]。

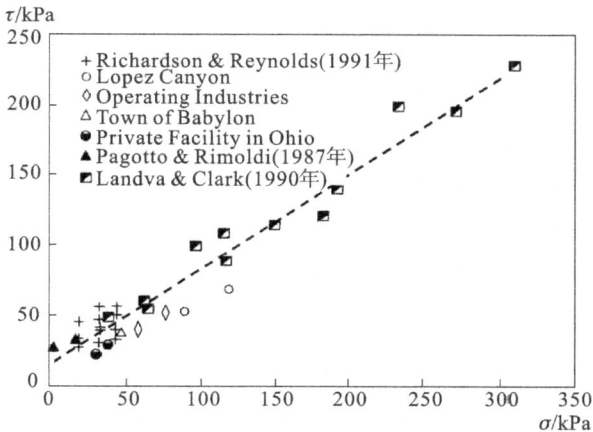

图 5.6　生活垃圾土的抗剪强度（Kavaganjian,1995 年）

下面我们将根据国内外学者的大量实验研究成果,对土体强度的一些基本性能进行总结。

5.2　拉压异性(SD 效应)

岩土类材料的拉伸和压缩性质的差异较大,即材料的拉压强度不等($\sigma_t \neq \sigma_c$)。由于这类材料的压缩强度较拉伸强度大得多,工程中主要利用其压缩强度,有时常取压缩方向作为坐标的正方向作应力-应变图。

根据材料 $\sigma_t \neq \sigma_c$ 的这一特性可得出结论,单参数破坏准则(如 Tresca 准则和 Mises 准则)对土体材料都不适用。

5.3　剪切强度和法向应力效应(正应力效应)

材料的强度往往取决于主应力的差值,即剪应力的大小,因此有很多研究者致力于研究土的剪切强度,以及材料受力滑动和破坏时滑动面上的剪应力与正应力的关系。这方面已有大量的文献资料。

陈祖煜总结了不同方法和一些不同材料(如玻璃珠、Toyoura 砂土和碾碎砂)的剪应力与正应力的关系,如图 5.7 所示[16,17]。不同材料的强度大小虽然不同,但它们都具有线性变化的规律。砂土、黏性土和黄土试样在不同压力条件下的剪切试验也能得出相似的结果,如图 5.8 所示。

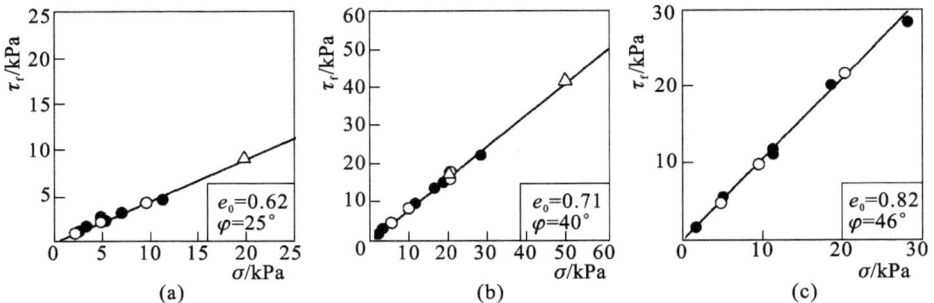

图 5.7　新型直剪仪和其他改进的三轴试验的成果(陈祖煜)

(a)玻璃珠;(b)Toyoura 砂土;(c)碾碎砂

△—引进的直剪试验;○—新的使用砂页的小直剪试验;●—新的使用钢剪切框的小直剪试验

(1)以上正应力与剪应力强度的关系类似于物理中的 Coulomb 摩擦定律(Coulomb,1773 年)[18]。人们把它推广到材料破坏定律,这是多年来常用的材料强度理论的一个基本概念。应该指出的是:滑动摩擦中只有一个作用面和一个剪应力,而材料内部所受到的作用应力则有三个主剪应力。

(2)在整理大量试验结果的资料时,一般只考虑最大主应力 σ_1 和最小主应力 σ_3,并以 $(\sigma_1-\sigma_3)$ 为直径作极限应力圆,而没有考虑中间主应力 σ_2 的影响。

(3)由于在不同方式的剪切试验中的中间主应力的情况不同(应力状态不同),某些资料的结果可能不同,这些问题的关键是莫尔-库仑强度理论所忽略的中间主应力效应以及不同材料所具有的不同程度的中间主应力效应。

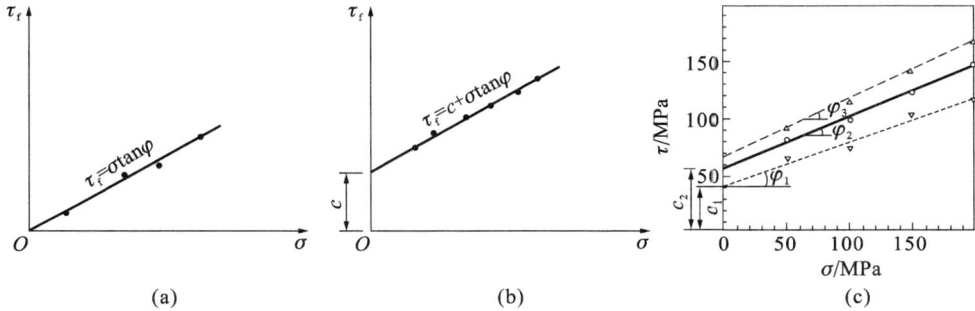

图 5.8　砂土、黏性土和黄土试样的剪切强度与正应力的关系
(a)砂土试样的剪切试验;(b)黏性土试样的剪切试验;(c)西安黄土试样的剪切强度试验

5.4　双剪强度的法向应力效应

材料剪切强度的正应力效应可以扩展为双剪切强度的正应力效应。土体抗剪强度的正应力效应考虑了剪应力及其面上的正应力。实际上它是将物体之间的干摩擦定理推广到物体内部的强度研究。由于土体的三向应力状态存在三个主剪应力,因此抗剪强度的正应力效应也可以表示为三个主剪应力与正应力的关系。但考虑三个主剪应力中只有两个独立分量,因此我们考虑两个较大的主剪应力来研究双剪应力强度与其两个面上的正应力之间的关系:

$$(\tau_{13}+\tau_{12})=f(\sigma_{13}+\sigma_{12})$$

根据唐仑等的实验资料[19-21],可得出双剪应力强度与其两个面上的正应力之间的关系如图 5.9 所示。图中纵坐标 $\tau_{tw}=(\tau_{13}+\tau_{12})$,横坐标 $\sigma_{tw}=(\sigma_{13}+\sigma_{12})$。由图 5.9 可见,双剪应力强度与其两个面上的正应力之间的关系也为线性关系,即可表示为 $(\tau_{13}+\tau_{12})=\beta(\sigma_{13}+\sigma_{12})$ 或 $(\tau_{13}+\tau_{12})=2\tau_0+\beta(\sigma_{13}+\sigma_{12})$。事实上,由于在一般三轴试验中存在 $\tau_{13}=\tau_{12}$,因此单剪应力与双剪应力的关系等效,即 $\tau_{13}=\beta\sigma_{13}$ 与 $(\tau_{13}+\tau_{12})=\beta(\sigma_{13}+\sigma_{12})$ 等效,或 $\tau_{13}=2\tau_0+\beta\sigma_{13}$ 与 $(\tau_{13}+\tau_{12})=2\tau_0+\beta(\sigma_{13}+\sigma_{12})$ 等效。它们都呈现出一定的线性关系。因此我们可以将单剪理论推广为双剪理论。

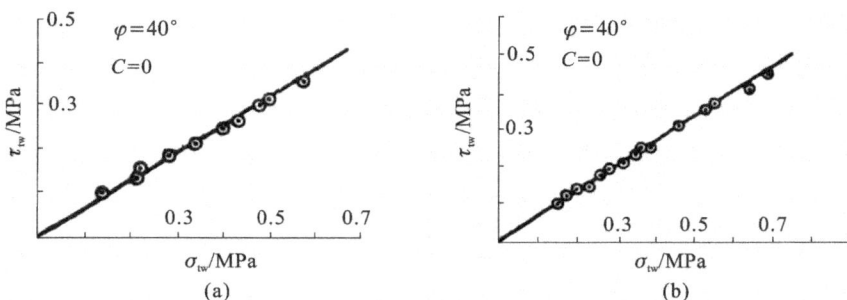

图 5.9　双剪应力与正应力关系的试验结果

(a)中密砂；(b)紧密砂

5.5　静水应力效应

1.剪应力-静水应力关系

静水应力 $\sigma_m = \dfrac{\sigma_1 + \sigma_2 + \sigma_3}{3}$ 对岩土材料强度有较大影响。图 2.24 为一种对材料施加围压(静水应力)和轴压的三轴试验示意图。对试件施加一定的围压,然后保持围压不变,逐步增加轴压,可以得出在这一定围压下材料的应力-应变曲线[3-5]。同理,可以得出材料在不同围压下的应力-应变曲线,如图 5.10 所示。由图可以看出,随着围压的加大,土的强度极限不断增大,因此可以得出极限应力圆随着围压变化而变化的规律。

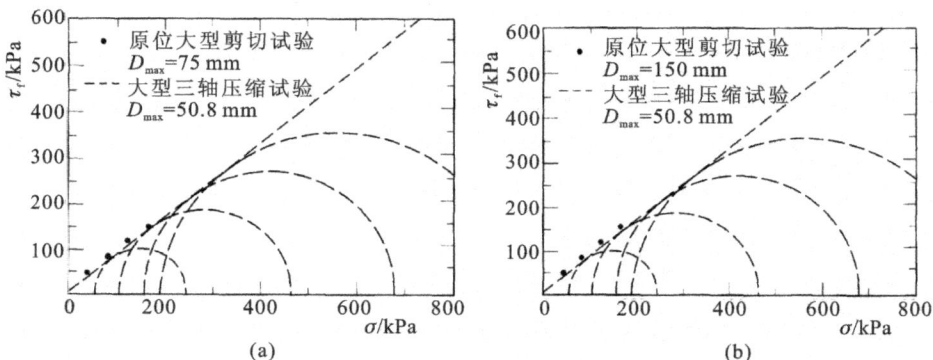

图 5.10　极限应力圆与围压的关系(大型三轴围压试验,陈祖煜)

在轴对称围压试验中,轴向压力 σ_1 减去围压 $p(\sigma_3)$ 即为 2 倍最大剪应力,即 $2\tau_{max} = \sigma_1 - \sigma_3$,因此轴对称围压试验的结果往往表示为土体的剪切强度与围压的关系。这些曲线不仅仅是材料拉压异性效应的反映,还是 SD 效应和静水应力效应的综合反映。

三轴压缩试验机的优点是结构简单,可以方便地测定土体的材料参数(内摩擦角 φ 和黏聚力 C),并且能较为严格地控制排水条件以及可以测量试件中孔隙水压力的变化,因而得到较广泛的应用。

2. 双剪应力-静水应力关系

剪应力强度的围压效应可以推广为双剪应力围压效应[21]。图 5.11 为西安城墙内的夯实黄土和浸水饱和夯实黄土的双剪应力与围压的关系[21],它们之间存在一定的线性关系,图中的 $T_{tw} = \tau_{13} + \tau_{12}$ 。

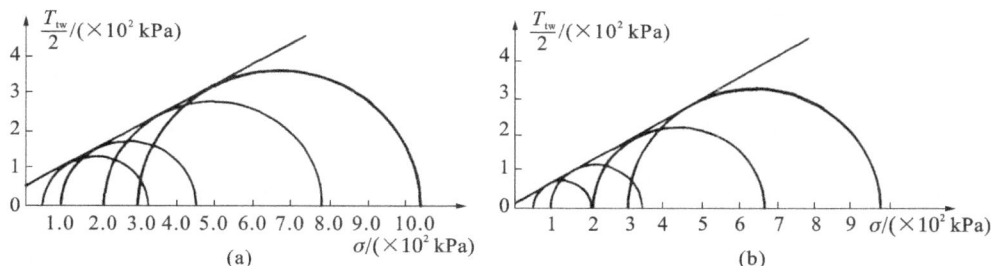

图 5.11　双剪应力与围压关系的试验结果

事实上,以上各种单剪应力与围压的线性关系和单剪应力与正应力的线性关系都可以扩展为双剪应力与围压的线性关系和双剪应力与正应力的线性关系。双剪应力围压效应内含静水应力效应,单剪应力围压效应是其中的一个特例,只是以前没有被人们关注。土的剪切强度与正应力之间的关系以及土的剪切强度与围压之间的关系对单剪应力和双剪应力是相同的。

5.6　中间主应力效应

岩土材料强度理论的一些研究主题往往由已有强度理论中存在的问题引发。土体强度的中间主应力效应本来是一个不成问题的问题,因为土体在三向空间应力($\sigma_1 , \sigma_2 , \sigma_3$)作用下的强度自然与这三个作用量有关。但是,最早出现的最大剪应力屈服准则(Tresca 屈服准则,1864 年)的表达式 $f = \sigma_1 - \sigma_3 = \sigma_s$ 以及莫尔-库仑强度理论(1773—1900)的表达式 $F = \sigma_1 - \alpha\sigma_3 = \sigma_t$,都没有中间主应力 σ_2 。当时也没有其他的理论,因此它们被广泛了解和接受,并在工程中广泛应用。虽然这个问题在一开始就已经被提出,但是中间主应力研究又是一个十分困难的问题。这是由于中间主应力效应的应力试验研究设备更复杂,对试验技术的要求更高,研究的经费投入更多;此外,中间主应力效应往往综合反映在静水应力效应等实验中,若要把它独立出来,就需要有明确的概念。而在理论上要提出一个有一定的物理概念、数学表达式简单且反映中间主应力效应的新的强度理论并非易事。

实验得出的 π 平面的极限线均大于莫尔-库仑强度理论的极限线。同济大学、河海大学、西安理工大学等研制了土的真三轴仪,并进行了上海黏性土、黄土等的真三轴试验研究。在土的中间主应力效应研究方面,大量的实验结果已经证实该效应的存在。日本京都大学的 Shibata 和 Karube 于 1965 年发表了黏土的研究结果,他们的结论是"黏土的应力-应变曲线的形状与 σ_2 有关"。英国剑桥大学、帝国理工学院和格拉斯哥大学等得出的一系列试验结果也与莫尔-库仑强度理论不相符合。图 5.12 是李广信教授总结的砂的中间主应力效应[22]。

中间主应力效应可以派生出中间主剪应力效应。中间主剪应力效应以前较少被研究,近年来已经有了一些研究报道。它的规律与中间主应力效应相同。

图 5.13 为 Kwasniewski、李小春等对砂岩的中间主剪应力效应的研究结果,图中的横坐标分别为 $\dfrac{\tau_{23}}{\tau_{13}}$ 和 $\tau_{23}=\dfrac{\sigma_2-\sigma_3}{2}$ $\left(\text{也可取 } \tau_{12}=\dfrac{\sigma_1-\sigma_2}{2}\right)$,纵坐标分别为材料的摩擦角和剪切强度 $\tau_{13}=\dfrac{\sigma_1-\sigma_3}{2}$。其他学者的实验结果也可以转化得出关于土的中间主剪应力效应的研究结果。

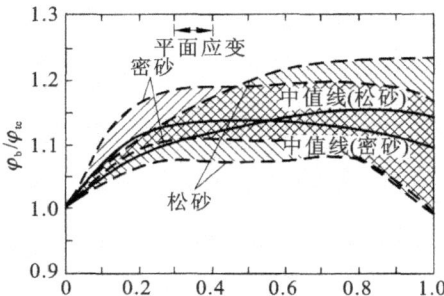

图 5.12 砂的中间主应力效应(李广信,2004 年)

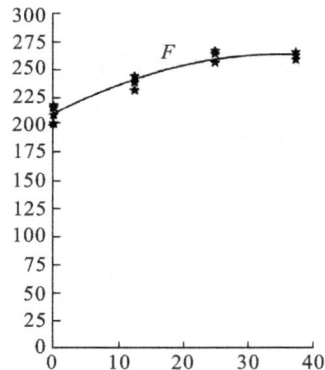

图 5.13 砂岩的中间主剪应力效应
(Kwasniewski, Li X. C.)

5.7 应力角效应(应力偏张量第三不变量效应)

应力角效应的研究与中间主应力效应相同,也是由现有的强度理论引起。我们知道,对于各向同性材料,三个主应力变量 $(\sigma_1,\sigma_2,\sigma_3)$ 可以转换为三个应力不

变量 (I_1, J_2, J_3)。其中，I_1 为应力张量第一不变量，J_2 为应力偏量第二不变量，J_3 为应力偏量第三不变量，应力角则与应力偏量第三不变量 J_3 有关。因此，强度理论也应该与这三个作用量有关，可以写成这三个作用量的函数 $F = F(I_1, J_2, J_3)$。但是在 1904—1913 年年间出现的 Huber-von Mises 准则写为 $f = J_2 = C$，而 1952 年提出的 Drucker-Prager 准则写为 $F = J_2 + \beta I_1 = C$，它们分别只考虑了三个应力不变量 (I_1, J_2, J_3) 中的一个和两个，而都没有将应力偏量第三不变量 J_3 考虑进去。

这个问题比 Tresca 屈服准则和莫尔-库仑强度理论中的中间主应力效应问题更为复杂和难于发现。因为它们的主应力表达式中都反映了三个主应力 $(\sigma_1, \sigma_2, \sigma_3)$，并且这两个准则的提出者都是世界著名的力学家，所以到 20 世纪 80 年代，著名科学家 Chen W F（陈惠发）和 Zienkiewicz 提出后[23-27]，才被重视起来。Chen W F（陈惠发）和 Zienkiewicz 指出岩土材料强度理论在偏平面的极限迹线不应该是一个圆（即圆形迹线与应力角无关），而与应力角有关。

美国工程院院士 Chen W F 等指出，Drucker-Prager 准则的优点是简单和光滑，但是 Drucker-Prager 准则的圆形极限面与实验结果相矛盾。

大量岩土材料的实验结果表明，岩土材料具有应力角效应（应力偏张量第三不变量效应），即它们的极限面与偏平面的交线不是圆形，如图 5.14 所示。从这一点来讲，Drucker-Prager 准则不能满足应力角效应的条件。

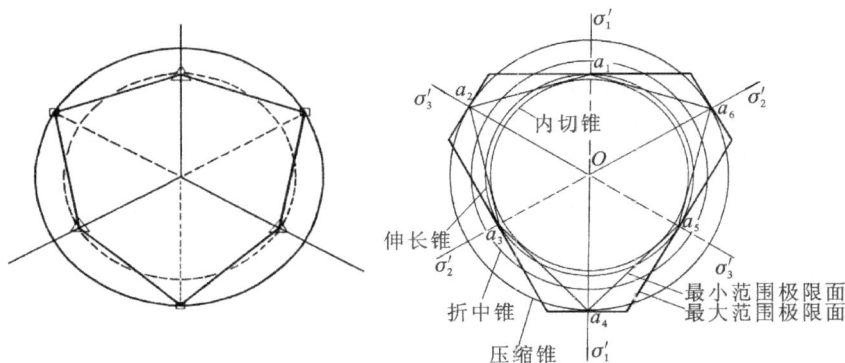

图 5.14 圆形屈服面不能与全部试验点匹配

如果在平面应力状态下，Drucker-Prager 准则的差别将会更大，如图 5.15 所示[28]。Drucker-Prager 准则不能同时与两个拉伸试验点和两个压缩试验点相符合。Neto、Peric 和 Owen 于 2008 年在 *Computational Methods for Plasticity* 的第 169 页也指出了这个问题[29]。Ottersen 和 Ristinmaa 指出[30]："应用 Drucker-Prager 准则应该小心谨慎。实际上，Drucker-Prager 准则只能应用于拉压强度相

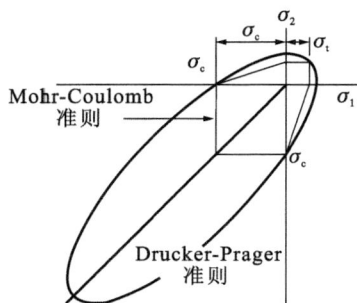

图 5.15 Drucker-Prager 准则
不能与全部试验点匹配

差较小的材料。"拉压强度相差较小的材料实际上也就是接近于拉压强度相同的材料,即 $\sigma_t = \sigma_c$ 的材料,这时,Drucker-Prager 准则也就是 Mises 准则。

最近,美国工程院院士俞汉岁指出:"Drucker-Prager 准则在岩土工程分析中得到广泛应用。但是实验结果表明 Drucker-Prager 准则在偏平面的圆形迹线与实验结果不符合。因此,在岩土工程分析中应用 Drucker-Prager 准则需要十分谨慎。"[31]

5.8 土体破坏极限面的外凸性及其内外边界

岩土类材料在不同应力作用下的强度各不相同。它们在图 5.16 所示应力空间的 8 个象限内的极限面也各不相同。如何用简单的数学公式来表达这个极限面是我们所要研究的复杂问题。极限面的外凸性为我们提供了研究的理论基础。屈服面的外凸性也可以由偏平面的屈服迹线进行研究。对于岩土类材料,π 平面上的极限曲线必须同时通过图 5.17 中的 a_1、a_2、a_3 和 a'_1、a'_2、a'_3 6 个点。用不同曲线连接这 6 个点,就得到了各种不同的多边形屈服线。不等边六边形必为最小范围的屈服线,而不可能是内凹的 a_1—n—a'_3 曲线。这一不等边六边形即为 Mohr-Coulomb 单剪应力强度理论的极限面。

此外,连接这 6 个点的屈服线的外凸曲线也应有一定的限度。因为在图 5.17 中,如连接 a_1 和 a'_3 点的外凸曲线 a_1—m'—a'_3 为屈服线,则根据屈服曲面的对称性,这时在 a_1 点形成了内凹的尖点,违反了屈服面的外凸性。

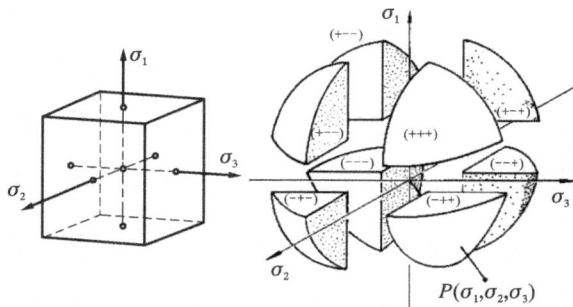

图 5.16 应力空间的 8 个象限

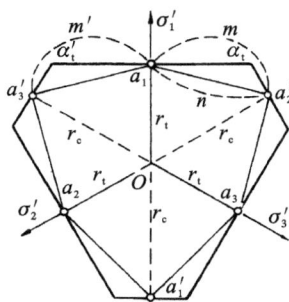

图 5.17 屈服面内外边界和外凸性

屈服面范围的确定具有重要意义。由于历史原因,一般只了解岩土材料屈服面的内边界,如果在教学和研究中了解岩土材料屈服面的外边界,那么在理论上就更加完善,也可以更好地理解实验结果[33-39]。几种可能的外凸屈服面如图 5.18 所示。

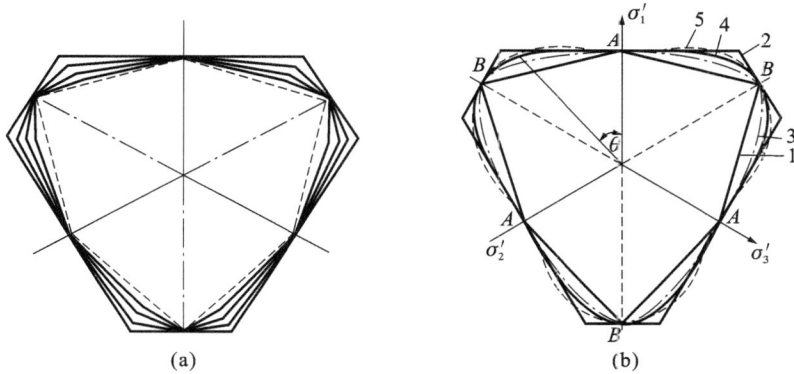

图 5.18 几种可能的外凸屈服面

(a)线性极限迹线;(b)非线性极限迹线(曲线 3、4)

应该指出,一般曲线准则的范围达不到外边界,大多在为外边界区域的 $1/2 \sim 2/3$ 的范围内。超出这个范围就成为内凹的屈服面,如图 5.19 和图 5.20 所示。图 5.18(b)中的极限线 5 也是一种非外凸的曲线。所以这些曲线准则事实上扩展不了全部范围,如称为统一屈服准则,一般被认为是一种局部统一屈服准则或"假"统一屈服准则。

国内外学者对岩土材料在复杂应力的极限面进行了大量的研究。实验得出的极限面一般都不符合莫尔-库仑强度理论,而是在莫尔-库仑强度理论和双剪应力强度理论的内外边界之间。部分实验结果将在下一章讨论。

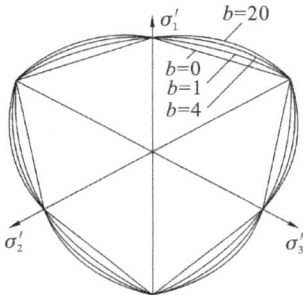

**图 5.19 三剪扩展准则
只能覆盖部分区域**

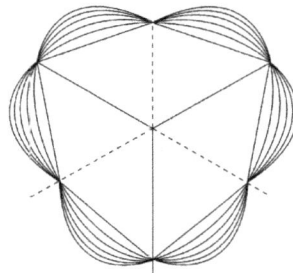

**图 5.20 三剪扩展准则的
非凸屈服面**

以上这些基本特性中,有一些是相互有关的,如正应力效应中蕴含了静水应力效应,双剪应力效应中蕴含了中间主应力效应,中间主剪应力效应中蕴含了中间主应力效应,双剪正应力效应中蕴含了中间主应力效应和静水应力效应等。研究岩土材料在复杂应力作用下的这些基本特性,不但对研究和提出新的屈服准则有意义,而且对判断、选择和应用合理的屈服准则以及岩土结构分析有重要的意义。

此外,应该指出,圆形极限线符合外凸性的要求,但是不能同时与三个拉伸极限线和三个压缩极限线同时匹配,因而与实验结果不符合,如图 5.21 所示。

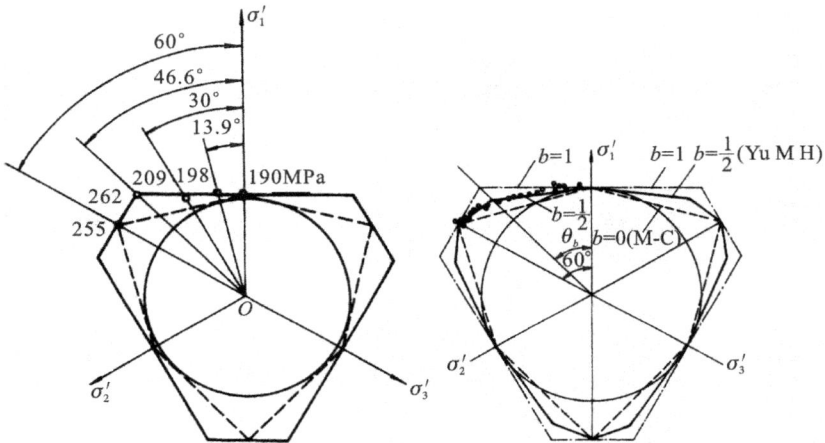

图 5.21　圆形极限线与两种岩石实验结果的比较

参考文献

[1] Bishop A W. The strength of soils as engineering materials. Geotechnique, 1966, 16(2): 91-130.

[2] 夏熙伦. 工程岩石力学. 武汉:武汉工业大学出版社, 1999.

[3] Parry R H. Strength and deformation of clay. London: London University, 1956.

[4] Wroth C P, Houlsby G T. Soil mechanics-property characterisation and analysis prccedures//Proceedings of the 11th Conference on Soil Mechanics and Foundation Enginering. Rotterdam: Balkema, 1985, 1: 1-50.

[5] Wood D M. Soil behaviour and critical state soil mechanics. Cambridge: Cambridge University Press, 1990.

[6] 张启岳, 司洪洋. 粗颗粒土大型三轴压缩试验的强度与应力应变特性. 水利学报, 1982 (9): 22-31.

[7] 张嘎, 张建民. 粗粒土与结构接触面的静动本构规律. 岩土工程学报, 2005, 27 (5): 516-520.

［8］ 刘萌成,高玉峰,刘汉龙,等. 堆石料变形与强度特性的大型三轴试验研究. 岩石力学与工程学报,2003,22(7)：1104-1111.

［9］ 柏树田,周晓光,晁华怡. 软岩堆石料的物理力学性质. 水力发电学报,2002(4)：34-44.

［10］ 张宗亮,贾延安,张丙印. 复杂应力路径下堆石体本构模型比较验证. 岩土力学,2008,29(5)：1147-1151.

［11］ 张兵,高玉峰,毛金生,等. 堆石料强度和变形性质的大型三轴试验及模型对比研究. 防灾减灾工程学报,2008,28(1)：122-126.

［12］ 刘松玉,邱钰,童立元,等. 煤矸石的强度特征试验研究. 岩石力学与工程学报,2006,25(1)：199-205.

［13］ 朱伟,姬凤玲,马殿光,等. 疏浚淤泥泡沫塑料颗粒轻质混合土的抗剪强度特性. 岩石力学与工程学报,2005,24(S2)：5721-5726.

［14］ 李晓,廖秋林,赫建明,等. 土石混合体力学特性的原位试验研究. 岩石力学与工程学报,2007,26(12)：2377-2384.

［15］ Kavaganjian S Jr,Matasovi M,Bonaparte,et al. Evaluation of MSW properties for seismic analysis//Proceedings of Geo-Environment 2000. New Orleans,1995:46.

［16］ 陈祖煜,汪小刚,杨健,等. 岩质边坡稳定分析——原理·方法·程序. 北京：中国水利水电出版社,2005.

［17］ 陈祖煜. 土质边坡稳定分析——原理·方法·程序. 北京：中国水利水电出版社,2003.

［18］ 黄文熙. 土的工程性质. 北京：水利电力出版社,1983.

［19］ 唐仑. 关于砂土的破坏条件. 岩土工程学报,1981,3(2)：1-7.

［20］ 方开泽. 土的破坏准则：考虑中主应力的影响. 华东水利学院学报,1986,14(2)：70-81.

［21］ 俞茂宏. 西安古城墙和钟鼓楼：历史、艺术和科学.2 版.西安：西安交通大学出版社,2011.

［22］ 李广信. 高等土力学. 北京：清华大学出版社,2005.

［23］ Chen W F. Plasticity in reinforced concrete. New York:McGraw-Hill,1982.

［24］ Chen W F,Baladi G Y. Soil Plasticity：theory and implementation. Amsterdam：Elservier,1985.

［25］ Chen W F,Saleeb A F. Constitutive equations for engineering materials　Vol 1：Elasticity and Modeling(Second Edition)/Plasticity and Medeling. Elsevier Science Ltd,1994,1:259-304,462-489.

［26］ Chen W F. Constitutive equations for engineering materials：Vol 2：Plasticity and

Modeling. Amsterdam：Elsevier，1994.

[27] Zienkiewicz O C，Pande G N. Some useful forms of isotropic yield surfaces for soil and rock mechanics//Gudehus G. Finite Elements in Geomechanics. London：Wiley，1977：179-190.

[28] Davis R O，Selvadurai A P S. Plasticity and geomechanics. Cambridge：Cambridge University Press，2002.

[29] Neto E A de S，Peric D，Owen D R J. Computational methods for plasticity. UK：John Wiley & Sons，2008.

[30] Ottersen N S，Ristinmaa M. The mechanics of constitutive modeling. Amsterdam：Els-evier，2005.

[31] Yu H S. Plasticity and geotechnics. New York：Springer，2010.

[32] Drucker D C. A more foundational approach to stress-strain relations. Proceedings of the First National Congress of Applied Mechanics，ASME，1951：487-491.

[33] Shibata T，Karube D. Influence of the variation of the intermediate principal stress on the mechanical properties of normally consolidated clays. Proceedings of the 6th ICSMFE，1965，1：359-363.

[34] Green G E，Bishop A W. A note on the drained strength of sand under generalized strain conditions. Geotechnique，1970，20(2)：210-212.

[35] ［日］松岗元. 土力学. 罗汀，姚仰平，译. 北京：中国水利水电出版社，2001.

[36] Parry R H. Stress-strain behaviour of soils. Proceedings of the Roscoe Memorial Symposium，Cambridge University，1971：29-31.

[37] Sutherland H B，Meadary M S. The influence of the intermediate principal stress on the strength of sand. Proceedings of the 7th Conference on Soil Mechanics and Foundation Engineering，1969，1：391-399.

[38] 龚晓南，叶黔元，徐日庆. 工程材料本构方程. 北京：中国建筑工业出版社，1996.

[39] 俞茂宏. 双剪理论及其应用. 北京：科学出版社，1998.

阅读参考材料

德鲁克(D. C. Drucker,1918—2001)

　　美国德鲁克院士提出了德鲁克公设(Drucker 公设),由德鲁克定理可得出屈服面为外凸的曲面。屈服面的外凸性为强度理论的研究奠定了理论框架的基础。

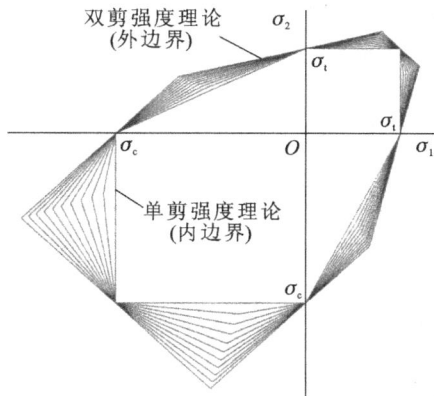

俞茂宏

　　双剪统一强度理论的建立是一个漫长的过程。俞茂宏（上图）从 1961 年提出双剪思想和适用于拉压强度相同材料的双剪屈服准则，1985 年提出适用于拉压强度不同材料的广义双剪强度理论，1991 年提出统一强度理论。统一强度理论是 Drucker 公设外凸性的具体化和系统化。统一强度理论覆盖了从内边界到外边界的全部区域。

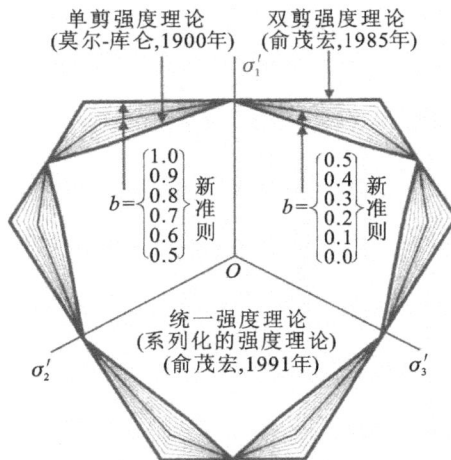

6 土体统一强度理论

6.1 概　　述

在传统土力学中,一般只讨论土的剪切强度 τ^0。由于 $\tau^0=\tau_{13}^0=(\sigma_1-\sigma_3)/2$,因此,传统土力学中土的强度只与最大主应力 σ_1 和最小主应力 σ_3 有关,而与中间主应力 σ_2 无关。考虑了剪应力面上的正应力作用的莫尔-库仑强度理论,它的数学表达式为

$$f=\tau+\beta\sigma=\tau_{13}+\beta\sigma_{13}=\frac{1}{2}\left[(\sigma_1-\sigma_3)+\beta(\sigma_1+\sigma_3)\right] \tag{6.1}$$

式(6.1)反映了土的强度仍然只与最大主应力 σ_1 和最小主应力 σ_3 有关,而与中间主应力 σ_2 无关。因此,莫尔-库仑强度理论可以称之为单剪强度理论。但是,在自然界和工程中的土体大多承受三向应力的作用。例如边坡土体处于一个可能滑动面的不同位置上,除了受到平面复杂应力的作用外,还承受 z 轴方向的应力。实际上,土力学的三个基本问题都处于三向复杂应力作用之下[1,2]。我们需要有更好的能够全面反映全部应力作用的强度理论。

对于土体材料,人们希望有一个便于应用的统一强度理论。对于各向同性材料,它应该具有以下特性。

(1)符合 Drucker 公设的外凸性要求,以及土体的实验结果。

(2)统一强度理论应该覆盖从内边界到外边界的全部外凸区域。

(3)具有清晰、合理的物理概念和统一的力学模型。

(4)强度理论公式应包括所有三个主应力 σ_1、σ_2、σ_3,并且具有简单而统一的数学表达式。

(5)尽可能少的材料参数,并且容易由实验得到。

(6)便于手工计算分析,因而希望统一强度理论具有简单的线性形式,这将会使一般的手工计算、工程设计以及理论分析得到很大的方便。

此外,要符合各种土体的实验结果,有可能使土体强度理论十分复杂,并且材料的强度参数很多,在使用中有困难。从 20 世纪的强度理论发展历史看,"希望有一个便于应用的统一强度理论"的研究任务是艰巨的。这就是 2.12 节讨论的沃伊特-铁木森科难题(Voigt-Timoshenko Conundrum)。幸而 1951 年出现的 Drucker 公设的屈服面外凸性为统一强度理论的研究提供了理论框架。

6.2　德鲁克公设强度理论的外凸性

德鲁克公设由美国德鲁克院士于 1951 年提出[1]。他在塑性力学方面做出了突出贡献。Drucker 公设现在已成为塑性力学的一个重要基础理论。由德鲁克定理可得出屈服面必为外凸的曲面。屈服面的外凸性为强度理论的研究奠定了理论框架的基础。1967 年，Palmer、Maier 和 Drucker 发表论文证明了德鲁克公设可以推广到软化材料[3]。20 世纪 80 年代，中国科学技术大学李永池教授及邓永琨教授等发表新的论证，指出 Drucker 公设可以推广到软化材料并且可以应用于动力问题[4,5]。

根据德鲁克公设，各种屈服准则的极限线必须是外凸的。屈服迹线可以为单一曲线，也可以由各种不同的直线和曲线组成，并且可以形成尖点。德鲁克公设强度理论外凸性的示意图如图 6.1 所示。但是，屈服面的形状和大小并不是任意的，而需要根据实验结果和外凸性来确定，有一定的限制。根据屈服面的外凸性以及材料的拉伸强度和压缩强度两个参数可以得出 5 个推论。

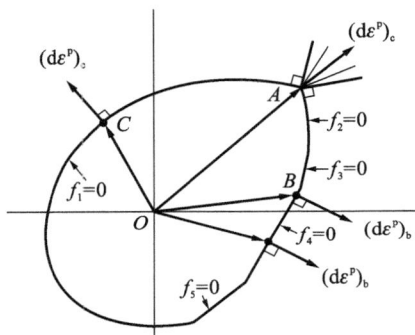

图 6.1　德鲁克公设强度理论的外凸性

根据德鲁克公设，在应力空间中的屈服面不可能是内凹的，必为外凸的曲面。此外，因为在屈服曲线之内应力变化是弹性的，所以屈服曲线是单连通的。从坐标原点出发的应力状态矢不可能与屈服曲线两次相交。它也可以表述为：屈服面内任何两点的连线不会穿越过屈服面；反之，即为非凸形状。

6.3　德鲁克公设外凸性的推论

德鲁克公设的外凸性为强度理论研究提供了坚实的理论基础。但是，德鲁克公设的外凸性没有具体确定屈服面的形状。事实上，屈服面的形状也不是任意的，而需要进一步予以具体化。下面我们根据德鲁克公设的外凸性以及材料在单向拉伸和单向压缩条件下的实验结果，提出相应的关于德鲁克公设外凸性的 5 个推论。

1. 德鲁克公设外凸性的推论 1：内边界（单剪理论）

连接实验点（图 6.2 中的五角星）的直线所组成的六边形为外凸屈服面的内边界，没有任何其他外凸屈服面可以小于它。以平面应力状态为例，屈服面的内边界如图 6.2 中的虚线所示,图 6.2(a)适用于拉压强度相同的材料(即 $\sigma_t = \sigma_c$),图 6.2(b)适用于拉压强度不同的材料(即 $\sigma_t \neq \sigma_c$)。

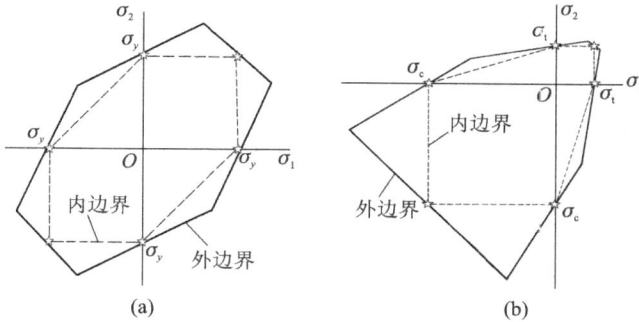

图 6.2　外凸屈服面的内边界和外边界(平面应力表示)
(a)拉压强度相同的材料($\sigma_t = \sigma_c$);(b)拉压强度不同的材料($\sigma_t \neq \sigma_c$)

内边界在理论上就是 Tresca 屈服准则和莫尔-库仑破坏准则。它们分别为拉压强度相同材料($\sigma_t = \sigma_c$)和拉压强度不同材料($\sigma_t \neq \sigma_c$)屈服准则的下限。它们也可以被称为单剪理论,因为在数学模型方程中只有单一的剪应力被考虑,没有任何其他外凸准则可以小于单剪理论。

单剪强度理论的表达式如下:

$$f(\sigma_{ij}) = \tau_{13} = C \quad （Tresca 屈服准则） \tag{6.2}$$

$$f(\sigma_{ij}) = \tau_{13} + \beta\sigma_{13} = C \quad （莫尔 - 库仑破坏准则） \tag{6.3}$$

外凸屈服面的内边界在偏平面的形状如图 6.3 中虚线所示。图 6.3(a)适用于拉压强度相同的材料($\sigma_t = \sigma_c$),图 6.3(b)适用于拉压强度不相同的材料($\sigma_t \neq \sigma_c$)。

2. 德鲁克公设外凸性的推论 2:外边界(双剪理论)

连接各实验点(图 6.2 中的五角星)之间的两段直线所组成的六边形为外凸屈服面的外边界,没有任何其他外凸屈服面可以大于外边界。以平面应力状态为例,屈服面的外边界如图 6.2 中的实线所示。

由两段直线组成的屈服面外边界,在理论上就是双剪屈服准则和双剪强度理论。它们分别为拉压强度相同材料($\sigma_t = \sigma_c$)和拉压强度不同材料($\sigma_t \neq \sigma_c$)的屈服准则的上限,如图 6.2 和图 6.3 所示。没有任何其他外凸准则可以大于双剪理论。

双剪屈服准则的数学表达式[6,7]为:

$$F = \tau_{13} + \tau_{12} = \sigma_1 - \frac{1}{2}(\sigma_2 + \sigma_3) = \sigma_s, \quad 当 \sigma_2 \leqslant \frac{\sigma_1 + \sigma_3}{2} 时 \tag{6.4}$$

$$F = \tau_{13} + \tau_{23} = \frac{1}{2}(\sigma_1 + \sigma_2) - \sigma_3 = \sigma_s, \quad 当 \sigma_2 \geqslant \frac{\sigma_1 + \sigma_3}{2} 时 \tag{6.5}$$

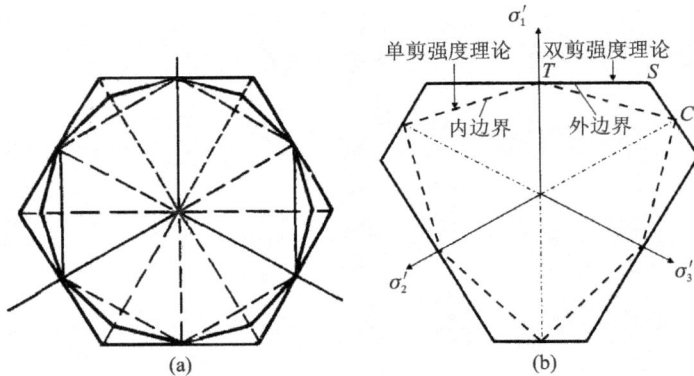

图 6.3　外凸屈服面的内边界和外边界(偏平面表示)

(a)拉压强度相同的材料($\sigma_t = \sigma_c$);(b)拉压强度不同的材料($\sigma_t \neq \sigma_c$)

双剪强度理论的数学建模方程为：

$$F = \tau_{13} + \tau_{12} + \beta(\sigma_{13} + \sigma_{12}) = C, \quad 当 \tau_{12} + \beta\sigma_{12} \geqslant \tau_{23} + \beta\sigma_{23} 时 \quad (6.6a)$$

$$F' = \tau_{13} + \tau_{23} + \beta(\sigma_{13} + \sigma_{23}) = C, \quad 当 \tau_{12} + \beta\sigma_{12} \leqslant \tau_{23} + \beta\sigma_{23} 时 \quad (6.6b)$$

双剪强度理论的主应力表达式为：

$$F = \sigma_1 - \frac{\alpha}{2}(\sigma_2 + \sigma_3) = \sigma_s, \quad 当 \sigma_2 \leqslant \frac{\sigma_1 + \sigma_3}{2} 时 \quad (6.7a)$$

$$F = \frac{1}{2}(\sigma_2 + \sigma_1) - \alpha\sigma_3 = \sigma_s, \quad 当 \sigma_2 \geqslant \frac{\sigma_1 + \sigma_3}{2} 时 \quad (6.7b)$$

双剪理论在平面应力状态和偏平面的屈服迹线分别如图 6.2 和图 6.3 所示。

3.德鲁克公设外凸性的推论 3:强度理论的范围

根据外凸性,一切各向同性的外凸屈服面必在内、外两个不等边六角形之间,如图 6.4 所示。图 6.4(a)为拉压强度相同材料强度理论的内、外边界,图 6.4(b)为拉压强度不同材料强度理论的内边界和外边界。由于土体材料的拉压强度不等,因此我们以后一般只讨论拉压强度不同材料强度理论。实际上,拉压强度相同材料的强度理论是拉压强度不同材料强度理论在材料拉压强度比 $\alpha = \sigma_t/\sigma_c = 1$ 时的一个特例。

4.德鲁克公设外凸性的推论 4:曲线形屈服面不能到达外边界

由德鲁克公设推论 3 可知,外凸屈服面的外边界由两段直线组成。因此,外边界不能由一般曲线表述,而需要用分段线性准则表述。例如,第 5 章图 5.20 和图 5.21 为两种三剪曲线形屈服面,它们的外凸屈服面只能扩展到比较小的范围。在很大区域内将成为非凸的屈服面,这与屈服面的外凸性相矛盾。因此,各种曲线统一准则不可能覆盖到全部外凸区域。

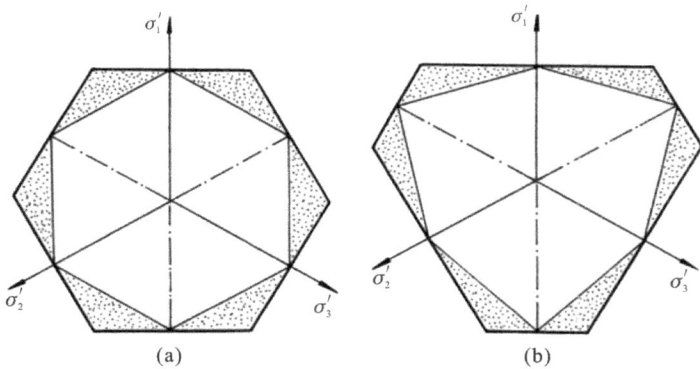

图 6.4　外凸屈服面的范围(偏平面表示)

(a)拉压强度相同的材料($\sigma_t = \sigma_c$);(b)拉压强度不同的材料($\sigma_t \neq \sigma_c$)

5.德鲁克公设外凸性的推论5:圆形准则

所有圆形屈服迹线都是外凸的。但是,圆形的迹线不能与 SD 材料($\sigma_t \neq \sigma_c$)的三个拉伸实验点(三角形)以及三个压缩实验点(方形)同时匹配,如图 6.5 所示。圆形迹线只能与拉压强度相同材料($\sigma_t = \sigma_c$)的三个拉伸实验点以及三个压缩实验点同时匹配[参考图 6.3(a)]。

德鲁克公设的 5 个推论可以帮助我们学习、评价、研究以及选择各种屈服准则和破坏准则,并且在结构强度的理论研究和工程应用的解析解和数值解中合理使用它们。例如,德鲁克公设推论 5 意味着 Drucker-Prager 准则不适用于 SD 材料

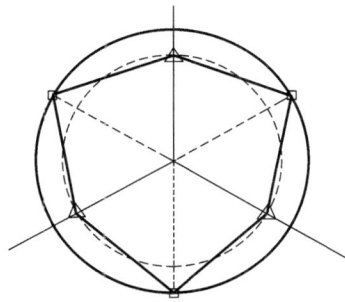

图 6.5　圆形的迹线不能与 SD 材料的三个拉伸实验点以及三个压缩实验点同时匹配

($\sigma_t \neq \sigma_c$)。但是,Huber-von Mises 屈服准则的圆形迹线适用于非 SD 材料($\sigma_t = \sigma_c$)。

6.4　统一强度理论的力学模型

在土力学和一般力学中,常常采用主应力状态($\sigma_1, \sigma_2, \sigma_3$)进行研究。20 世纪 80 年代,俞茂宏将主应力状态转换为主剪应力状态($\tau_{13}, \tau_{12}, \tau_{23}$)。由于三个主剪应力中恒有等式 $\tau_{13} = \tau_{12} + \tau_{23}$,因此三个主剪应力中只有两个独立量。根据这一基本概念,俞茂宏将它们转换为双剪应力状态($\tau_{13}, \tau_{12}; \sigma_{13}, \sigma_{12}$)或($\tau_{13}, \tau_{23}; \sigma_{13}, \sigma_{23}$),并提出和建立了一种新的正交八面体的双剪单元体[6-11]。

两组剪应力共八个作用面,形成了一种新的八面体应力单元体,从而得出两个

相应的双剪单元体力学模型,如图 6.6 所示。双剪单元体是一种扁平的正交八面体,在它的两组相互垂直的四个截面上作用着最大主剪应力 τ_{13} 和次大主剪应力 τ_{12}[图 6.6(a)]或 τ_{23}[图 6.6(b)]。这是由于三个主剪应力 τ_{13}、τ_{12}、τ_{23} 中,虽然只有两个独立量,但中间主剪应力可能为 τ_{12},也可能为 τ_{23},因此必须根据应力状态的特点,在 τ_{12}、τ_{23} 中确定较大者。

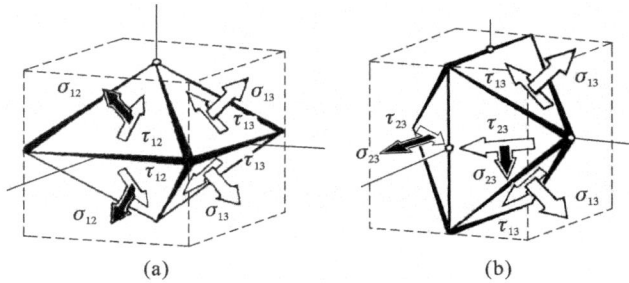

图 6.6　双剪单元体力学模型

(a)(τ_{13},τ_{12};σ_{13},σ_{12});(b)(τ_{13},τ_{23};σ_{13},σ_{23})

　　双剪单元体虽然是一个新的模型,但并不是特别的概念,它只是从主应力单元体派生出来的新的力学模型。如本章前面的大图所示,双剪单元体也可派生出新的单元体。如将正交八面体一截为二,可得出一种新的四棱锥体单元体。在这两个四棱锥体单元体上可以看到双剪应力与主应力 σ_1 或 σ_3 的平衡关系。正交八面体和它们的 1/2 单元体都是双剪应力单元体,它们将作为我们建立统一强度理论的物理或力学模型。

　　下面我们从这个统一的物理模型出发,考虑所有剪应力分量和它们面上的正应力分量对材料破坏的不同影响,提出一个能够适用于各种岩土类材料的新的统一强度理论和统一形式的数学表达式。莫尔-库仑强度理论和双剪强度理论均为其特例,并且还可以包含了比 Drucker-Prager(德鲁克-普拉格)准则更合理的新的计算准则,以及可以描述非凸极限面实验结果的新的非凸强度理论。

6.5　土体统一强度理论

　　为了建立能够适用于土体的统一强度理论,我们先对上一章所述的土体多轴特性进行研究。可以看到,剪切应力对于土体的破坏是一个基本的因素,同时剪切面上的正应力也对土体强度起作用。根据前述的大量实验结果可知,正应力与剪应力强度之间均为线性关系。因此,考虑作用于双剪单元体上的全部应力分量以及它们对材料破坏的不同影响,可以建立起一个土体统一强度理论,其定义为：当作用于双剪单元体上的两个较大剪应力及其面上的正应力影响函数到达某一极限值时，材料开始发生破坏。以后我们可以看到，关于土体的静水应力效应、拉压强度差效应、中间主应力效应和它的区间性都自然地包含于这一统一强度理论之中。

6.5.1 统一强度理论的数学建模

根据上述思想，并且尽可能减少计算准则的材料参数的数量，采用与一般强度理论的一个方程式完全不同的建模方法，即采用两个方程和附加条件式的独特数学建模方法，统一强度理论的数学建模公式可写为：

$$F = \tau_{13} + b\tau_{12} + \beta(\sigma_{13} + b\sigma_{12}) = C, \quad \text{当 } \tau_{12} + \beta\sigma_{12} \geqslant \tau_{23} + \beta\sigma_{23} \text{ 时} \tag{6.8a}$$

$$F' = \tau_{13} + b\tau_{23} + \beta(\sigma_{13} + b\sigma_{23}) = C, \quad \text{当 } \tau_{12} + \beta\sigma_{12} \leqslant \tau_{23} + \beta\sigma_{23} \text{ 时} \tag{6.8b}$$

$$F'' = \sigma_1 = \sigma_t, \quad \text{当 } \sigma_1 > \sigma_2 > \sigma_3 > 0 \tag{6.8c}$$

式中，b 为反映中间主剪应力作用的系数；β 为反映正应力对材料破坏的影响系数；C 为材料的强度参数。双剪应力 τ_{13}、τ_{12} 或 τ_{23} 及其作用面上的正应力 σ_{13}、σ_{12} 或 σ_{23} 分别等于：

$$\tau_{13} = \frac{1}{2}(\sigma_1 - \sigma_3), \quad \tau_{12} = \frac{1}{2}(\sigma_1 - \sigma_2), \quad \tau_{23} = \frac{1}{2}(\sigma_2 - \sigma_3)$$

$$\sigma_{13} = \frac{1}{2}(\sigma_1 + \sigma_3), \quad \sigma_{12} = \frac{1}{2}(\sigma_1 + \sigma_2), \quad \sigma_{23} = \frac{1}{2}(\sigma_2 + \sigma_3) \tag{6.9}$$

6.5.2 统一强度理论参数的实验确定

参数 β 和 C 可以由材料拉伸强度极限 σ_t 和压缩强度极限 σ_c 确定，其条件为：

$$\sigma_1 = \sigma_t, \quad \sigma_2 = \sigma_3 = 0 \tag{6.10a}$$

$$\sigma_3 = -\sigma_c, \quad \sigma_1 = \sigma_2 = 0 \tag{6.10b}$$

将式（6.9）和式（6.10a）代入统一强度理论的数学建模公式（6.8a），将式（6.9）和式（6.10b）代入统一强度理论的数学建模公式（6.8b），可联立求得统一强度理论的数学建模式中两个材料参数 C 和 β 分别等于：

$$\beta = \frac{\sigma_c - \sigma_t}{\sigma_c + \sigma_t} = \frac{1 - \alpha}{1 + \alpha}, \quad C = \frac{(1 + b)\sigma_c\sigma_t}{\sigma_c + \sigma_t} = \frac{1 + b}{1 + \alpha}\sigma_t \tag{6.11}$$

式中，$\alpha = \sigma_拉 / \sigma_压 = \sigma_t / \sigma_c$，为材料的拉压强度比。

6.5.3 统一强度理论的数学表达式

将材料参数公式（6.11）代入统一强度理论的数学建模公式（6.8a）、式（6.8b），得到：

$$F = \tau_{13} + b\,\tau_{12} + \frac{1-\alpha}{1+\alpha}(\sigma_{13} + b\,\sigma_{12}) = \frac{(1+b)\sigma_{\mathrm{t}}}{1+\alpha}, \quad \text{当 } \tau_{12} + \beta\,\sigma_{12} \geqslant \tau_{23} + \beta\,\sigma_{23} \text{ 时}$$

$$(6.12a)$$

$$F' = \tau_{13} + b\,\tau_{23} + \frac{1-\alpha}{1+\alpha}(\sigma_{13} + b\,\sigma_{23}) = \frac{(1+b)\sigma_{\mathrm{t}}}{1+\alpha}, \quad \text{当 } \tau_{12} + \beta\,\sigma_{12} \leqslant \tau_{23} + \beta\,\sigma_{23} \text{ 时}$$

$$(6.12b)$$

将主剪应力表达式(6.9)代入上式,可以得出统一强度理论的主应力形式为

$$F = \sigma_1 - \frac{\alpha}{1+b}(b\,\sigma_2 + \sigma_3) = \sigma_{\mathrm{t}}, \quad \text{当 } \sigma_2 \leqslant \frac{\sigma_1 + \alpha\sigma_3}{1+\alpha} \text{ 时} \quad (6.13a)$$

$$F' = \frac{1}{1+b}(\sigma_1 + b\,\sigma_2) - \alpha\sigma_3 = \sigma_{\mathrm{t}}, \quad \text{当 } \sigma_2 \geqslant \frac{\sigma_1 + \alpha\sigma_3}{1+\alpha} \text{ 时} \quad (6.13b)$$

$$F'' = \sigma_1 = \sigma_{\mathrm{t}}, \quad \text{当 } \sigma_1 > \sigma_2 > \sigma_3 > 0 \text{ 时} \quad (6.13c)$$

式中,α 为材料拉压强度之比。

统一强度理论中的参数 b 为反映中间主剪应力以及相应面上的正应力对材料破坏影响程度的系数。我们可以看到,b 实际上也可作为选用不同强度理论的参数。

式(6.13a)、式(6.13b)和式(6.13c)就是统一强度理论的主应力表示式。

在实际工程中,土体的材料参数常常采用黏聚力 C_0 和摩擦角 φ_0,这时统一强度理论如下。

当 $\sigma_2 \leqslant \frac{1}{2}(\sigma_1 + \sigma_3) + \frac{\sin\varphi_0}{2}(\sigma_1 - \sigma_3)$ 时:

$$F = \left[\sigma_1 - \frac{1}{1+b}(b\,\sigma_2 + \sigma_3)\right] + \left[\sigma_1 + \frac{1}{1+b}(b\,\sigma_2 + \sigma_3)\right]\sin\varphi_0 = 2C_0\cos\varphi_0 \quad (6.14a)$$

当 $\sigma_2 \geqslant \frac{1}{2}(\sigma_1 + \sigma_3) + \frac{\sin\varphi_0}{2}(\sigma_1 - \sigma_3)$ 时:

$$F' = \left(\frac{\sigma_1 + b\,\sigma_2}{1+b} - \sigma_3\right) + \left(\frac{\sigma_1 + b\,\sigma_2}{1+b} + \sigma_3\right)\sin\varphi_0 = 2C_0\cos\varphi_0 \quad (6.14b)$$

其中 C_0 和 φ_0 与其他材料参数间的关系为

$$\alpha = \frac{1 - \sin\varphi_0}{1 + \sin\varphi_0}, \quad \sigma_{\mathrm{t}} = \frac{2C_0\cos\varphi_0}{1 + \sin\varphi_0}$$

统一强度理论从一个统一的力学模型出发,考虑应力状态的所有应力分量以及它们对材料屈服和破坏的不同影响,建立了一个全新的统一强度理论和一系列新的典型计算准则,可以十分灵活地适应于各种不同的材料。

统一强度理论的数学表达式虽然很简单,但是在以后的阐述中我们可以看到,它具有十分广泛和丰富的内涵,并且与现已见到的多数真三轴试验结果相符合,在6.10节我们将把统一强度理论与实验结果进行对比。

6.6　统一强度理论的特例

统一强度理论包含了四大族无限多个强度理论,具体如下。

①统一强度理论,外凸理论,$0 \leqslant b \leqslant 1$。

②非凸强度理论,非凸理论,$b < 0$ 或 $b > 1$。

③统一屈服准则,$\alpha = 1$,$0 \leqslant b \leqslant 1$。

④非凸屈服准则,$\alpha = 1$,$b < 0$。

在一般情况下,可取 $b = 0$、$b = 1/4$、$b = 1/2$、$b = 3/4$、$b = 1$ 五种典型参数,得出下列各种准则。

(1)$b = 0$,得出莫尔-库仑强度理论为

$$F = F' = \sigma_1 - \alpha\sigma_3 = \sigma_t \tag{6.15a}$$

或

$$F = F' = \frac{1}{\alpha}\sigma_1 - \sigma_3 = \sigma_c \tag{6.15b}$$

(2)$b = 1/4$,得出新破坏准则为

$$F = \sigma_1 - \frac{\alpha}{5}(\sigma_2 + 4\sigma_3) = \sigma_t, \quad \text{当 } \sigma_2 \leqslant \frac{\sigma_1 + \alpha\sigma_3}{1 + \alpha} \text{ 时} \tag{6.16a}$$

$$F' = \frac{1}{5}(4\sigma_1 + \sigma_2) - \alpha\sigma_3 = \sigma_t, \quad \text{当 } \sigma_2 \geqslant \frac{\sigma_1 + \alpha\sigma_3}{1 + \alpha} \text{ 时} \tag{6.16b}$$

(3)$b = 1/2$,得出新破坏准则为

$$F = \sigma_1 - \frac{\alpha}{3}(\sigma_2 + 2\sigma_3) = \sigma_t, \quad \text{当 } \sigma_2 \leqslant \frac{\sigma_1 + \alpha\sigma_3}{1 + \alpha} \text{ 时} \tag{6.17a}$$

$$F' = \frac{1}{3}(2\sigma_1 + \sigma_2) - \alpha\sigma_3 = \sigma_t, \quad \text{当 } \sigma_2 \geqslant \frac{\sigma_1 + \alpha\sigma_3}{1 + \alpha} \text{ 时} \tag{6.17b}$$

由于德鲁克-普拉格准则与实际不符,在理论上讲,$b = 1/2$ 的统一强度理论应该是代替德鲁克-普拉格准则的一个较为合理的新的强度准则。

(4)$b = 3/4$,得出新破坏准则为

$$F = \sigma_1 - \frac{\alpha}{7}(3\sigma_2 + 4\sigma_3) = \sigma_t, \quad \text{当 } \sigma_2 \leqslant \frac{\sigma_1 + \alpha\sigma_3}{1 + \alpha} \text{ 时} \tag{6.18a}$$

$$F' = \frac{1}{7}(4\sigma_1 + 3\sigma_2) - \alpha\sigma_3 = \sigma_t, \quad \text{当 } \sigma_2 \geqslant \frac{\sigma_1 + \alpha\sigma_3}{1 + \alpha} \text{ 时} \tag{6.18b}$$

(5)$b = 1$,可得出俞茂宏于 1983 年提出的双剪强度理论为

$$F = \sigma_1 - \frac{\alpha}{2}(\sigma_2 + \sigma_3) = \sigma_t, \quad \text{当 } \sigma_2 \leqslant \frac{\sigma_1 + \alpha\sigma_3}{1 + \alpha} \text{ 时} \tag{6.19a}$$

$$F' = \frac{1}{2}(\sigma_1 + \sigma_2) - \alpha\sigma_3 = \sigma_t, \quad 当\ \sigma_2 \geqslant \frac{\sigma_1 + \alpha\sigma_3}{1 + \alpha}\ 时 \quad (6.19b)$$

以上这 5 种计算准则基本上可以适用于各种拉压强度不等的材料,也可作为各种角隅模型的线性代替式应用。

(6)统一屈服准则。

当材料拉压强度相同时,材料拉压比 $\alpha = 1$,或材料的摩擦角系数 $\varphi = 0$,统一强度理论退化为统一屈服准则,如式(6.20a)、式(6.20b)所示。

$$F = \sigma_1 - \frac{1}{1+b}(b\sigma_2 + \sigma_3) = \sigma_s, \quad 当\ \sigma_2 \leqslant \frac{\sigma_1 + \alpha\sigma_3}{1 + \alpha}\ 时 \quad (6.20a)$$

$$F' = \frac{1}{1+b}(\sigma_1 + b\sigma_2) - \sigma_3 = \sigma_s, \quad 当\ \sigma_2 \geqslant \frac{\sigma_1 + \alpha\sigma_3}{1 + \alpha}\ 时 \quad (6.20b)$$

统一屈服准则包含了一系列屈服准则,Tresca 屈服准则、Mises 屈服准则和1961 年提出的双剪应力屈服准则均为其特例。

6.7 空间极限面和偏平面极限迹线

以上通过双剪单元体力学模型推导得出了统一强度理论,现在进一步研究它在应力空间的极限面和偏平面的极限迹线形状及其变化规律。统一强度理论的主应力表示式中,σ_t 和 α 分别为材料的拉伸强度极限和拉压强度比,b 为反映中间主应力影响或中间主剪应力影响的系数。不同的 b 值,可以得出一系列不同的屈服面。统一强度理论在主应力空间的屈服面可以根据方程(6.20)作出。每一个屈服应力状态(σ_1,σ_2,σ_3)对应于应力空间中的一个屈服点,无数个屈服点组成一个屈服面。当作用的应力在这个曲面之内时,材料为弹性;当载荷逐步增加而使应力达到这个曲面时,材料进入塑性状态开始屈服。这个曲面就是屈服面,它也是弹性区的边界。实际上,屈服面将应力空间分成弹性区和塑性区两个区域,且塑性区将弹性区包围在内。

因此,弹性和塑性状态可以表述为:应力状态 σ_{ij} 位于屈服面之内时,$f(\sigma_{ij}) < 0$,材料处于弹性状态;当应力状态 σ_{ij} 位于屈服面面上时,$f(\sigma_{ij}) = 0$,材料开始屈服进入塑性状态。统一强度理论并不是传统的单一强度理论,而是一系列有序变化的破坏准则的集合。因此,它的屈服面和屈服迹线也由一系列有序变化的屈服面和线段所构成,如图 6.7 所示(张鲁渝博士提供)[12]。

它不仅将单剪强度理论和双剪强度理论作为特例包含于其中,还可以产生一系列新的屈服面。图 6.8～图 6.10 分别为统一强度理论参数 $b=0$、$b=1/2$ 和 $b=1$时的三个特例。

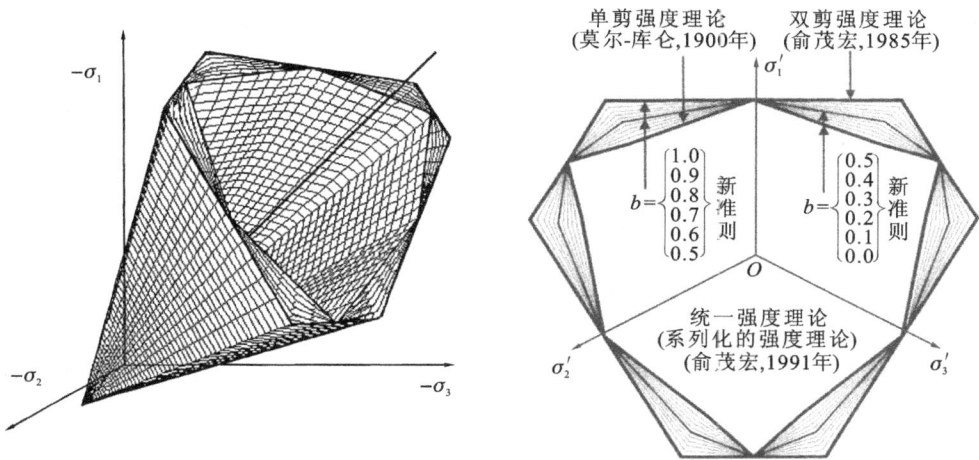

图 6.7 统一强度理论的系列屈服面和偏平面的系列屈服迹线

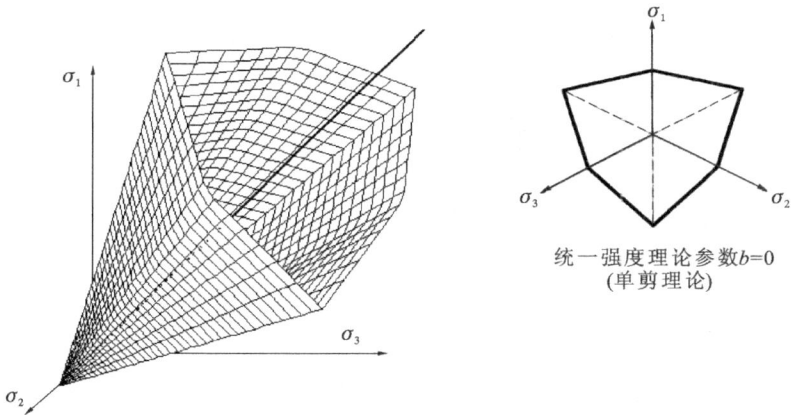

图 6.8 单剪强度理论(Mohr‐Coulomb 强度理论)的屈服面和偏平面屈服迹线

偏平面的屈服迹线可以由偏平面的直角坐标与主应力之间的相互关系求得,它们之间的关系为

$$x = \frac{1}{\sqrt{2}}(\sigma_3 - \sigma_2)$$

$$y = \frac{1}{\sqrt{6}}(2\sigma_1 - \sigma_2 - \sigma_3) \qquad (6.21a)$$

$$z = \frac{1}{\sqrt{3}}(\sigma_1 + \sigma_2 + \sigma_3)$$

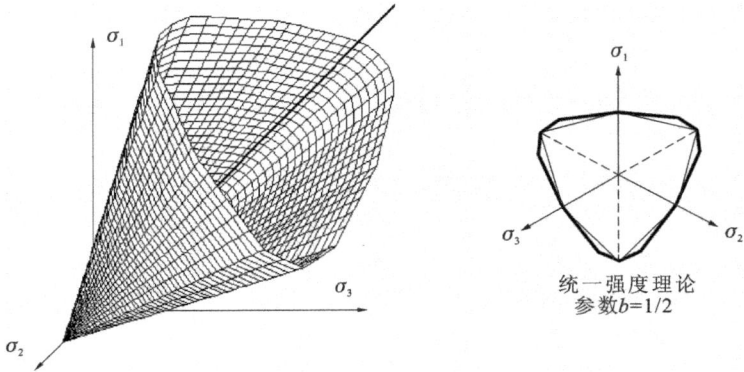

图 6.9 统一强度理论的一个典型特例和偏平面的屈服迹线

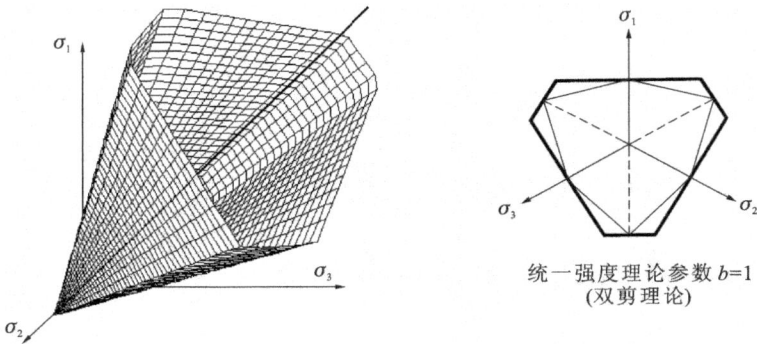

图 6.10 双剪强度理论的屈服面和偏平面的屈服迹线

$$\sigma_1 = \frac{1}{3}\left(\sqrt{6}\,y + \sqrt{3}\,z\right)$$

$$\sigma_2 = \frac{1}{6}\left(2\sqrt{3}\,z - \sqrt{6}\,y - 3\sqrt{2}\,x\right) \qquad (6.21b)$$

$$\sigma_3 = \frac{1}{6}\left(3\sqrt{2}\,x - \sqrt{6}\,y + 2\sqrt{3}\,z\right)$$

将它们代入式(6.13a)、式(6.13b),可得统一强度理论在平面的直角坐标方程为

$$F = -\frac{\sqrt{2}(1-b)}{2(1+b)}\alpha x + \frac{\sqrt{6}(2+\alpha)}{6}y + \frac{\sqrt{3}(1-\alpha)}{3}z = \sigma_t \qquad (6.22a)$$

$$F' = -\left(\frac{b}{1+b}+\alpha\right)\frac{\sqrt{2}}{2}x + \left(\frac{2-b}{1+b}+\alpha\right)\frac{\sqrt{6}}{6}y + \frac{\sqrt{3}(1-\alpha)}{3}z = \sigma_t \qquad (6.22b)$$

6.7.1　*b* 变化时的统一强度理论极限面

下面我们取 $b=0$、$b=1/4$、$b=1/2$、$b=3/4$ 和 $b=1$ 五种典型情况进行研究。

(1)$b=0$。

$$F = F' = -\frac{\sqrt{2}}{2}\alpha x + \frac{\sqrt{6}}{6}(2+\alpha)y + \frac{\sqrt{3}(1-\alpha)}{3}z = \sigma_t \qquad (6.23)$$

这就是 Mohr-Coulomb 的极限面,如图 6.11 中的虚线所示。

(2)$b=1/4$。

$$F = -\frac{3\sqrt{2}}{10}\alpha x + \frac{\sqrt{6}}{6}(2+\alpha)y + \frac{\sqrt{3}(1-\alpha)}{3}z = \sigma_t \qquad (6.24a)$$

$$F' = -\left(\frac{1}{5}+\alpha\right)\frac{\sqrt{2}}{2}x + \left(\frac{7}{5}+\alpha\right)\frac{\sqrt{6}}{6}y + \frac{\sqrt{3}(1-\alpha)}{3}z = \sigma_t \qquad (6.24b)$$

这是一个新的强度极限面,如图 6.11 中接近 Mohr-Coulomb 虚线($b=0$)的极限迹线所示。

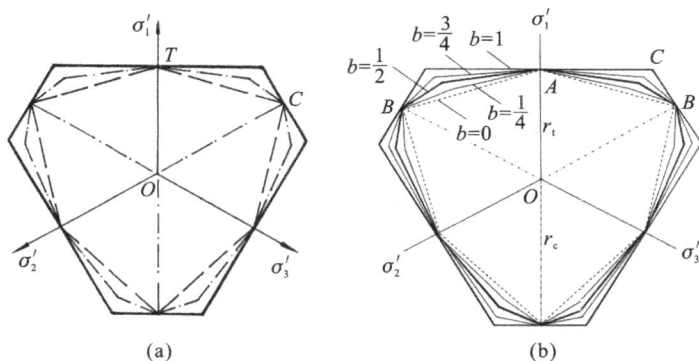

图 6.11　统一强度理论的偏平面极限迹线

(a)统一强度理论的 3 个典型特例;(b)统一强度理论的 5 个典型特例

(3)$b=1/2$。

$$F = -\frac{\sqrt{2}}{6}\alpha x + \frac{\sqrt{6}}{6}(2+\alpha)y + \frac{\sqrt{3}(1-\alpha)}{3}z = \sigma_t \qquad (6.25a)$$

$$F' = -\left(\frac{1}{3}+\alpha\right)\frac{\sqrt{2}}{2}x + (1+\alpha)\frac{\sqrt{6}}{6}y + \frac{\sqrt{3}(1-\alpha)}{3}z = \sigma_t \qquad (6.25b)$$

此即为统一双剪强度理论的极限面。它居于 Mohr-Coulomb 单剪强度理论和双剪强度理论的中间,如图 6.11 中间的极限迹线所示。它可以作为一个新的独立的强度理论而应用。

(4)$b=3/4$。

$$F = -\frac{\sqrt{2}}{14}\alpha x + \frac{\sqrt{6}}{6}(2+\alpha)y + \frac{\sqrt{3}(1-\alpha)}{3}z = \sigma_t \tag{6.26a}$$

$$F' = -\left(\frac{3}{7}+\alpha\right)\frac{\sqrt{2}}{2}x + \left(\frac{5}{7}+\alpha\right)\frac{\sqrt{6}}{6}y + \frac{\sqrt{3}(1-\alpha)}{3}z = \sigma_t \tag{6.26b}$$

(5)$b=1$。

$$F = \frac{\sqrt{6}}{6}(2+\alpha)y + \frac{\sqrt{3}(1-\alpha)}{3}z = \sigma_t \tag{6.27a}$$

$$F' = -\left(\frac{1}{2}+\alpha\right)\frac{\sqrt{2}}{2}x + \left(\frac{1}{2}+\alpha\right)\frac{\sqrt{6}}{6}y + \frac{\sqrt{3}(1-\alpha)}{3}z = \sigma_t \tag{6.27b}$$

此即为双剪强度理论,它的极限面如图 6.11 中的最外边的极限迹线所示。

以上作图中都不考虑 z(即 $z=0$ 的平面)。图 6.11 均为不同 b 值在某一相同 z 值时的极限迹线的相对大小和形状。如将拉伸强度和拉压强度比与摩擦角抗剪强度之间的关系公式 $\sigma_t = \dfrac{2C_0\cos\varphi}{1+\sin\varphi}$,$\alpha = \dfrac{1-\sin\varphi}{1+\sin\varphi}$,代入式(6.27a)和式(6.27b),则可得

$$F = y = \frac{2\sqrt{6}C_0\cos\varphi}{3+\sin\varphi}$$

或

$$F' = \sqrt{2}y - \sqrt{6}x = \frac{4\sqrt{12}C_0\cos\varphi}{3-\sin\varphi} \tag{6.28}$$

此即为双剪强度理论在偏平面的极限迹线方程。相应的方程特点和极限形状均相同。同理,可以证明 $b=0$ 时的统一强度理论在 π 平面的极限线即为 Mohr-Coulomb 强度理论的极限线;$b=1/2$ 时的统一强度理论极限线即为新破坏准则的极限线。所以,它们均为统一强度理论的特例。图 6.11 所示为统一强度理论的 3 个典型特例和 5 个典型特例时的极限迹线。

统一强度理论还可以退化得出更多的计算准则,统一强度理论参数 b 和拉压强度比 α 改变时,统一强度理论可以得出一系列有规律变化的极限迹线。

6.7.2　α 变化时的统一强度理论极限面

统一强度理论还适用于不同材料拉压强度比的情况。在式(6.19)中,如令拉压强度比 $\alpha = \sigma_t/\sigma_c = 1$,即材料的拉压强度相同,则统一强度理论平面极限迹线在 σ_1、σ_2、σ_3 轴的正负方向上的矢径 r 均相同,它们的拉伸矢长 r_t 与压缩矢长 r_c 之比 K 值为:

$$K = \frac{1+2\alpha}{2+\alpha} = \frac{3-\sin\varphi}{3+\sin\varphi} = 1 \tag{6.29}$$

从图 6.12 中可以看到,极限面的形状和大小随着统一强度理论参数 b 的大小有规律地变化。b 值越大,极限面越大。在所有外凸极限面中,$b=0$ 的单剪强度理论的极限面最小;$b=1$ 的双剪强度理论的极限面最大;$b=1/2$ 的统一强度理论的极限面则居于单剪强度理论极限面和双剪强度理论极限面的中间。统一强度理论的一系列外凸极限面可以十分灵活地适应各种不同的材料。

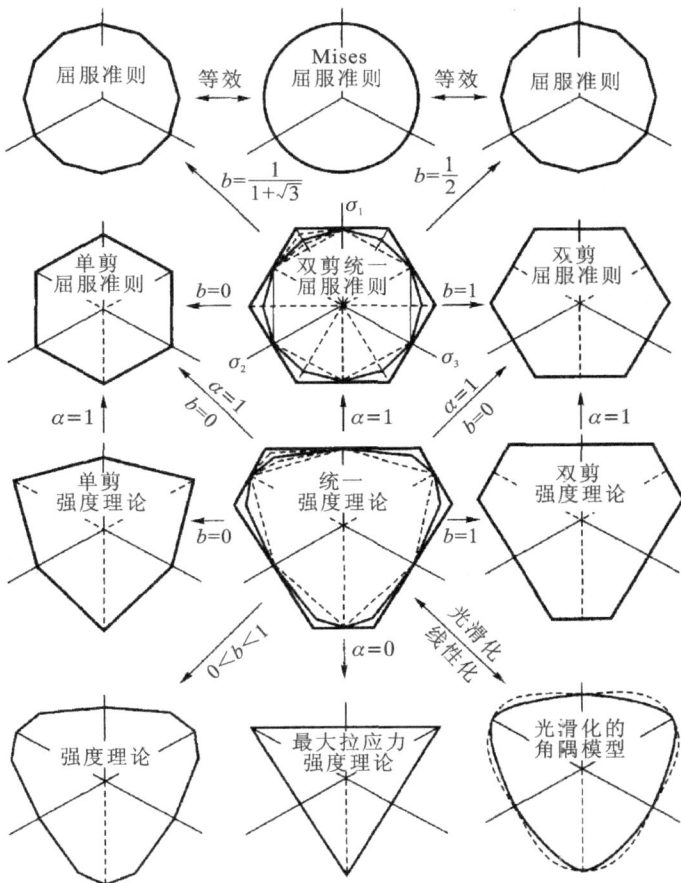

图 6.12 统一强度理论体系(系数变化时的统一强度理论极限迹线)

这时,图 6.12 的不规则六边形和十二边形退化为正六边形和正十二边形。b 值从 0~1 连续变化时的 10 种相应的极限迹线如图 6.12 所示。这就是适合于拉压强度相同的金属类材料的统一屈服准则的极限面。图 6.12 中的极限迹线方程可得出：

$$F = -\frac{\sqrt{2}(1-b)}{2(1+b)}x + \frac{\sqrt{6}}{2}y = \sigma_t \tag{6.30a}$$

$$F' = -\frac{\sqrt{2}}{2}\frac{1+2b}{1+b}x + \frac{\sqrt{6}}{2(1+b)}y = \sigma_t \tag{6.30b}$$

由式(6.30a)、式(6.30b)可见,统一屈服准则的极限面方程与 z 无关,即它的平面极限迹线的形状和大小均不随 z 轴而变。因此,它的极限面是一族以 $\sigma_1 = \sigma_2 = \sigma_3$ 为轴线的无限长柱面(六面柱体和十二面柱体)。

从以上所述可见,统一强度理论不仅包含了现有的一些主要强度理论,建立起各种强度理论之间的联系,还可以产生一系列新的破坏准则,如图 6.7 和图 6.12 所示。如果采用统一强度理论的五个典型特例,则其极限面如图 6.12 所示。其中特别是 $b=1/2$ 和 $b=3/4$ 的两种破坏准则,因为它们可以作为很多光滑化的角隅模型的线性逼近,用简单的线性式代替复杂的角隅模型,如图 6.12 中的光滑化和线性化关系所示。统一强度理论的三个典型特例(拉压异性材料)如图 6.8～图 6.11 所示。

6.8　平面应力状态下的统一强度理论极限

在平面应力状态(σ_1 , σ_2)下,统一强度理论在主应力空间的极限面 σ_1-σ_2 平面相交的截线即为平面应力时的统一强度理论极限迹线。它的一般形状随 α 值和 b 值的大小而变。当 $b=0$ 和 $b=1$ 时,为六边形;当 $0 < b < 1$ 时,为十二边形。

一般情况下,统一强度理论在平面应力状态时的 12 条极限迹线的方程为：

$$\sigma_1 - \frac{\alpha b}{1+b}\sigma_2 = \sigma_t; \quad \frac{1}{1+b}(\sigma_1 + b\sigma_2) = \sigma_t$$

$$\sigma_2 - \frac{\alpha b}{1+b}\sigma_1 = \sigma_t; \quad \frac{1}{1+b}(\sigma_2 + b\sigma_1) = \sigma_t$$

$$\sigma_1 - \frac{\alpha}{1+b}\sigma_2 = \sigma_t; \quad \frac{1}{1+b}\sigma_1 - \alpha\sigma_2 = \sigma_t$$

$$\sigma_2 - \frac{\alpha}{1+b}\sigma_1 = \sigma_t; \quad \frac{1}{1+b}\sigma_2 - \alpha\sigma_1 = \sigma_t \tag{6.31}$$

$$\frac{\alpha}{1+b}(b\sigma_1 + \sigma_2) = -\sigma_t; \quad \frac{b}{1+b}\sigma_1 - \alpha\sigma_2 = \sigma_t$$

$$\frac{\alpha}{1+b}(b\sigma_2 + \sigma_1) = -\sigma_t; \quad \frac{b}{1+b}\sigma_2 - \alpha\sigma_1 = \sigma$$

由此可以作出不同 α 值和不同 b 值时的平面应力极限迹线。图 6.13 所示为

$\alpha = 1/2$ 时的统一强度理论在 σ_1-σ_2 平面的一系列极限迹线以及 $\alpha = 2/3$ 时的统一强度理论的五个典型特例。图 6.14 所示为 $\alpha = 1/4$ 时的统一强度理论在 σ_1-σ_2 平面的极限迹线。图 6.15 具体表示统一强度理论与一些传统强度理论和一系列新的准则之间的关系。

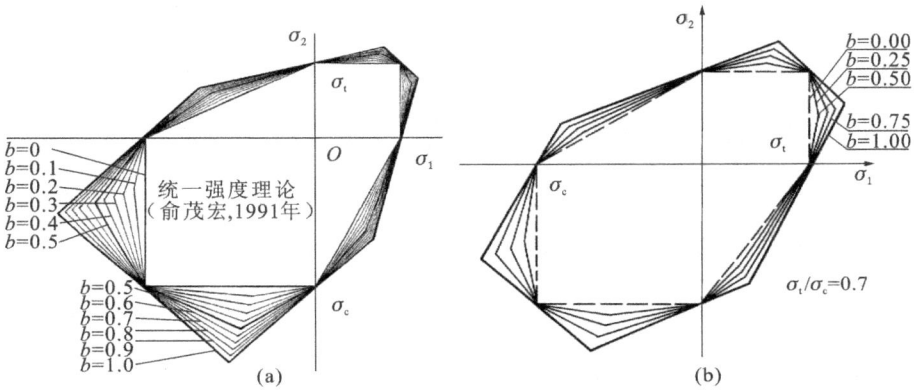

图 6.13 统一强度理论的系列极限迹线

(a)$\alpha = 1/2$；(b)$\alpha = 2/3$

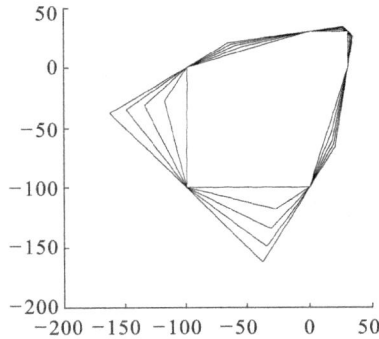

图 6.14 $\alpha = 1/4$ 时的统一强度理论的五种典型极限迹线

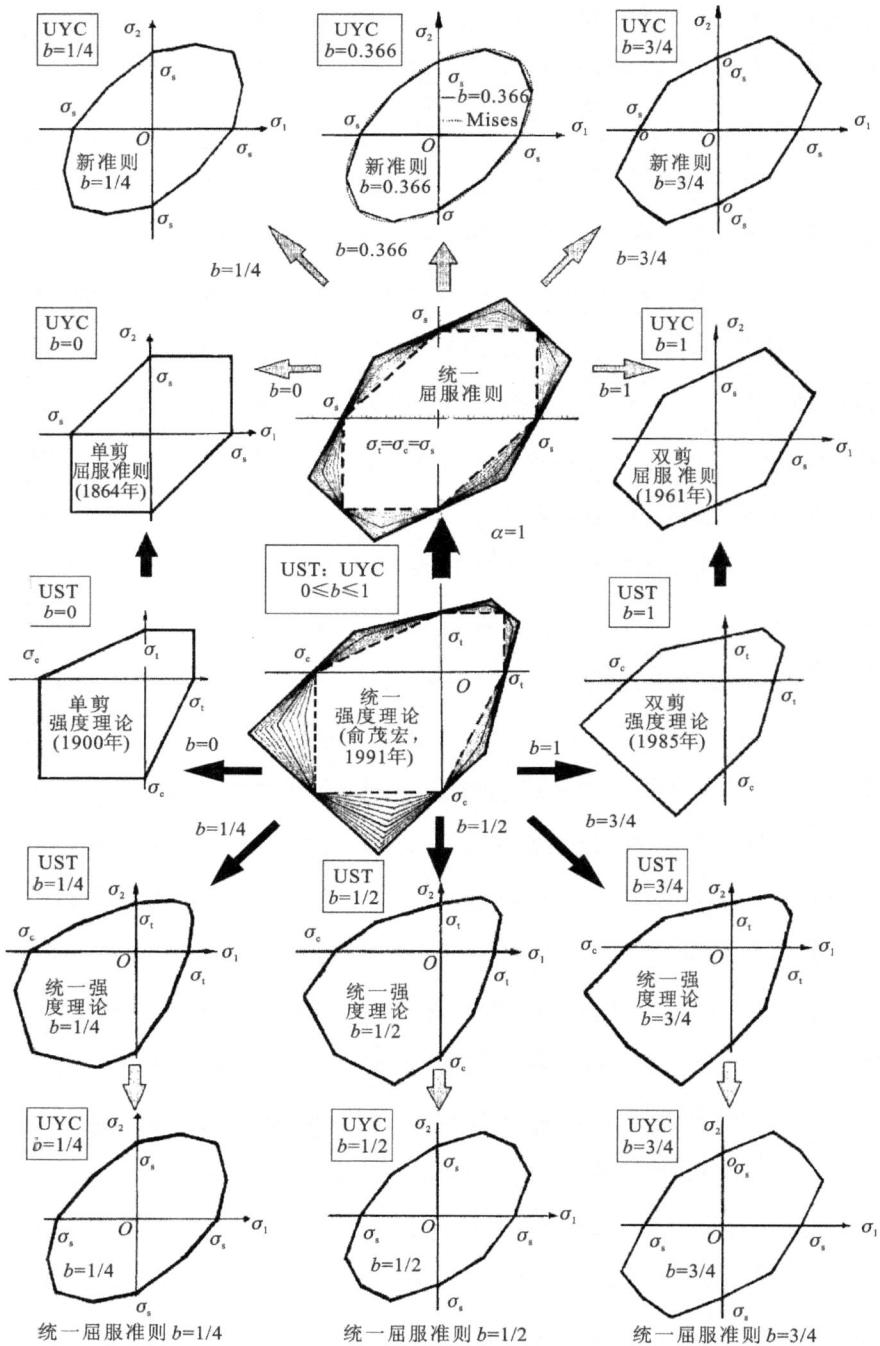

图 6.15　统一强度理论的系列极限迹线

6.9 统一强度理论等效应力

等效应力是指在一般应力状态下的各应力分量经适当的组合而形成的与单向应力等效的应力,有时也被称为比较应力、相当应力和应力强度。等效应力的概念在固体力学、计算塑性力学和工程计算软件中有广泛的应用。等效应力在弹塑性理论、材料力学以及各种工程设计中具有重要的含义,因为屈服准则往往与等效应力具有相同的表达形式。当等效应力小于材料的单轴屈服极限,即 $\sigma^{eq} < \sigma_y$ 时,材料处于弹性状态;当等效应力大于或等于材料的单轴屈服极限,即 $\sigma^{eq} \geqslant \sigma_y$ 时,材料开始屈服。

等效应力的引进使多轴应力状态与单轴应力的比较成为可能。等效应力与应力分量不同,等效应力没有方向性,它是一个标量,完全由大小来定义,但是它具有应力的单位。等效应力常常用来计算弹性极限和结构各部分的安全系数,它提供了足够的信息来评估材料和结构设计的安全性,也可以方便地使用在有限元计算和塑性力学计算。有限元等效应力法往往应用于各种结构强度的分析。

大家熟悉的等效应力是米塞斯等效应力 $\sigma_{\text{Mises}}^{eq}$,它也被称为米塞斯屈服准则,当三剪等效应力达到材料屈服强度时,材料开始屈服,即 $\sigma_{\text{Mises}}^{eq} = \sigma_y$。然而,材料等效应力并不是只能独特定义为冯·米塞斯应力。在过去,已经提出了大量的拉压同性材料和拉压异性材料的等效应力。下面将介绍几种典型的等效应力。

6.9.1 拉压同性材料的等效应力

拉压同性材料的三个典型等效应力如下。

(1)单剪等效应力(Tresca 等效应力):

$$\sigma_{\text{Tresca}}^{eq} = \sigma_1 - \sigma_3 \tag{6.32}$$

(2)三剪等效应力(Mises 等效应力):

$$\sigma_{\text{Mises}}^{eq} = \frac{1}{\sqrt{2}} \left[(\sigma_1 - \sigma_3)^2 + (\sigma_1 - \sigma_2)^2 + (\sigma_2 - \sigma_3)^2 \right]^{1/2} \tag{6.33}$$

(3)双剪等效应力(双剪屈服准则):

$$\sigma_{\text{Twin-shear}}^{eq} = \begin{cases} \sigma_1 - \dfrac{1}{2}(\sigma_2 + \sigma_3), & \text{当 } \sigma_2 \leqslant \dfrac{\sigma_1 + \sigma_3}{2} \text{ 时} \\[3mm] \dfrac{1}{2}(\sigma_1 + \sigma_2) - \sigma_3, & \text{当 } \sigma_2 \geqslant \dfrac{\sigma_1 + \sigma_3}{2} \text{ 时} \end{cases} \tag{6.34}$$

6.9.2　拉压异性材料的等效应力

拉压异性材料的等效应力的上限和下限如下。

(1)下限:单剪等效应力(Mohr-Coulomb 理论等效应力)。

$$\sigma_{\text{M-C}}^{\text{eq}} = \sigma_1 - \alpha\sigma_3 \tag{6.35}$$

(2)上限:双剪等效应力(双剪强度理论等效应力)。

$$\sigma_{\text{Twin-shear}}^{\text{eq}} = \begin{cases} \sigma_1 - \dfrac{\alpha}{2}(\sigma_2 + \sigma_3), & \text{当 } \sigma_2 \leqslant \dfrac{\sigma_1 + \alpha\sigma_3}{1+\alpha} \text{ 时} \\[3mm] \dfrac{1}{2}(\sigma_1 + \sigma_2) - \alpha\,\sigma_3, & \text{当 } \sigma_2 \geqslant \dfrac{\sigma_1 + \alpha\sigma_3}{1+\alpha} \text{ 时} \end{cases} \tag{6.36}$$

6.9.3　统一屈服准则的等效应力

6.9.1 节三个典型的拉压同性材料等效应力可以统一为统一屈服准则等效应力,即

$$\sigma_{\text{Unified}}^{\text{eq}} = \begin{cases} \sigma_1 - \dfrac{1}{1+b}(b\,\sigma_2 + \sigma_3), & \text{当 } \sigma_2 \leqslant \dfrac{\sigma_1 + \sigma_3}{2} \text{ 时} \\[3mm] \dfrac{1}{1+b}(\sigma_1 + b\,\sigma_2) - \sigma_3, & \text{当 } \sigma_2 \geqslant \dfrac{\sigma_1 + \sigma_3}{2} \text{ 时} \end{cases} \tag{6.37}$$

统一屈服准则等效应力将各种著名的拉压同性材料等效应力作为特例或线性逼近而包含其中。

(1)$b=0$,统一屈服准则退化为单剪等效应力(Tresca 等效应力);

(2)$b=1$,统一屈服准则退化为双剪等效应力(双剪屈服准则);

(3)$b=1/2$,统一屈服准则退化为一个新的等效应力(中间等效应力),它是三剪等效应力(Mises 等效应力)的线性逼近。

6.9.4　统一强度理论的等效应力

统一强度理论等效应力的一般表达式为

$$\sigma_{\text{Unified}}^{\text{eq}} = \begin{cases} \sigma_1 - \dfrac{\alpha}{1+b}(b\,\sigma_2 + \sigma_3), & \text{当 } \sigma_2 \leqslant \dfrac{\sigma_1 + \alpha\sigma_3}{1+\alpha} \text{ 时} \\[3mm] \dfrac{1}{1+b}(\sigma_1 + b\,\sigma_2) - \alpha\,\sigma_3, & \text{当 } \sigma_2 \geqslant \dfrac{\sigma_1 + \alpha\sigma_3}{1+\alpha} \text{ 时} \end{cases} \tag{6.38}$$

统一强度理论等效应力是一系列等效应力的集合,它将各种著名的拉压同性材料和拉压异性材料的等效应力作为特例或线性逼近而包含其中。大多数的等效应力可以从统一强度理论等效应力中退化得出。

(1)$\alpha=b=0$,统一强度理论等效应力退化为单剪等效应力(Tresca 等效应力);

(2)$b=0$,统一强度理论等效应力退化为单剪等效应力(Mohr-Coulomb 等效应力);

(3)$a=b=1$,统一强度理论等效应力退化为双剪等效应力(双剪屈服准则);

(4)$b=1$,统一强度理论等效应力退化为双剪等效应力(广义双剪强度理论);

(5)$a=1$ 和 $b=1/2$,统一强度理论等效应力逼近于 Mises 等效应力;

(6)$b=1/2$,统一强度理论等效应力退化为一个中间等效应力。

统一强度理论的等效应力可应用于结构弹性分析、弹性极限分析、弹塑性分析、有限元法、计算塑性力学以及机械设计和各种结构强度分析。统一强度理论等效应力的应用十分简单、方便。

6.10 统一强度理论与实验结果的对比

此外,需要指出,在某些复杂应力试验中,虽然可以产生一种三轴复杂应力 σ_1、σ_2、σ_3,但是这种复杂应力是一种特殊的应力状态,它们都处于一个特殊的平面之中[13-15]。例如,在土力学中应用最多的复杂应力试验是围压三轴试验(轴对称三轴试验),如图 6.16 所示。

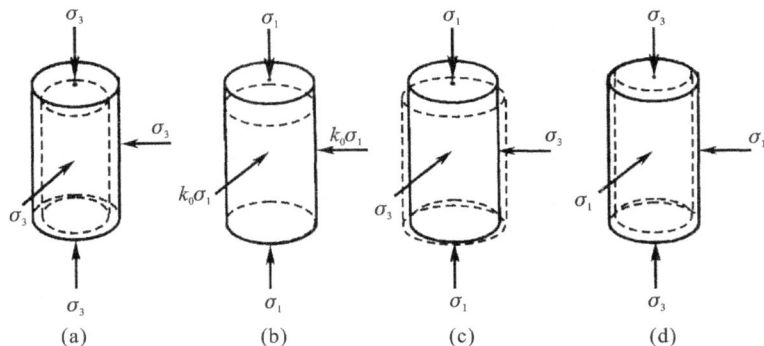

图 6.16　三轴仪中各种试验的应力与应变条件
(a)等压固结;(b)K$_0$ 固结;(c)三轴压缩剪切;(d)三轴伸长剪切

在这个试验中,土体受到 σ_1、σ_2、σ_3 的作用,所以人们往往把它作为三轴试验。但是,在围压三轴试验中,无论是等压固结,K$_0$ 固结还是三轴压缩剪切或三轴伸长剪切,它们中的两个应力总是相等的,即 $\sigma_2=\sigma_3$ 或 $\sigma_1=\sigma_2$。实际上,这种复杂应力在三维应力空间中都处于一种特殊的平面,如图 6.17 所示。

但是,需要注意,轴对称三轴压缩试验只得出土体的材料参数,并不能对各种强度理论进行比较和验证。

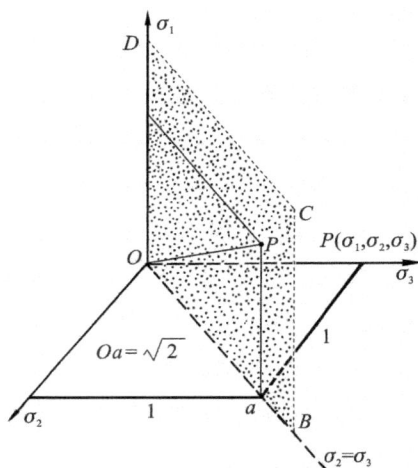

图 6.17　轴对称三轴试验产生的应力组合都在一个平面

　　国内外学者对土体材料在复杂应力的极限面进行了大量的研究,试验得出的极限面一般都大于莫尔-库仑强度理论的极限面。

　　同济大学对土体材料的实验资料如图 6.18 所示,Yamada 对富士河砂的实验结果如图 6.19 所示,图 6.20(Shibata、Karube,1965)[16]、图 6.21(Yoshimine)和图 6.22是国内外很多学者关于土和砂土的复杂应力实验结果。图中极限迹线的内边界为莫尔-库仑强度理论,外边界为双剪强度理论,中间的实线为 $b=1/2$ 时的统一强度理论,可以看到它们都处于内外边界之中。统一强度理论将它们全部包含在区域之中。至今为止,国内外的绝大多数偏平面实验结果也都在这个范围之内。

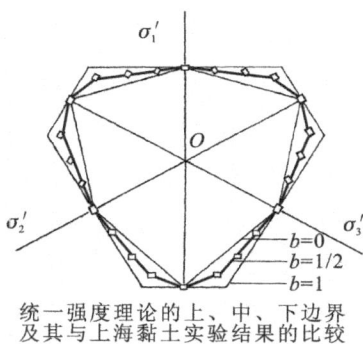

图 6.18　上海黏土的实验结果

(同济大学,1988 年)

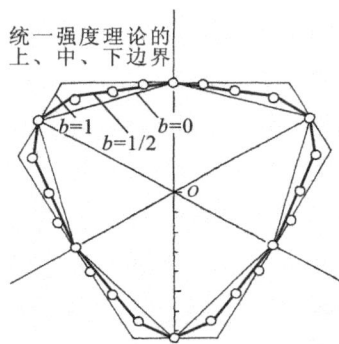

图 6.19　富士河砂的实验结果

(Yamada,1979 年)

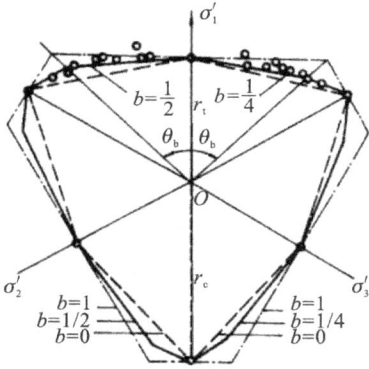

图 6.20 京都大学的固结土的实验结果

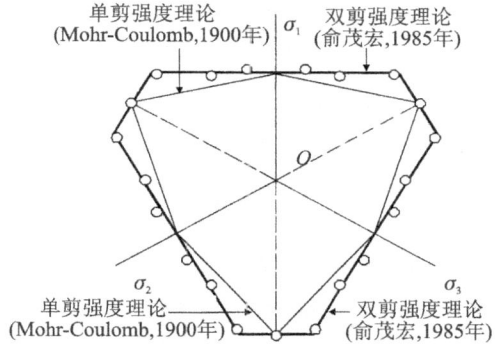

图 6.21 东京都立大学的黄土的实验结果

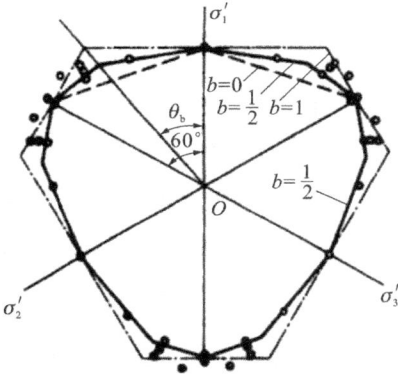

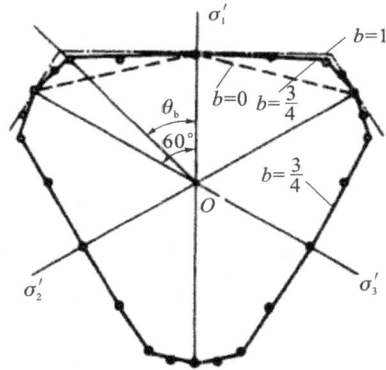

图 6.22 Ottawa 细砂的极限面(Dakoulas、Sun,1992 年)

6.11 统一强度理论的应用

统一强度理论自提出以来,关于它的研究和应用逐步得到发展。清华大学沈珠江院士和同济大学蒋明镜教授于 1996 年以及澳大利亚西澳大学 G. W. Ma 教授等于 1995 年发表了多篇关于统一强度理论应用的论文[17,18]。他们做的是最早的研究工作之一,具有启发性。统一强度理论的特性也在这些研究中得到更进一步的认识。进入 21 世纪以来,这方面的研究得到迅速的发展。其主要原因是统一强度理论具有统一的力学模型、统一的数学建模公式和统一的数学表达式,并且概念较为简单、清晰;它的数学表达式虽然比较简单,但是功能较大,它的系列极限面覆盖了外凸理论的全部区域;它的应用可以得到一系列结具,以适用于不同的材料和结构,为工程应用提供了更多的参考信息。

此外,统一强度理论还具有和谐性和可比较性,它与其他经典理论并不矛盾,而是将它们作为特例而包含于其中,无论在理论上还是在结果中都是如此。具体地讲,莫尔-库仑强度理论可以应用的问题,都可以采用统一强度理论进行研究,并且可以得出一系列新的研究结果,为实际应用提供更多的资料和参考。这些结果中包含了莫尔-库仑强度理论以及双剪理论的结果,可以相互进行比较。

有关统一强度理论研究和应用的文献较多,例如文献[19-26],读者可以在各大学图书馆有关网站中检索。统一强度理论参数包括材料拉伸强度 σ_t、压缩强度 σ_c(或材料拉压强度比 $\alpha = \sigma_t / \sigma_c$)以及统一强度理论的屈服准则参数 b。结构分析的结果与屈服准则的选取有很大关系,统一强度理论为结构分析的屈服准则效应提供了理论基础。

6.12　统一强度理论的意义

从 1773(Coulomb)—1900 年(Mohr)的单剪强度理论到 1952(Drucker-Prager)—1973 年(Argyris-Gudehus,Matsuoka-Nakai)的三剪理论,再从三剪理论到 1961—1983 年(俞茂宏)的双剪强度理论,然后从双剪强度理论到统一强度理论(俞茂宏,1991 年),强度理论的这三次进展可以用 π 平面的极限面的形状变化表述,如图 6.23 所示。图中极限面的内边界即为单剪理论,外边界为双剪理论,统一强度理论覆盖了从内边界到外边界的所有区域。统一强度理论具有更基本的理论意义。2008 年,中国岩石力学与工程学会理事长、解放军总参谋部科技委主任钱七虎先生在同济大学孙钧先生讲座中指出:"单剪理论的进一步发展为双剪理论,而双剪理论的进一步发展为统一强度理论。单剪、双剪理论以及介于两者之间的其他破坏准则都是统一强度理论的特例或线性逼近。因此可以说,统一强度理论在强度理论的发展史上具有突出的贡献。"统一强度理论是 Drucker 公设关于屈服面外凸性的具体化和系统化,是 1951 年提出 Drucker 公设关于屈服面外凸性以来的一个重大进展。

统一强度理论不仅包含了现有的各种强度理论(包括俞茂宏的双剪强度理论),即现有的各种强度理论均为统一强度理论的特例或线性逼近,还可以产生出一系列新的可能有的强度理论;此外,它还可以发展出其他更广泛的理论和计算准则,这些将在以下各章中做进一步介绍。

在图 6.23 中,以统一强度理论为中心,建立起各种强度之间的联系,形成了一个统一强度理论新体系。

强度理论的发展	拉压同性材料 (单参数准则)	拉压异性材料 (两参数准则)
单剪强度理论 (内边界，单一准则)	Tresca 屈服准则 (1864年)	Mohr-Coulomb 强度理论 (1773—1900年)
三剪强度理论 (中间曲线，单一准则)	Mises 屈服准则	Argyris-Gudhus Zienkiewicz-Pande Williams-Warnke Matsuoka-Nakai Curve models
双剪强度理论 (外边界，单一准则； 俞茂宏，1961—1985年)	双剪应力 屈服准则 (1961年)	双剪应力 强度理论 (1983年)
统一强度理论 (系列化准则； 俞茂宏，1991年)	统一屈服准则	双剪强度理论($b=1$,Yu,1985年) 单剪强度理论($b=0$,1990年) 统一强度理论 (系列化的强度理论)

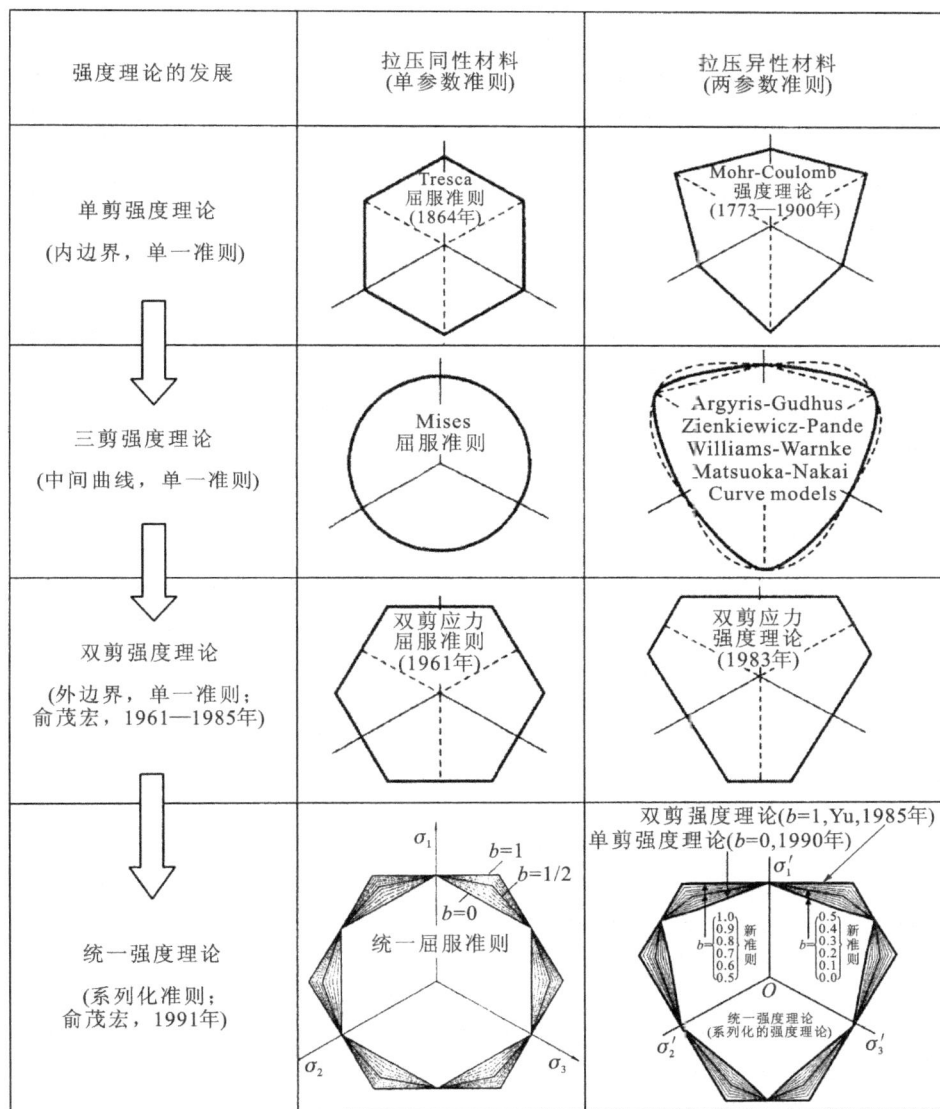

图 6.23 强度理论的发展：单剪→三剪→双剪→统一

统一强度理论的意义如下。

(1)将以往各种强度理论从只适用于某一类材料的单一强度理论发展为可以适用于众多类型材料的统一强度理论；

(2)统一强度理论是 Drucker 公设关于极限面外凸性的具体化，统一强度理论将 Drucker 公设与强度理论之间建立起完整的关系；

（3）统一强度理论的极限面覆盖了 Drucker 公设所要求的从内边界到外边界的全部区域。世界上没有其他准则可以覆盖全部区域。

6.13　本 章 小 结

由本章内容可知，从双剪单元体应力状态出发，考虑作用于单元体上的所有应力分量以及它们对材料屈服和破坏的不同作用，可以建立一个新的强度理论数学建模公式，并由此推导出一个全新的、系列化的统一强度理论。

统一强度理论的数学建模式为式（6.8a）、式（6.8b），统一强度理论的主应力表达式为式（6.12a）、式（6.12b）。统一强度理论的两个材料参数为 σ_t 和 $\alpha = \sigma_t / \sigma_c$。$b$ 为统一强度理论的准则选择参数。德国学者对统一强度理论进行了研究，可见参考文献[22]。

参考文献

[1] Drucker D C. A more foundational approach to stress-strain relations. Proceedings of the First National Congress of Applied Mechanics, ASME, 1951: 487-491.

[2] Naghdi P M. Stress-strain relations in plasticity and thermoplasticity. Plasticity Proceedings of the Second Symposium on Naval Structural Mechanics, 1960: 121-169.

[3] Palmer A C, Maier G, Drucker D C. Normality relations and convexity of yield surfaces for unstable materials or structural elements. Journal of Applied Mechanics, 1966, 34(2): 464-470.

[4] 邓永琨. 关于 Drucker 公设的推广应用. 长安大学学报: 自然科学版, 1987, 5(1): 75-83.

[5] 李永池, 唐之景, 胡秀章. 关于 Drucker 公设和塑性本构关系的进一步研究. 中国科学技术大学学报, 1988, 18(3): 339-345.

[6] 俞茂宏, 何丽南, 宋凌宇. 双剪应力强度理论及其推广. 中国科学: A 辑, 1985, 28(12): 1113-1120.

[7] Yu Maohong, He Linan. A new model and theory on yield and failure of materials under the complex stress state//Jono M, Inoue T. Mechanical Behaviour of Materials-VI. Oxford: Pergamon Press, 1991, 3: 841-846.

[8] 俞茂宏. 强度理论新体系: 理论、发展和应用. 2 版. 西安: 西安交通大学出版社, 2011.

[9] 俞茂宏. 岩土类材料的统一强度理论及其应用. 岩土工程学报,1994,14(2): 1-10.

[10] Yu Maohong. Unified strength theory and its applications. Berlin:Springer-Verlag,2004.

[11] 俞茂宏. 强度理论百年大总结. 彭一江,译. 力学进展,2004,34(4):529-560.

[12] 张鲁渝. 应力空间岩土本构模型的三维图像. 岩土工程学报,2005,27(1): 64-68.

[13] 钱七虎,戚承志. 岩石、岩体的动力强度与动力破坏准则. 同济大学学报:自然科学版,2008,36(12): 1599-1605.

[14] Jun Sun, Sijing Wang. Rock mechanics and rock engineering in China: developments and current state-of-the art. International Journal of Rock Mechanics and Mining Sciences,2000,37: 447-465.

[15] 孙钧. 岩石力学在我国的若干进展. 西部探矿工程,1999,11(1): 1-5.

[16] Shibata T, Karube D. Influence of the variation of the intermediate principal stress on the mechanical properties of normally consolidated clays. Proceedings of the 6th International Conference on Soil Mechanics and Foundation Engineering, 1965, 1: 359-363.

[17] 蒋明镜,沈珠江. 岩土类软化材料的柱形孔扩张统一解问题. 岩土力学, 1996,17(1): 1-8.

[18] Ma Guowei,Yu Maohong,Miyamoto Y,et al. Unified plastic limit solution to circular plate under portion uniform load. Journal of Struitural Engineering (in English,Japan SCE),1995,41A:385-392.

[19] 郑颖人. 岩土材料屈服与破坏及边(滑)坡稳定分析方法研讨——"三峡库区地质灾害专题研讨会"交流讨论综述. 岩石力学与工程学报,2007,26(4): 649-661.

[20] 沈珠江. 采百家之长,酿百花之蜜. 岩土工程学报,2005,27(2): 365-367.

[21] Altenbach H,Kolupaev V A. Remarks on model of Mao-Hong Yu. The Eighth International Conference on Fundamentals of Fracture(ICFF Ⅷ), 2008:270-271.

[22] Kolupaev V A,Altenbach H. Einige überlegungen zur unified strength theory,von Mao-Hong Yu. Forschung im Ingenieurwesen,2010,74(3): 135-166.

[23] 张传庆,周辉,冯夏庭. 统一弹塑性本构模型在FLAC3D中的计算格式. 岩土力学,2008,29(3): 596-602.

[24] 张传庆,周辉,冯夏庭. 统一屈服面空间相交问题的处理. 西安交通大学学报,2007,41(11):1330-1334.

[25] 王俊奇,陆峰. 统一强度理论模型嵌入 ABAQUS 软件及在隧道工程中的应用. 长江科学院院报,2010,27(2):68-74.

[26] 沈珠江. Unified Strength Theory and Its Applications 评介. 力学进展,2004,34(4):562-563.

阅读参考材料

斯普开邓(Skempton Alec Westley, 1914—2001)

Skempton 教授表现出具有从复杂的问题中确认出重要而关键部分的杰出本领。由于 Skempton 教授在孔隙水压力和有效应力原理的研究和推广应用的成就,1998 年英国政府授予其爵士称号。下图为统一强度孔隙水压力方程和 Skempton 以及 Henkel 孔隙水压力方程的比较。

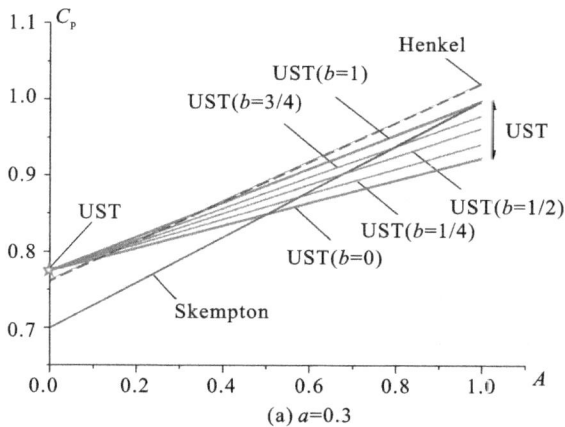

(a) $a=0.3$

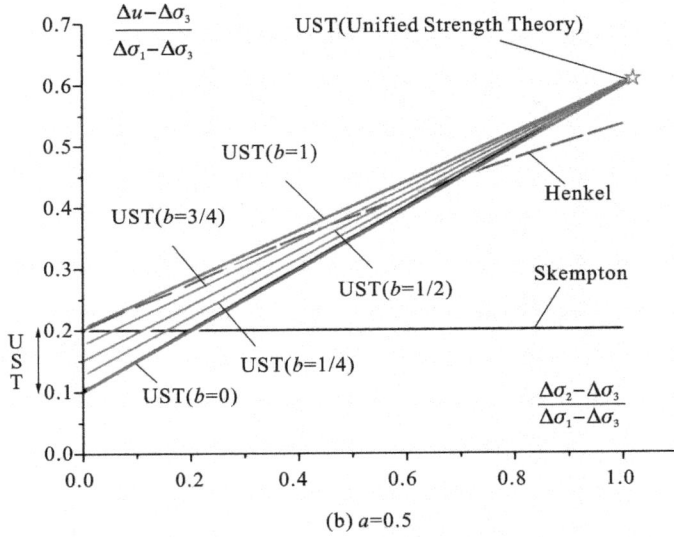

(b) $a=0.5$

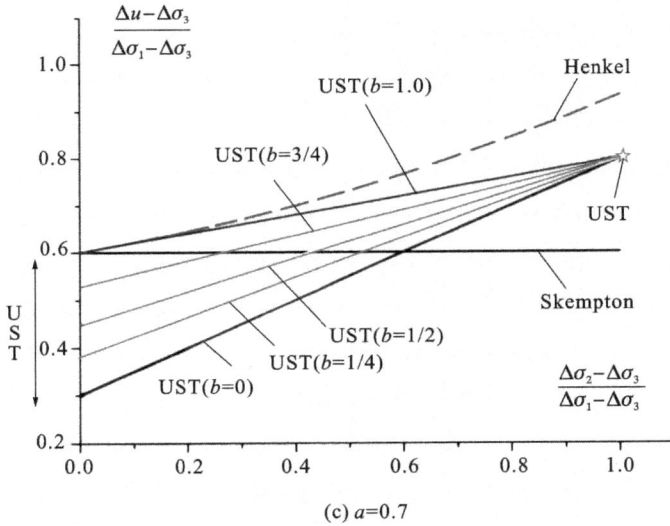

(c) $a=0.7$

统一强度孔隙水压力方程由一系列有序排列的孔隙水压力方程组成。当 $b=1$ 时,统一强度孔隙水压力方程变为双剪孔隙水压力方程;当 A 较小($A=0.2$)时,双剪孔隙水压力方程($b=1$)接近于 Henkel 孔隙水压力方程;当 A 增大($A=0.6$)时,双剪孔隙水压力方程($b=1$)逐渐接近 Skempton 单剪孔隙水压力方程,并介于 Henkel 孔隙压力方程与 Skempton 单剪孔隙水压力方程之间。

7 统一强度孔隙水压力方程

7.1 概　　述

　　土和大多数的岩石及混凝土材料一样,均含有孔隙。孔隙中往往充满流体,流体可以具有一定的压力,称为孔隙压力,用符号 u 来表示。这样,土、岩石和混凝土等孔隙材料除受到作用在固体骨架(固相)上的应力 σ_1、σ_2、σ_3 外,内部还受到孔隙流体的压力作用。

　　孔隙压力问题最早由 Terzaghi 于 1920—1925 年提出,Terzaghi 著名的孔隙压力实验如图 7.1 所示。他把多孔试样盛放于容器并浸泡在水中,所有孔隙皆被水所充满(饱和),如图 7.1(a)所示。这时,要增加试样表面 A 的压应力,有两个方法,第一是增加水柱高度,试样体积几乎没有变化,如图 7.1(b)所示;第二种方法是在试样 A 面撒一层均匀的铅砂,使 A 面的应力和增加水柱后的压力相同,这时试样体积缩小,如图 7.1(c)所示。我们会发现,在第一种方法中,试样的体积几乎没有变化;而在第二种方法中,试样的体积缩小了。这种差别的出现,是由于 A 面上的应力在两种情况下的变化虽然相同,但试样中孔隙压力的变化却不相同。在第一种情况中,A 面上的应力与孔隙压力都增加了相同的大小,造成试样体积几乎没有变化。在第二种情况中,孔隙压力并没有变化,但试样的固相部分(骨架)所受的压力则增加了,使骨架的变形增加。

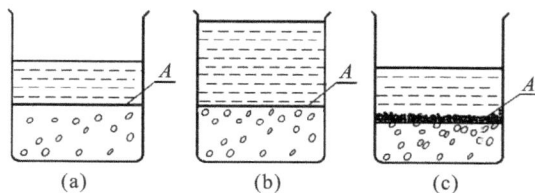

图 7.1　Terzaghi 的孔隙压力实验

　　因此,在考虑了岩土类材料孔隙中的流体压力后,描述它们应力状态的参数,除构造应力 σ_1、σ_2、σ_3 外,又增加了一个孔隙压力 u。在岩土力学研究中孔隙压力是一个极为重要的概念,对岩石和土的力学性质有很大的影响。

　　孔隙压力的数值需根据具体情况确定。例如,在地球物理学研究中,处理岩石圈岩石中的孔隙压力时,常用的孔隙压力有以下几种[1,2]。

（1）静水压力。

假定岩石中所有孔隙皆连通，并且一直通至地面，则在水深 h 处的岩石中的孔隙压力称为静水压力。它的大小与水的密度 ρ_h、重力加速度 g 和水深 h 成正比，即

$$u_h = \rho_h \cdot gh \approx 10h \tag{7.1}$$

式中，静水压力单位为 MPa，水深 h 单位为 km。

（2）岩石静压力 u_r。

假定在 h 深处岩石中的孔隙压力 u 等于 h 以上岩石柱体压力，这种孔隙压力称为岩石静压力。如果岩石孔隙中充满水，而且所有孔隙皆不连通，则岩石中的孔隙压力近似地等于岩石静应力，即

$$u_r = \rho_r \cdot gh \tag{7.2}$$

式中，ρ_r 为岩石的密度。

（3）任意孔隙压力 u。

上述的静水压力 u_h 和岩石静压力 u_r 为孔隙压力的两个极端例子。一般情况下的孔隙压力 u 可以写成

$$u = \lambda u_r \tag{7.3}$$

式中，λ 为参数，它的范围在 $0 \sim 1$ 之间，即 $0 \leqslant \lambda \leqslant 1$。

几种特例情况为：

①当 $\lambda = 0$ 时，$u = 0$，这相当于孔隙中无水干燥的情况；

②当 $\lambda = 0.42$ 时，$u = u_h$（因水的密度大约是岩石密度的 42%）；

③当 $\lambda = 1$ 时，$u = u_r$。

孔隙压力的概念和 Terzaghi 的实验还可以推广到其他很多方面。我们可以用一个简单用具做一个类似的试验，如图 7.2 所示。把多孔试样盛放于容器并浸泡于水中，所有孔隙皆被水充满，容器中的水位较高；在试样底部开一小孔，使容器内的水位逐步降低。这时可以发现，试样 A 面上铁砂的压力并没有增大，而试验的体积却缩小了，A 面在排水的过程中逐渐下移，这是由于多孔试样中的孔隙压力减小了。城市中地下水抽取过量使地下水位下降，引起原有房屋的沉陷增加，也就是这一现象。图 7.2(a) 为多孔试样上均布一层铁砂并浸泡于高水位水中；图 7.2(b) 为水位下降，多孔试样体积缩小。

本章我们将把统一强度理论推广到孔隙水压力方程，建立一个新的孔隙水压力统一强度理论方程。第 8 章将讨论有效应力统一强度理论。

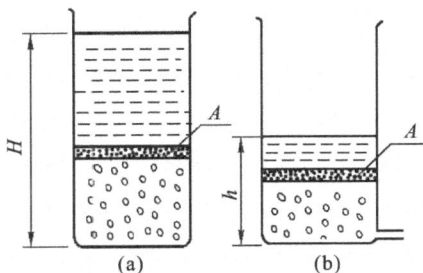

图 7.2　一个简单的试验

7.2 有效应力的原理

有效应力原理被看作是现代土力学的核心。Terzaghi 在 1936 年第一届国际土力学和基础工程大会上通俗易懂地阐述了这一原理。他说在土剖面上任何一点的应力（通过土体）可根据作用在这点上的总主应力 σ_1、σ_2、σ_3 来计算。如果土中的孔隙是在应力 u（孔隙应力）下被水充满,总主应力由两部分组成,一部分是 u,以各个方向相等的强度作用于水和固体,这一部分称作孔隙水压力；另一部分为总主应力 σ 和孔隙水压力 u 之差,即 $\sigma'_1 = \sigma_1 - u$,$\sigma'_2 = \sigma_2 - u$,$\sigma'_3 = \sigma_3 - u$,它只在土的固相中发生作用,总主应力的这一部分称作有效主应力（改变孔隙水压力实际上并不产生体积变化,孔隙水压力实际上与在应力条件下土体产生破裂无关）。多孔材料（如砂、黏土和混凝土）对 u 所产生的反应似乎是不可压缩的,内摩擦等于零。改变应力所能测到的结果,诸如压缩、变形和剪切阻力的变化,仅仅是由有效应力 σ'_1、σ'_2 和 σ'_3 的变化而引起的。因此,对饱和土体稳定性的调查研究需要具有总应力和孔隙水压力的知识。有效应力原理的实质是有效应力控制了土体的体积变化和强度。有效应力原理对于土体特别是饱和土体来说基本上是正确的[1-19]。孔隙介质中的总应力等于有效应力加孔隙压力,它们之间的关系如图 7.3 所示。

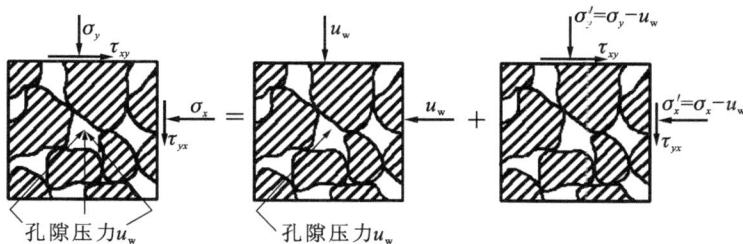

图 7.3　孔隙介质中的总应力 $\sigma = u_w + \sigma'$

Terzaghi 的饱和土的有效力公式为

$$\sigma' = \sigma - u_w \tag{7.4}$$

1955 年 Bishop 提出非饱和土中的有效应力公式为

$$\sigma' = \sigma - \left[u_a - \chi(u_a - u_w) \right] \tag{7.5}$$

式中,u_a 为孔隙中的空气压力,简称孔隙气压力；u_w 为孔隙水压力；χ 为一个与饱和度有关的参数,对于饱和土, $\chi = 1$,对于干土, $\chi = 0$。

在有效应力方程的各项中,一般只有总应力 σ 可直接测得,孔隙压力可以通过

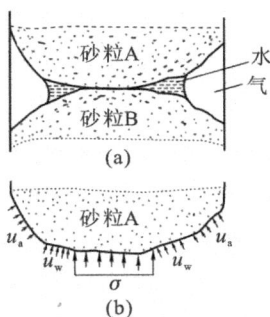

图 7.4　粒间力和孔隙压力示意图
(a)砂粒 A 和 B；(b)砂粒 A 的受力

粒间区之外的一点上测得。有效应力是一个推导出来的量,在工程中往往用粒间应力的概念来说明有效应力(在土力学文献中,有效应力和粒间应力这两个名词可以通用)。粒间力和孔隙压力(包括孔隙水压力 u_w 和孔隙气压力 u_a)的示意图如图 7.4 所示。

有效应力原理中,孔隙压力是一个重要的概念。下面我们对土体中的孔隙水压力方程进行进一步的研究。

7.3　孔隙水压力方程

土中的孔隙压力是土力学中的一个基本问题,自 Terzaghi 提出有效应力原理以来,土工学者对孔隙水压力的研究有了依据,多年来许多学者对其非常重视且做了大量的研究[1-19]。

7.3.1　Skempton 孔隙水压力方程(1954 年)

$$\Delta u = B\left[\Delta\sigma_3 + A(\Delta\sigma_1 - \Delta\sigma_3)\right] \tag{7.6}$$

其中,假定土骨架是线弹性体,A、B 为系数。该方程是在常规三轴剪应力仪的应力状态下导出的。

7.3.2　Henkel 孔隙水压力方程(1960 年、1965 年)

Henkel 认为,利用三轴试验确定孔隙压力系数,应该考虑中间主应力的影响。因此他引用八面体剪应力,使上述孔隙水压力方程具有普遍意义,并对饱和土提出以下表达式:

$$\Delta u = \Delta\sigma_{oct} + \alpha\Delta\tau_{oct} \tag{7.7}$$

式中

$$\Delta\sigma_{oct} = \frac{1}{3}(\Delta\sigma_1 + \Delta\sigma_2 + \Delta\sigma_3)$$

$$\Delta\tau_{oct} = \frac{1}{3}\sqrt{(\Delta\sigma_1 - \Delta\sigma_2)^2 + (\Delta\sigma_2 - \Delta\sigma_3)^2 + (\Delta\sigma_3 - \Delta\sigma_1)^2}$$

α 与 Skempton 的孔隙水压力系数 A 之间有一定的关系,视土体单元上的应力条件而变。在常规三轴压缩试验中,$\alpha = (\sqrt{2}/2)(3A - 1)$。Henkel 孔压方程考虑了中间主应力对孔压的影响,在非轴对称受荷条件下应用比较方便。

7.3.3 曾国熙孔隙水压力方程(1964 年、1979 年)

浙江大学曾国熙教授做了进一步的研究,提出了适用于饱和土和非饱和土的用应力不变量表达的孔隙水压力函数式(曾国熙,1980 年):

$$\Delta u = \Delta\sigma_{\text{oct}} + \alpha\Delta\tau_{\text{oct}} \tag{7.8}$$

Law 和 Holtz 论述了主应力轴的转动对孔隙水压力系数 A 的影响和孔隙水压力与土的应力应变关系[15]。王铁儒等(1987)对孔隙水压力方程的参数进行了研究,认为 A 或 α 并非是一个简单的常数,而是与土应力应变特性有关的变量[16]。

7.3.4 双剪孔隙水压力方程(1990 年)

李跃明和俞茂宏于 1990 年提出一个新的孔隙水压力方程,它既可以考虑中间主应力的影响,又可以考虑应力角的影响,我们称之为双剪孔隙水压力方程。其表达式为:

$$\Delta u = B\left[\frac{\Delta\sigma_2 + \Delta\sigma_3}{2} + A\left(\Delta\sigma_1 - \frac{\Delta\sigma_2 + \Delta\sigma_3}{2}\right)\right] \tag{7.9a}$$

上式可写成双剪应力的形式[19-23],即

$$\Delta u = B\left[\Delta\sigma_{23} + A\left(\Delta\tau_{12} + \Delta\tau_{13}\right)\right] \tag{7.9b}$$

当 $\Delta\sigma_2 = \Delta\sigma_3$,即常规三轴应力状态时,可自然转化为 Skempton 单剪孔隙水压力方程,而双剪孔隙水压力方程是由两个剪应力来表达的。

Skempton 方程概念清楚,形式简单,参数可通过常规试验确定而得以广泛应用,但它不能模拟中间主应力 σ_2 的效应;Henkel 等建议的孔隙水压力方程,是简单地以应力特征量对式(7.6)加以推广而得,是一个非线性表达式。

Skempton 公式实际上是 Mohr-Coulomb 单剪强度理论的推广,可称之为单剪水压力方程。而双剪孔隙水压力方程是由两个剪力来表达的,因此称为双剪水压力方程。Henkel 公式[式(7.7)和式(7.8)]都为三剪水压力方程。

7.4 统一强度孔隙水压力方程推导

在饱和土的真三轴试验中,应力改变通常是由三个阶段引起的,设由大主应力增量 $\Delta\sigma_1$ 引起的孔隙水压力为 Δu_1,$\Delta\sigma_2$ 引起的孔隙水压力为 Δu_2,$\Delta\sigma_3$ 引起的孔隙水压力为 Δu_3,则总的孔隙水压力(图 7.5)为

$$\Delta u = \Delta u_1 + \Delta u_2 + \Delta u_3 \tag{7.10}$$

相应的有效应力为:

$$\Delta\sigma_1' = \Delta\sigma_1 - \Delta u, \quad \Delta\sigma_2' = \Delta\sigma_2 - \Delta u, \quad \Delta\sigma_3' = \Delta\sigma_3 - \Delta u$$

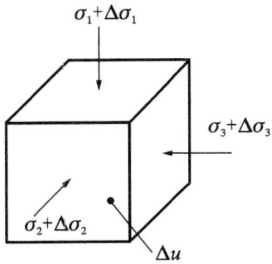

图 7.5　三维增量应力状态

土单元体体积变化为：

$$\Delta V = V(\varepsilon_1 + \varepsilon_2 + \varepsilon_3)$$

$$= V\left\{\frac{1}{E}\left[\Delta\sigma'_1 - \mu(\Delta\sigma'_2 + \Delta\sigma'_3)\right] + \right.$$

$$\frac{1}{E}\left[\Delta\sigma'_2 - \mu(\Delta\sigma'_1 + \Delta\sigma'_3)\right] +$$

$$\left.\frac{1}{E}\left[\Delta\sigma'_3 - \mu(\Delta\sigma'_1 + \Delta\sigma'_2)\right]\right\}$$

$$= \frac{1-2\mu}{E}V(\Delta\sigma_1 + \Delta\sigma_2 + \Delta\sigma_3 - 3\Delta u) \quad (7.11)$$

式中，V 为土体体积；E 为土骨架弹性模量；μ 为土体泊松比。

孔隙的压缩量为

$$\Delta V_v = V \cdot n \cdot C_w \cdot \Delta u \quad (7.12)$$

式中，C_w 为流体的压缩性系数；n 为孔隙率。

由式(7.11)和式(7.12)相等，得

$$\Delta u = B \cdot \left(\frac{\Delta\sigma_1 + \Delta\sigma_2 + \Delta\sigma_3}{3}\right) \quad (7.13)$$

其中，$B = \dfrac{1}{1 + n\dfrac{C_w}{3C_c}}$；$C_c = \dfrac{1-2\mu}{E}$，是土骨架的压缩系数。

孔隙水压力方程式(7.13)可进一步变换形式为：

$$\Delta u = B\left[\frac{\Delta\sigma_2 + \Delta\sigma_3}{2} + \left(\frac{\Delta\sigma_1 - \Delta\sigma_3}{6} + \frac{\Delta\sigma_1 - \Delta\sigma_2}{6}\right)\right] \quad (7.14)$$

同样，考虑土体并非完全线弹性体，故引入孔隙压力系数 A、C，写成一般式为：

$$\Delta u = B\left[\frac{\Delta\sigma_2 + \Delta\sigma_3}{2} + A\left(\frac{\Delta\sigma_1 - \Delta\sigma_3}{2}\right) + C\left(\frac{\Delta\sigma_1 - \Delta\sigma_2}{2}\right)\right]$$

我们将统一强度理论推广到孔隙水压力方程，整理上式可以得到

$$\Delta u = B\left[\frac{\Delta\sigma_2 + \Delta\sigma_3}{2} + A\left(\frac{\Delta\sigma_1 - \Delta\sigma_3}{2} + b\frac{\Delta\sigma_1 - \Delta\sigma_2}{2}\right)\right] \quad (7.15a)$$

式中，$b = C/A$。

上式可写成统一强度理论的形式，即

$$\Delta u = B[\Delta\sigma_{23} + A(\Delta\tau_{13} + b\Delta\tau_{12})] \quad (7.15b)$$

此公式等号右侧第二项正是剪应力增量 $(\Delta\tau_{13} + b\Delta\tau_{12})$ 所产生的孔隙水压，反映了中间主剪力对孔隙水压力的不同影响，用参数 b 来表示。

当 $b=1$ 时，即为双剪孔隙水压力方程。而当 $b=1$，且 $\Delta\sigma_2 = \Delta\sigma_3$ 时，即常规三

轴应力状态时,可自然转化为 Skempton 单剪孔隙水压力方程。因此 Skempton 与双剪孔隙水压力方程均是统一强度孔隙水压力方程的特例。

值得注意的是,一些试验结果表明三轴伸长试验测得的 A 恰为三轴压缩试验 A 的 2 倍,因此有:

三轴压缩

$$\Delta u = \Delta \sigma_3 + \frac{1}{3}(\Delta\sigma_1 - \Delta\sigma_3) \tag{7.16a}$$

三轴伸长

$$\Delta u = \Delta\sigma_3 + \frac{2}{3}(\Delta\sigma_1 - \Delta\sigma_3) \tag{7.16b}$$

统一强度孔隙水压力方程式(7.15)若变换成与 Skempton 方程相似的形式(令 $A=C=1/6$,即 $b=1$),则有

$$\Delta u = B\left[\Delta\sigma_3 + \frac{2}{3}\left(\frac{\Delta\sigma_1 + \Delta\sigma_2}{2} - \Delta\sigma_3\right)\right] \tag{7.17}$$

三轴伸长时 $\Delta\sigma_1 = \Delta\sigma_2$,式(7.17)可转化为式(7.16b),所以考虑中间主应力增量变化后则在理论上证明了这种 2 倍关系。

另外,Kars 黏土在轴向伸长和侧向压缩试验中,其有效应力途径和应力-应变曲线虽然一致,但是绝对孔隙压力反应却不同。侧向压缩为加荷载状态,产生正孔隙压力,正如方程式(7.14)所表达的。而轴向伸长属于卸荷载状态,形成负孔隙水压力,实际上我们再将式(7.14)转换成另一种形式,有

$$\Delta u = B\left[\frac{\Delta\sigma_1 + \Delta\sigma_2}{2} - \left(\frac{\Delta\sigma_1 - \Delta\sigma_3}{6} + \frac{\Delta\sigma_2 - \Delta\sigma_3}{6}\right)\right] \tag{7.18}$$

同理,写成一般形式为

$$\Delta u = B\left[\frac{\Delta\sigma_1 + \Delta\sigma_2}{2} - A'\left(\frac{\Delta\sigma_1 - \Delta\sigma_3}{2} + b\frac{\Delta\sigma_2 - \Delta\sigma_3}{2}\right)\right] \tag{7.19}$$

注意到系数 A' 前是负号,因此这个方程恰好反映了这种三向伸长的情况,而原 Skempton 单剪孔隙水压力方程是无法反映的,它可能只反映三轴压缩状态。统一强度孔隙水压力方程式(7.15a)及式(7.15b)在中间主应力分量的大小不同时具有不同的表达式。

7.5 增量应力状态的分解

统一强度孔隙水压力方程可从应力状态的分解中导出。对于图 7.6 所示的真三轴增量应力状态,当 $\sigma_2 + \Delta\sigma_2 \leqslant \frac{1}{2}(\sigma_1 + \Delta\sigma_1 + \sigma_3 + \Delta\sigma_3)$ 时,由于 $(\sigma_2 + \Delta\sigma_2)$ 离

（$\sigma_1 + \Delta\sigma_1$）远而靠近（$\sigma_3 + \Delta\sigma_3$），该应力状态接近于常规三轴压缩状态，因此可分解成图 7.6 所示的增量应力。

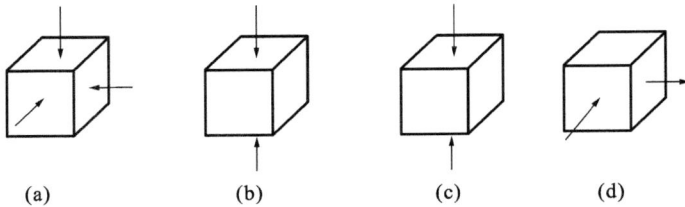

图 7.6　三轴压缩状态$\left[\text{当 }\boldsymbol{\sigma_2 + \Delta\sigma_2} \leqslant \dfrac{1}{2}(\boldsymbol{\sigma_1 + \Delta\sigma_1 + \sigma_3 + \Delta\sigma_3})\text{ 时}\right]$

(a)$\Delta\sigma_{23}$;(b)$\Delta\tau_{13}$;(c)$\Delta\tau_{12}$;(d)$\Delta\tau_{23}$

由图 7.6（b）、（c）、（d）可见，它们分别是 $\Delta\tau_{13} = \dfrac{1}{2}(\Delta\sigma_1 - \Delta\sigma_3)$、$\Delta\tau_{12} = \dfrac{1}{2}(\Delta\sigma_1 - \Delta\sigma_2)$、$\Delta\tau_{23} = \dfrac{1}{2}(\Delta\sigma_2 - \Delta\sigma_3)$ 这三个主剪应力增量的作用。图 7.6（d）是大小相等的一拉一压应力状态，它们产生数值相同一负一正的孔隙水压力，相互抵消。所以在该应力状态的分解中，自然取图 7.6（a）、（b）和（c）为产生孔隙水压力的应力体系，它等效于一点的三向应力增量状态，这样图 7.6（a）可类似看作三轴压缩，应力状态为 $\Delta\sigma_{23} = \dfrac{1}{2}(\Delta\sigma_2 + \Delta\sigma_3)$，故有

$$\Delta u' = B \frac{\Delta\sigma_2 + \Delta\sigma_3}{2} \tag{7.20}$$

对于图 7.6（b）、（c）分别有

$$\Delta u_{13} = A \frac{\Delta\sigma_1 - \Delta\sigma_3}{2}, \quad \Delta u_{12} = C \frac{\Delta\sigma_1 - \Delta\sigma_2}{2} \tag{7.21}$$

所以

$$\Delta u = \Delta u' + \Delta u_{13} + \Delta u_{12} = B \frac{\Delta\sigma_2 + \Delta\sigma_3}{2} + A \left[\frac{\Delta\sigma_1 - \Delta\sigma_3}{2} + b \left(\frac{\Delta\sigma_1 - \Delta\sigma_2}{2} \right) \right]$$

$$\tag{7.22}$$

当 $\sigma_2 + \Delta\sigma_2 \geqslant \dfrac{1}{2}(\sigma_1 + \Delta\sigma_1 + \sigma_3 + \Delta\sigma_3)$ 时，（$\sigma_2 + \Delta\sigma_2$）离（$\sigma_3 + \Delta\sigma_3$）远而靠近（$\sigma_1 - \Delta\sigma_1$），故可近似视为三轴伸长状态，这样图 7.5 应力增量状态可分解为图 7.7 的应力状态。

从图 7.7（b）、（c）、（d）可见，它们分别代表 $\Delta\tau_{13} = \dfrac{1}{2}(\Delta\sigma_1 - \Delta\sigma_3)$、$\Delta\tau_{23} = \dfrac{1}{2}(\Delta\sigma_2 - \Delta\sigma_3)$ 及 $\Delta\tau_{12} = \dfrac{1}{2}(\Delta\sigma_1 - \Delta\sigma_2)$ 三个主剪应力增量的作用。同理，图 7.7（d）产生的孔隙

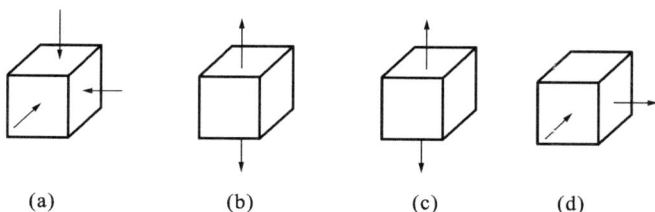

(a)   (b)   (c)   (d)

图 7.7 三轴伸长状态[当 $\sigma_2 + \Delta\sigma_2 \geqslant \dfrac{1}{2}(\sigma_1 + \Delta\sigma_1 + \sigma_3 + \Delta\sigma_3)$ 时]

(a)$\Delta\sigma_{12}$;(b)$\Delta\tau_{13}$;(c)$\Delta\tau_{23}$;(d)$\Delta\tau_{12}$

水压力相互抵消。所以在该应力增量状态的分解中,自然取图 7.7(a)、(b)和(c)为产生孔隙水压力的应力体系,它等效于一点的三向应力增量状态。这样由图 7.7(a)有

$$\Delta u' = B\,\frac{\Delta\sigma_1 + \Delta\sigma_2}{2} \tag{7.23}$$

对于图 7.7(b)、(c)分别有

$$\Delta u_{13} = -A'\left(\frac{\Delta\sigma_1 + \Delta\sigma_3}{2}\right) \tag{7.24}$$

$$\Delta u_{23} = -C'\left(\frac{\Delta\sigma_2 + \Delta\sigma_3}{2}\right) \tag{7.25}$$

所以

$$\Delta u = \Delta u' + \Delta u_{13} + \Delta u_{23} = B\,\frac{\Delta\sigma_2 + \Delta\sigma_3}{2} - A'\left[\frac{\Delta\sigma_1 - \Delta\sigma_3}{2} + b'\left(\frac{\Delta\sigma_2 - \Delta\sigma_3}{2}\right)\right] \tag{7.26}$$

在三轴伸长应力状态时,$\Delta\sigma_1 = \Delta\sigma_2$,上式简化为

$$\Delta u = B\Delta\sigma_1 - \frac{A'(1 + b')(\Delta\sigma_1 - \Delta\sigma_3)}{2} \tag{7.27}$$

其中,等号右侧第一项 $B\Delta\sigma_1$ 表示在 σ_1 围压上增加 $\Delta\sigma_1$ 可产生的孔隙水压力;第二项表示增加 $\Delta\sigma_1$ 后,在一个方向上卸荷 $\Delta\sigma_1$ 而消除的孔隙水压力为 $A'(1+b')(\Delta\sigma_1 - \Delta\sigma_3)/2$,所以系数 A' 前为负号。以前的 Skempton 方程不能反映这种变化规律。

由上可见,统一强度孔隙水压力方程式(7.15a)或式(7.15b)的等号右侧第二项正是双剪应力增量($\Delta\tau_{13} + b\Delta\tau_{12}$)或($\Delta\tau_{13} + b\Delta\tau_{23}$)所产生的孔隙水压。因此,真三轴应力状态时,若考虑中间主应力增量产生同等的孔隙水压力(即 $b=1$),则正好是一点的双剪应力增量,物理概念明确,是通过严格的理论推导得出的。由于这一孔隙水压力方程的双剪应力增量及双剪统一强度参数概念和关系,我们称其为(双剪)统一强度孔隙水压力方程。

用常规三轴压缩试验测定统一强度孔隙水压力方程的孔隙水压力系数,与 Skempton 单剪孔隙水压力方程一样。对于饱和土来讲,$E=1$(干土时 $B=0$),此

时 $A = \dfrac{\Delta u - \Delta\sigma_3}{\Delta\sigma_1 - \Delta\sigma_3} \cdot \dfrac{2}{1+b}$；若以三轴伸长试验测定，则应力状态应由式(7.19)测

出，$A' = \dfrac{\Delta\sigma_3 - \Delta u}{\Delta\sigma_1 - \Delta\sigma_3} \cdot \dfrac{2}{1+b'}$。当然，若采用真三轴应力状态测定，则更能反映真实

情形，此时系数 A、B 本身也反映了真三轴的内涵。

图 7.8 和图 7.9 为 $\Delta\sigma_2$ 从 $\Delta\sigma_3 \to \Delta\sigma_1$ 的过程中，三种方程计算的孔隙水压力 Δu 变化曲线。

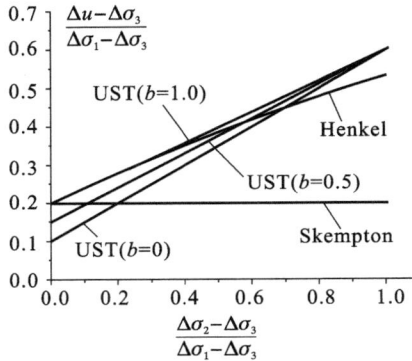

图 7.8　$A=0.2$ 时统一强度孔隙水压力 Δu 变化曲线

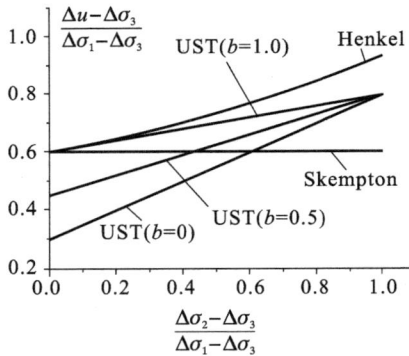

图 7.9　$A=0.6$ 时统一强度孔隙水压力 Δu 变化曲线

从图中可以看出，当 b 从 0 变化至 1 时，若 $\Delta\sigma_2$ 靠近 $\Delta\sigma_3$，则孔隙水压力差别较大，且 b 值越大，孔隙水压力越大；若 $\Delta\sigma_2$ 靠近 $\Delta\sigma_1$，则孔隙水压力基本不随 b 值的变化而变化。

从图中还可以看出，统一强度孔隙水压力方程由一系列有序排列的孔隙水压力方程所组成。当 $b=1$ 时，统一强度孔隙水压力方程变为双剪孔隙水压力方程；当 A 较小（$A=0.2$）时，双剪孔隙水压力方程（$b=1$）较接近于 Henkel 孔隙水压力方程；当

A 增大($A=0.6$)时,双剪孔隙水压力方程($b=1$)逐渐接近 Skempton 单剪孔隙水压力方程,并介于 Henkel 孔隙水压力方程与 Skempton 单剪孔隙水压力方程之间。

7.6　统一强度孔隙水压力方程的应用

有了上述统一强度孔隙水压力方程,就可用于沉降分析。地基土受到附加应力后,变形并不像在低固结度中简单地沿一个垂直方向压缩,侧向变形对固结沉降的影响甚大,特别是当地基中黏性土层的厚度超过基础面积的尺寸时,这种影响更大。因此,固结变形计算应充分考虑水平侧向变形的影响。Skempton 曾利用他导出的孔隙水压力方程采取半经验的方法解决此问题。本节仅讨论土体固结变形情况。

我们以一个条形受载基础下中心处固结沉降问题为例,讨论四种孔隙水压力方程分别计算固结变形的差别。其受力情况如图 7.10 所示。

对于这一问题,分别用 Skempton 单剪孔隙水压力方程、Henkel 三剪孔隙水压力方程和双剪孔隙水压力方程及统一强度孔隙水压力方程进行计算,得出结果如下[24,25]。

(1)对于饱和土来讲,$B=1$,按照 Skempton 方程有

$$\Delta u = \Delta\sigma_1 \left[A + \frac{\Delta\sigma_3}{\Delta\sigma_1}(1-A) \right] \quad (7.28)$$

图 7.10　三维固结变形计算

设 m_v 是土的体积压缩系数,即单位体积土体在单位力作用下的竖向压缩量,对于厚 H 的土层,固结变形的压缩量可近似地按下式计算:

$$S_c^1 = \int_0^H m_v \cdot \Delta u \, dz = \int_0^H m_v \Delta\sigma_1 \left[A + \frac{\Delta\sigma_3}{\Delta\sigma_1}(1-A) \right] dz \quad (7.29)$$

而固结仪中单向压缩的固结变形为:

$$S_c = \int_0^H m_v \cdot \Delta\sigma_1 \, dz \quad (7.30)$$

设 C_ρ 代表这两个固结变形沉降比,则:

$$C_\rho = \frac{S_c^1}{S_c} = \frac{\int_0^H m_v \Delta\sigma_1 \left[A + \frac{\Delta\sigma_3}{\Delta\sigma_1}(1-A) \right] dz}{\int_0^H m_v \cdot \Delta\sigma_1 \, dz} \quad (7.31)$$

对于某一指定土层来说,m_v 和 A 是常数,所以

$$C_\rho = A + a(1-A) \quad (7.32)$$

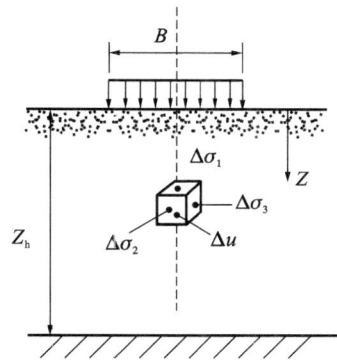

其中，$a = \dfrac{\int_0^H \Delta\sigma_3 \, \mathrm{d}z}{\int_0^H \Delta\sigma_1 \, \mathrm{d}z}$，大小视荷载面积的形状及土厚度 H 而定。

(2)按 Henkel 方程时，$\Delta\sigma_2 = \dfrac{1}{2}(\Delta\sigma_1 + \Delta\sigma_3)$，代入式(7.7)有：

$$\Delta u = \Delta\sigma_3 + \left[\frac{\sqrt{3}}{2}\left(A - \frac{1}{3}\right) + \frac{1}{2}\right](\Delta\sigma_1 - \Delta\sigma_3) \tag{7.33}$$

固结变形沉降比为：

$$C_\rho = \frac{\sqrt{3}}{2}\left(A - \frac{1}{3}\right) + \frac{1}{2} + a\left[\frac{1}{2} - \frac{\sqrt{3}}{2}\left(A - \frac{1}{3}\right)\right] \tag{7.34}$$

(3)按双剪孔隙水压力方程也可推出相应的固结沉降比。由式(7.9)可得：

$$\Delta u = \Delta\sigma_1\left[A + \frac{\Delta\sigma_2 + \Delta\sigma_3}{2\Delta\sigma_1}(1 - A)\right] \tag{7.35}$$

将 $\Delta\sigma_2 = \dfrac{1}{2}(\Delta\sigma_1 + \Delta\sigma_3)$ 代入，其固结变形压缩量为：

$$S_c^1 = \int_0^H m_v \Delta\sigma_1\left[A + \frac{\Delta\sigma_1 + 3\Delta\sigma_3}{4\Delta\sigma_1}(1 - A)\right]\mathrm{d}z \tag{7.36}$$

所以，固结变形沉降比为

$$C_\rho = A + \frac{1}{4}(1 + 3a)(1 - A) \tag{7.37}$$

(4)按统一强度孔隙水压力方程可得到相应的固结沉降比。由方程式(7.15)可得：

$$\Delta u = \Delta\sigma_1\left[A\frac{1 + b}{2} + \frac{\Delta\sigma_2 + \Delta\sigma_3}{2\Delta\sigma_1}(1 - A) - A(b - 1)\frac{\Delta\sigma_2}{2\Delta\sigma_1}\right] \tag{7.38}$$

将 $\Delta\sigma_2 = \dfrac{1}{2}(\Delta\sigma_1 + \Delta\sigma_3)$ 代入上式，其固结变形压缩量为：

$$S_c^1 = \int_0^H m_v \Delta\sigma_1\left[A\frac{1 + b}{2} + \frac{\Delta\sigma_2 + \Delta\sigma_3}{2Ds_1}(1 - A) - A(b - 1)\frac{\Delta\sigma_2}{2\Delta\sigma_1}\right]\mathrm{d}z \tag{7.39}$$

所以，固结变形沉降比为：

$$C_\rho = \frac{1 + b}{2}A + \frac{1}{4}(1 + 3a)(1 - A) - \frac{1}{4}A(b - 1)(1 + a) \tag{7.40}$$

图 7.11 所示为不同 a 值时各种结果的变化曲线。统一强度孔隙水压力方程随着 b 值的变化而变化，当 b 从 0 变为 1，A 值较小时，固结沉降比较为接近，A 值较大时，固结沉降比相差也越来越大；当 $b=1$ 时，统一强度孔隙水压力方程为双剪孔隙水压力方程。而双剪孔隙水压力方程介于 Skempton 单剪孔隙水压力方程和 Henkel 孔隙水压力方程之间，A 值较小时接近 Henkel 孔隙水压力方程，A 值较大时接近 Skempton 单剪孔隙水压力方程。

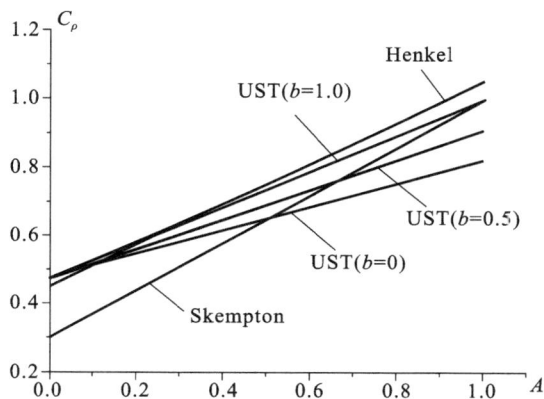

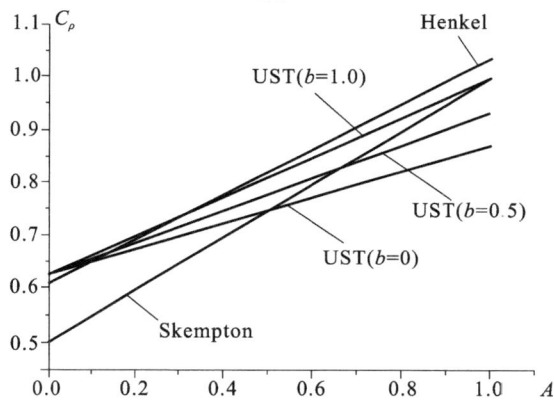

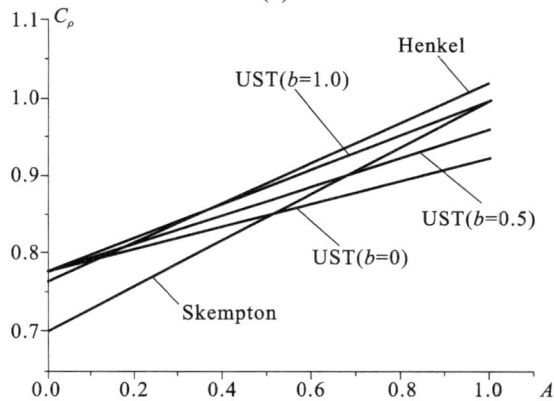

图 7.11 四种方程计算的固结沉降比

(a)$a=0.3$;(b)$a=0.5$;(c)$a=0.7$

7.7 统一强度孔隙水压力方程分析

孔隙水压力是土力学中的一个重要概念。Skempton 单剪孔隙压力方程式(7.6)为

$$\Delta u = B[\Delta\sigma_3 + A(\Delta\sigma_1 - \Delta\sigma_3)]$$

式中，B、A 为孔隙水压力系数。对饱和土而言，因为 $B=1$，上式可简化为

$$\Delta u = \Delta\sigma_3 + A(\Delta\sigma_1 - \Delta\sigma_3)$$

根据这一孔隙水压力方程，如果知道了土体中任一点的大、小主应力变化，就要以根据孔隙水压力系数计算相应的孔隙水压力。

一些黏土类的土在饱和状态下($B=1$)破坏时的孔隙压力系数 A 值如表 7.1 所示。

式(7.6)和式(7.16)明显的不足是没有考虑中间主应力 $\Delta\sigma_2$ 的变化对孔隙压力的影响。Henkel 认为，利用三轴试验确定孔隙压力系数，应该考虑中间主应力的影响。此外，根据试验资料[11]，对两种加拿大 Leda 软黏土进行三轴压缩试验和三轴伸长试验，得出相应结果，软黏土的孔隙压力系数 A_f 值如表 7.2 所示[1]。

表 7.1　　　　　　　　　　饱和黏土破坏时的 **A 值**

序号	土类	A 值
1	高灵敏黏土	0.75～1.5
2	正常固结黏土	0.5～1.0
3	压实砂质黏土	0.25～0.75
4	弱超固结黏土	0～0.5
5	压实黏质砾石	$-0.25～0.25$
6	强超固结黏土	$-0.25～0$

表 7.2　　　　　　　　　　**Leda 软黏土的 A_f 值**

土种类及试验类别		侧压力系数 K_0	τ_{max}/kPa	A_f 值
Kars 黏土	三轴压缩(轴压)	0.75	52.2	0.39
	三轴伸长(侧压)	0.75	35.6	0.73
	三轴伸长(轴伸)	0.75	35.2	0.73
Gloucestr 黏土	三轴压缩(轴压)	0.80	48.9	0.40
	三轴伸长(侧压)	0.80	35.2	0.80
	三轴伸长(轴伸)	0.80	35.7	0.80

从表 7.2 的结果可知,三轴伸长试验测得的 A_f 值恰为三轴压缩试验的 A_f 值的 2 倍。这些也是式(7.6)和式(7.16)所不能解释的。

统一强度孔隙水压力方程的完整表达式为:

$$\Delta u = B[\Delta\sigma_{23} + A(\Delta\tau_{13} + b\Delta\tau_{12})], \quad 当 \tau_{12} + \Delta\tau_{12} \geqslant \tau_{23} + \Delta\tau_{23} 时 \quad (7.41a)$$

$$\Delta u = B[\Delta\sigma_{12} - A'(\Delta\tau_{13} + b\Delta\tau_{23})], \quad 当 \tau_{12} + \Delta\tau_{12} \leqslant \tau_{23} + \Delta\tau_{23} 时 \quad (7.41b)$$

写成主应力形式时,有

$$\Delta u = B\left[\frac{\Delta\sigma_2 + \Delta\sigma_3}{2} + A\left(\frac{\Delta\sigma_1 - \Delta\sigma_3}{2} + b\frac{\Delta\sigma_1 - \Delta\sigma_2}{2}\right)\right]$$

$$\left[当 \sigma_2 + \Delta\sigma_2 \leqslant \frac{1}{2}(\sigma_1 + \Delta\sigma_1 + \sigma_3 + \Delta\sigma_3) 时\right] \quad (7.42a)$$

$$\Delta u = B\left[\frac{\Delta\sigma_2 + \Delta\sigma_1}{2} - A'\left(\frac{\Delta\sigma_1 - \Delta\sigma_3}{2} + b\frac{\Delta\sigma_2 - \Delta\sigma_3}{2}\right)\right]$$

$$\left[当 \sigma_2 + \Delta\sigma_2 \geqslant \frac{1}{2}(\sigma_1 + \Delta\sigma_1 + \sigma_3 + \Delta\sigma_3) 时\right] \quad (7.42b)$$

统一强度孔隙水压力方程考虑了中间主应力的变化对孔隙水压力的影响,同时可以说明三轴压缩与三轴伸长试验所得出的不同结果(表 7.2)。这一情况与单剪强度理论(莫尔-库仑强度理论)和双剪强度理论两者的优缺点比较是相同的。事实上,Skempton 的孔隙水压力方程式(7.6)可写为

$$\Delta u = B(\Delta\sigma_3 + A'\Delta\tau_{13}) \quad (7.43)$$

它是单剪孔隙水压力方程,最近的研究表明[10],应力角 θ 的变化对孔隙水压力的规律有显著影响,因而八面体剪应力孔隙水压力方程或 Henkel 三剪孔隙水压力方程不能反映这一现象。

7.8 临界孔隙水压力

土体开始破坏时的孔隙水压力称为临界孔隙水压力。当土体某点的孔隙水压力达到临界孔隙水压力时,破坏面上的剪应力即为土体的抗剪强度。文献[16]把临界孔隙水压力作为判断土体破坏的一个界限值,用来研究地基稳定性。由于孔隙水压力是各向同性的,可以实际测定,因此这一方法有很大实用意义,可用来探讨地基塑性区的开展规律,并在施工过程监控地基稳定性[26]。

根据临界孔隙水压力的概念,用地基中某点的实测孔隙水压力 u_t 以及同一点的静水压力和前期荷载未消散的孔隙水压力与该荷载加载方式所产生的临界孔隙水压力 u_f 之比来定义地基任一点的安全度,即按临界孔隙水压力定义的安全度 $F_u^{[26]}$ 为:

$$F_u = \frac{u_f}{u_t} \tag{7.44}$$

相应地,地基中某点的稳定条件为:

(1)$u_t = u_f$,$F_u = 1$,地基中该点处于极限平衡状态;

(2)$u_t < u_f$,$F_u > 1$,地基中该点处于静力平衡状态;

(3)$u_t < u_f$,$F_u < 1$,地基中该点处于破坏状态。

以上的安全度分析是指某一点的破坏状态分析,当荷载增量较大时,塑性区的范围增大,反之则减小或不存在。

孔隙水压力和有效应力原理还有很多其他内容,可以进一步推广应用。此外,还有很多新的内容需要进一步研究和探讨。

参考文献

[1] Skempton A W. The pore pressure coefficient A and B. Geotechnique,1954,4(3): 143-147.

[2] Skempton A W. The consolidation of clays by gravitational compaction. Quarterly Journal of the Geological Society of London,1970,125(3):373-411.

[3] Skempton A W,Bjerrum L. A contribution to the settlement analysis of foundation on clay. Geotechnique,1957,7(4):168-178.

[4] Scott R E. Principles of Soil Mechanics. New Jersey:Addison-Wesley,1963.

[5] Budhu M. Soil mechanics and foundations. 2nd ed. New York:John Wiley&Sons, Inc.,2007.

[6] Craig R F. Soil mechanics. 2nd ed. New York:Van Nostrand Reinhold Co.,1978.

[7] Craig R F. Craig's soil mechanics. 7th ed. Flordia:CRC Press,2004.

[8] Das B M. Principles of Geotechnical Engineering. Brooks-Cole,Thomson-Learning,California,2002.

[9] Das B M. Advanced Soil Mechanics. 3rd ed. New York:Taylor and Francis,2008.

[10] 黄文熙. 土的工程性质. 北京:水利电力出版社,1983.

[11] 曾国熙. 正常固结饱和黏土不排水剪切的归一化性状//中国水利学会岩土力学专业委员会. 软土地基学术讨论会论文选集. 北京:水利出版社,1980:13-26.

[12] 曾国熙,顾尧章,徐少曼. 饱和黏性土地基的孔隙压力. 浙江大学学报:工学版,1964(1):103-122.

[13] Yu Maohong. Twin shear stress yield criterion. International Journal Mechanics Science,1983,25(1):71-74.

[14] 李广信. 土的三维本构关系的探讨与模型检证. 北京:清华大学,1985.

[15] Law K T, Holtz R D. A note on Skempton's a parameter with rotation of principal stresses. Geotechnique, 1978, 28(1): 57-64.

[16] 王铁儒, 陈龙珠, 李明逵. 正常固结饱和黏性土孔隙水压力性状的研究. 岩土工程学报, 1987, 9(4): 23-26.

[17] 李广信. 土在 π 平面上的屈服轨迹及其对孔隙压力的影响 // 王自强. 塑性力学和细观力学文集. 北京: 北京大学出版社, 1993.

[18] 钱寿易, 符圣聪. 正常固结饱和黏土的孔隙水压力. 岩土工程学报, 1988, 10(1): 1-7.

[19] 俞茂宏. 双剪理论及其应用. 北京: 科学出版社, 1998.

[20] Yu Maohong. Unified strength theory and its applications. Berlin: Springer, 2004.

[21] Yu Maohong, Li Yueming. The basic ideas of twin shear stress strength theory and its system. Advances in Plasticity, Pergamon Press, 1987: 43-46.

[22] 李跃明. 双剪应力理论在若干土工问题中的应用. 杭州: 浙江大学, 1990.

[23] Yu Maohong, Li Jianchun. Computational plasticity: with emphasis on the application of the unified strength theory. Berlin: Springer and ZJU Press, 2012.

[24] 王维江, 王铁儒. 一种地基稳定控制的新方法——临界孔隙水压方法 // 朱向荣. 首届全国岩土力学与工程青年工作学术讨论会论文集: 岩土力学与工程的理论与实践. 杭州: 浙江大学出版社, 1992.

[25] Bjerrum L, Skempton A W. A contribution to settlement analysis of foundations in clay. Geotechnique, 1957, 7(4): 168-178.

[26] 李锦坤, 张清慧. 应力劳台角对孔隙压力发展的影响. 岩土工程学报, 1994, 16(4): 17-23.

阅读参考材料

太沙基(Karl Terzaghi,1883—1963),土力学之父,维也纳工业大学和哈佛大学教授。Terzaghi 在许多方面对土力学做出了重要贡献,特别是在土的固结理论、有效应力原理、基础工程的设计与施工及围堰分析和滑坡机制等方面做出了奠基性的工作。不仅如此,Terzaghi 对他所从事专业的处理工程问题的方式是另一个重要的贡献,这是他对岩土工程师所一直教导和阐释的。1938 年德国占领奥地利后,Terzaghi 前往美国,并在哈佛大学任教,直到 1963 年去世。

保罗·菲林格(Paul Fillunger,1883—1937)出生于维也纳,奥地利科学家,1908 年获博士学位,之后在维也纳工业大学教数学、机械学和力学。菲林格率先进行饱和土的研究,并于 1913 年发表了一篇著名的文章。他发现了有效应力和总应力力学行为的差异,为进一步研究开辟了道路。他提出了混合物理论,被认为是液体饱和多孔固体理论的先驱。

太沙基(Karl Terzaghi,1883—1963)
维也纳工业大学教授

保罗·菲林格(Paul Fillunger,1883—1937)
维也纳工业大学教授

菲林格的理论使他与太沙基发生激烈的冲突。1937 年,菲林格被大学指控为诽谤。菲林格同时也意识到,他的指控已经走了太远,然后菲林格自杀,他的妻子 Margartehe Gregorowitsch(1882—1937)与其一起结束了自己的生命。在一封告别信中,他承认了自己判断的错误。1996 年,德国 Essen 大学教授、著名力学家 Reint de Boer 在《应用力学评论》发表关于这段悲剧历史的长达 60 页的评论文章 "*Highlights in the historical development of the porous media theory:Toward a consistent macroscope theory*"。2005 年,世界著名科技出版集团 Springer 出版了 Reint de Boer 研究这段历史的专门著作——*Engineer and the Scandal:A Piece of Science History*。

2008 年,中国岩石力学与工程学会理事长、国际岩石力学与工程学会副理事长、解放军总参谋部科技委主任钱七虎先生在同济大学第一届孙钧先生讲座中指出:"单剪理论的进一步发展为双剪理论,而双剪理论的进一步发展为统一强度理论。单剪、双剪理论以及介于二者之间的其他破坏准则都是统一强度理论的特例或线性逼近。因此可以说,统一强度理论在强度理论的发展史上具有突出的贡献。"

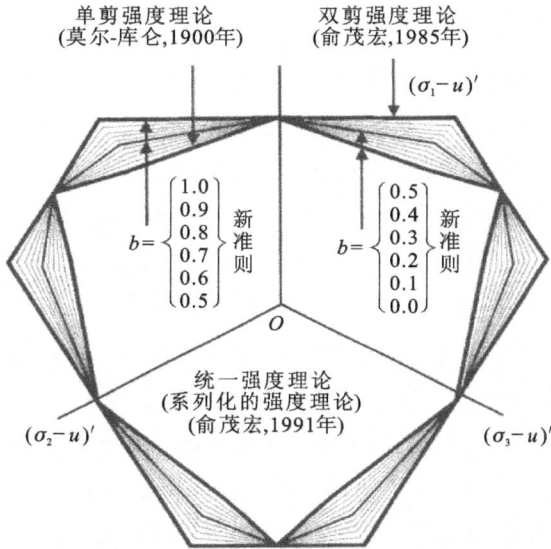

有效应力统一强度理论在主应力空间偏平面的极限迹线

　　现代研究表明,莫尔-库仑强度理论是所有可能的强度理论的内边界(下限);俞茂宏在 1991 年提出的双剪强度理论,是所有可能的强度理论的外边界(上限);而三剪类准则介于上、下限之间。

　　1998 年,俞茂宏将双剪强度理论推广应用于有效应力强度理论。2004 年,俞茂宏又进一步将统一强度理论推广应用于有效应力统一强度理论。上图为有效应力统一强度理论在主应力空间偏平面的极限迹线,它覆盖了从内边界到外边界的全部区域。

8 饱和土和非饱和土有效应力统一强度理论

8.1 概　述

土力学中的有效应力与土体孔隙中的流体压力有关。在这一章,我们将进一步把统一强度理论推广应用于土力学,建立有效应力统一强度理论。

20 世纪初期发展起来的有效应力原理,现在已成为土力学的重要部分,并被看作是现代土力学的核心。有效应力原理也成为饱和多孔介质力学的一个重要力学效应[1-6]。有效应力原理是经过很多学者多年不断的研究而逐步形成的。

早在 19 世纪,英国著名地质学家 Charles Lyell 爵士、Boussvnest 和 Roynolds 分别于 1871 年、1876 年和 1886 年就已对有效应力的概念进行过初步探讨。德国著名科学家 Voigt W(1850—1991)在 1894 年和 1899 年用盐试样做不同水压力下的试验,得出了一个有趣的结论:盐试样的拉伸强度与静水压力无关。德国 Foppl A(1854—1924)于 1900 年和 Rudeloff 于 1912 年都对有效应力问题进行过实验研究。更多的研究由维也纳工业大学教授 Fillunger 于 1913—1915 年给出。他在装有水的实验装置中对普通水泥和矿渣水泥在不同水压力的情况下进行了试验。Fillunger(1913 年)指出:"液体渗透进石坝结构的压力在材料内部产生了一个压力,这个压力在所有方向相等。"这就是现在孔隙水压力的最早描述。接着他又给出了关于土的有效应力强度的更加准确的论述:"可以假设均匀的内压不会引起材料强度大幅度降低"。这是孔隙水压力不会对多孔固体强度产生任何影响的概念的第一个阐述。Fillunger 于 1915 年通过实验再次得出结论,认为:"拉伸强度不随水压的变化而变化""孔隙水压对多孔固体的材料性质完全不产生任何影响"。Bell(1915 年)和 Westerherg(1921 年)的实验也表明:在增加外部压力的情况下,饱和黏土的强度没有增加。

Terzaghi 于 1923 年最先使用了方程 $\sigma' = \sigma - u$,并在 1936 年第一届国际土力学和基础工程大会上,Terzaghi 通俗易懂地阐述了这一原理。他说:"在土的一个截面上,任何一点的应力,可根据作用在这点上的总主应力 σ_1、σ_2、σ_3 计算得到。如果土的孔隙中充满了水,并作用有一应力 u,则总主应力由两部分组成。一部分是 u,以各个方向相等的强度作用于水和固体,这一部分称作孔隙水压力;另一部分为总主应力 σ 和孔隙水压力 u 之差,即 $\sigma'_1 = \sigma_1 - u$,$\sigma'_2 = \sigma_2 - u$,$\sigma'_3 = \sigma_3 - u$,它只是在土的固相中发生作用,总主应力的这一部分称作有效主应力(改变孔隙水压力实际上并不产生体积变化,孔隙水压力实际上与在应力条件下土体产生破裂无关)。多孔材料(如砂、黏土和混凝土)对 u 所产生的反应似乎是不可压缩的,好像内摩擦等于零。改变应力所能测到的结果,诸如压缩、变形和剪切阻力的变化,仅仅是由有效应力 σ'_1、σ'_2 和 σ'_3 的变化而引起的。因此,对饱和土体稳定性的研究需要具备总应力和孔隙水压力的知识。"

有效应力原理主要包含下述两点:

(1)作用于土体上的总应力是有效应力和孔隙水压力之和,即

$$\sigma = \sigma' + u_w \tag{8.1}$$

(2)土体的强度和变形性质只取决于其有效应力,而孔隙水压力对于这些性质并无影响。

由于无法直接测定有效应力,因此,只有知道了孔隙水压力,才能通过式(8.1)算出有效应力。准确地确定孔隙压力成为应用和推广有效应力原理的关键。Shempton 和 Bishop 根据三轴试验中实测的孔隙水压力与应力变化的关系而提出孔隙压力系数 A 和 B 以后,有效应力原理才开始在实际工程上获得日益广泛的应用。很多有关土和岩石的性质,都可以找出与之相应的有效应力定律或关系。

有效应力原理的实质是有效应力控制了土体的体积变化和强度。有效应力原理对于土体特别是饱和土体来说基本上是正确的。孔隙介质中的总应力等于有效应力加孔隙压力,它们之间的关系为 $\sigma = u_w + \sigma'$(有时简写为 $\sigma = u + \sigma'$),如图 8.1 所示。

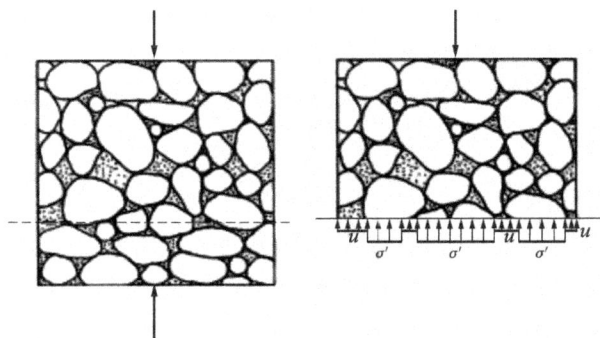

图 8.1　有效应力和孔隙压力示意图

(注:u 表示孔隙压力,σ' 表示有效应力。)

Terzaghi 提出的饱和土的有效应力公式为:

$$\sigma' = \sigma - u_w \tag{8.2}$$

1955 年 Bishop 提出非饱和土中的有效应力公式为:

$$\sigma' = \sigma - [u_a - \chi(u_a - u_w)] \tag{8.3}$$

式中，u_a 为孔隙中的空气压力，简称孔隙气压力；u_w 为孔隙水压力；χ 为与饱和度有关的参数，对于饱和土，$\chi=1$，对于干土，$\chi=0$。

在有效应力方程的各项中，一般只有总应力 σ 可直接测得。孔隙压力可以通过粒间区之外的一点测得。有效应力是一个推导出来的量，在工程中往往用粒间应力的概念来说明有效应力（在土力学文献中，有效应力和粒间应力这两个名词往往通用）。有效应力原理中，孔隙压力是一个重要的概念，我们已在第 7 章讨论了土体中的孔隙水压力方程以及相应的孔隙水压力统一强度理论方程。

俞茂宏于 1998 年提出双剪有效应力强度理论[7,8]，2004 年推广为有效应力统一强度理论，2011 年和 2012 年将有效应力统一强度理论写入《强度理论新体系：理论、发展和应用》[9] 和《双剪土力学》[10]。有效应力强度理论从单剪有效应力强度理论发展到三剪和双剪有效应力强度理论，再从双剪有效应力强度理论发展为有效应力统一强度理论，这是长期研究的自然发展的结果。

8.2 单剪、三剪和双剪有效应力强度理论

关于岩石的强度、脆性破裂、摩擦滑动等问题的研究表明，孔隙水压力 u 的变化对剪应力分量没有影响（孔隙水压力实质上为静水压力），对于正应力（或主应力）可写成十分简单的关系式：

$$\sigma_{ij} = \sigma_{ij} - u \tag{8.4}$$

或

$$\sigma'_1 = \sigma_1 - u, \quad \sigma'_2 = \sigma_2 - u, \quad \sigma'_3 = \sigma_3 - u \tag{8.5}$$

因此，土体在复杂应力作用下的三个主应力可以分别用 σ'_1、σ'_2、σ'_3 来表示，并可以建立相应的有效应力强度理论。

8.2.1 单剪有效应力强度理论

关于岩石和黏性土的单剪强度理论（莫尔-库仑强度理论），可推广为单剪有效应力强度理论，即

$$\tau = C' + (\sigma - u)\tan\varphi' \tag{8.6}$$

式中，C' 为用有效应力定义的黏聚力，φ' 为有效应力摩擦角。如写成主应力形式，则为

$$m\sigma'_1 - \sigma'_3 = \sigma'_c \tag{8.7}$$

$$m(\sigma_1 - u) - (\sigma_3 - u) = \sigma'_c \tag{8.8}$$

式中，m 为材料的压拉强度比，且 $m = \sigma_c/\sigma_t$。

单剪有效应力强度理论没有考虑中间主应力或相应的中间有效主应力 $\sigma'_2(\sigma'_2 = \sigma_2 - u)$ 的作用。Bishop、Henkel 以及 Karman 和 Boker 等的实验都表明,有效应力强度理论与中间主应力有关[11-13]。

8.2.2　八面体剪切有效应力强度理论

曾国熙教授将单剪有效应力强度理论推广为八面体有效应力强度理论,即:

$$\sigma'_{\text{八面体剪切等效应力}} = \sigma'_t \tag{8.9}$$

8.2.3　双剪有效应力强度理论

对于 Terzaghi 的有效应力原理,俞茂宏于 1998 年提出双剪有效应力强度理论[7,8],它的表达式为:

$$F = (\sigma_1 - u)(1 + \sin\varphi') - \frac{1}{2}(\sigma_2 + \sigma_3 - 2u)(1 - \sin\varphi') = 2C'\cos\varphi' \tag{8.10a}$$

$$F' = \frac{1}{2}(\sigma_1 + \sigma_2 - 2u)(1 + \sin\varphi') - (\sigma_3 - u)(1 - \sin\varphi') = 2C'\cos\varphi' \tag{8.10b}$$

在以上两式中,F 和 F' 中以先达到 $2C'\cos\varphi'$ 者作为计算依据,它主要取决于应力状态和材料性质。

双剪有效应力强度理论也可写成如下形式:

$$m(\sigma_1 - u) - \frac{1}{2}(\sigma_2 + \sigma_3 - 2u) = \sigma'_c, \quad \text{当 } \sigma_2 \leqslant \frac{m\sigma_1 + \sigma_3}{1 + m} \text{ 时} \tag{8.11a}$$

$$\frac{m}{2}(\sigma_1 + \sigma_2 - 2u) - (\sigma_3 - u) = \sigma'_c, \quad \text{当 } \sigma_2 \geqslant \frac{m\sigma_1 + \sigma_3}{1 + m} \text{ 时} \tag{8.11b}$$

双剪有效应力强度理论可以像单剪有效应力原理一样,在岩石和土体的有关强度分析问题中得到应用,这是 Terzaghi 有效应力原理的一个推广应用。此外,魏汝龙提出一种综合性的饱和黏土抗剪强度理论,见文献[14]。

8.3　有效应力统一强度理论

1998 年俞茂宏将双剪强度理论推广到饱和土和非饱和土问题研究中,并且提出双剪有效应力强度理论[7,8]。俞茂宏根据双剪有效应力的实验结果,以及有效应力的正应力效应等建立数学建模方程式,推导得出主应力形式的统一强度理论为:

$$F = \sigma_1 - \frac{\alpha}{1+b}(b\,\sigma_2 + \sigma_3) = \sigma_t, \quad \text{当 } \sigma_2 \leqslant \frac{\sigma_1 + \alpha\,\sigma_3}{1+\alpha} \text{ 时} \qquad (8.12a)$$

$$F' = \frac{1}{1+b}(\sigma_1 + b\,\sigma_2) - \alpha\,\sigma_3 = \sigma_t, \quad \text{当 } \sigma_2 \geqslant \frac{\sigma_1 + \alpha\,\sigma_3}{1+\alpha} \text{ 时} \qquad (8.12b)$$

$$F'' = \sigma_1 = \sigma_t, \quad \text{当 } \sigma_1 > \sigma_2 > \sigma_3 > C \text{ 时} \qquad (8.12c)$$

2004 年俞茂宏又进一步将统一强度理论推广应用于土体在三维有效应力 σ'_1、σ'_2、σ'_3 作用下的强度问题,提出了有效应力统一强度理论,即:

$$F = (\sigma_1 - u) - \frac{\alpha}{1+b}\big[b(\sigma_2 - u) + (\sigma_3 - u)\big] = \sigma_t, \quad \text{当 } \sigma_2 \leqslant \frac{\sigma_1 + \alpha\sigma_3}{1+\alpha} \text{ 时}$$

$$(8.13a)$$

$$F' = \frac{1}{1+b}\big[(\sigma_1 - u) + b(\sigma_2 - u)\big] - \alpha(\sigma_3 - u) = \sigma_t, \quad \text{当 } \sigma_2 \geqslant \frac{\sigma_1 + \alpha\sigma_3}{1+\alpha} \text{ 时}$$

$$(8.13b)$$

式中,α 为材料拉压强度之比。

根据 Skempton 等的试验研究,土的剪切强度与有效压应力有关,并且呈线性关系[15-20]。Skempton 等对未扰动土和重塑土所得出的结果如图 8.2～图 8.4 所示。

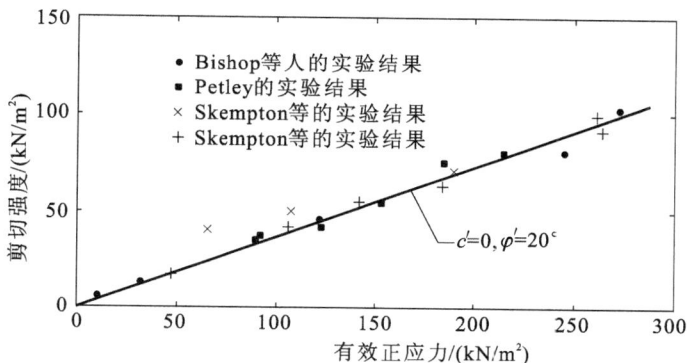

图 8.2　伦敦黏土的剪切强度与有效正应力的关系(Skempton)

由于单元体上同时存在三个剪应力 τ_{13}、τ_{12} 和 τ_{23},且有 $\tau_{13} = \tau_{12} + \tau_{23}$,三个剪应力 τ_{13}、τ_{12} 和 τ_{23} 中只有两个独立量。因此,我们取三个剪应力的两个较大剪应力 τ_{13}、τ_{12}(或 τ_{23})及其作用面上的正应力 σ_{13}、σ_{12}(或 σ_{23})进行有效应力强度理论的数学建模:

$$F = \tau_{13} + b\,\tau_{12} + \beta(\sigma'_{13} + b\,\sigma'_{12}) = C, \quad \text{当 } \tau_{12} + \beta\sigma'_{12} \geqslant \tau_{23} + \beta\sigma'_{23} \text{ 时} (8.14a)$$

$$F = \tau_{13} + b\,\tau_{23} + \beta(\sigma'_{13} + b\,\sigma'_{23}) = C, \quad \text{当 } \tau_{12} + \beta\sigma'_{12} \leqslant \tau_{23} + \beta\sigma'_{23} \text{ 时} (8.14b)$$

写成孔隙压力的形式为:

$$F = \tau_{13} + b\,\tau_{12} + \beta\big[(\sigma_{13} - u) + b(\sigma_{12} - u)\big] = C,$$

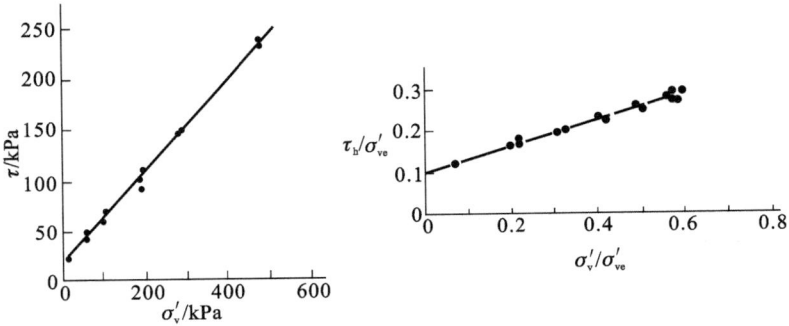

图 8.3　维也纳黏土的剪切强度与有效压应力的关系（Hvorslev）

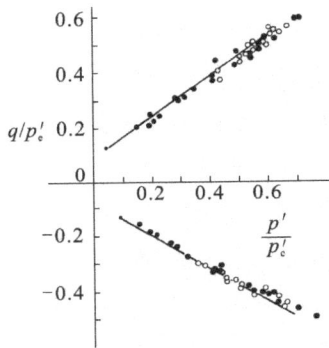

图 8.4　一种黏土的剪切强度与围压的关系（Parry）

$$\left[\text{当}\ \tau_{12} + \beta(\sigma_{12} - u) \geqslant \tau_{23} + \beta(\sigma_{23} - u)\ \text{时}\right] \tag{8.15a}$$

$$F' = \tau_{13} + b\,\tau_{23} + \beta\left[(\sigma_{13} - u) + b(\sigma_{23} - u)\right] = C,$$

$$\left[\text{当}\ \tau_{12} + \beta(\sigma_{12} - u) \leqslant \tau_{23} + \beta(\sigma_{23} - u)\ \text{时}\right] \tag{8.15b}$$

式中，b 为反映中间主剪应力作用的系数；β 为反映有效压应力对材料破坏的系数；C 为材料的强度参数；双剪应力 τ_{13}、τ_{12}（或 τ_{23}）及其作用面上的有效正应力 $\sigma_{13} - u$、$\sigma_{12} - u$ 或 $\sigma_{23} - u$ 分别等于：

$$\begin{cases} \tau_{13} = \dfrac{1}{2}(\sigma_1 - \sigma_3), & \sigma'_{13} = \sigma_{13} - u = \dfrac{1}{2}(\sigma_1 + \sigma_3 - 2u) \\[2mm] \tau_{12} = \dfrac{1}{2}(\sigma_1 - \sigma_2), & \sigma'_{12} = \sigma_{12} - u = \dfrac{1}{2}(\sigma_1 + \sigma_2 - 2u) \\[2mm] \tau_{23} = \dfrac{1}{2}(\sigma_2 - \sigma_3), & \sigma'_{23} = \sigma_{23} - u = \dfrac{1}{2}(\sigma_2 + \sigma_3 - 2u) \end{cases} \tag{8.16}$$

经过推导，我们可以得出有效应力统一强度理论如下：

$$F = m(\sigma_1 - u) - \frac{1}{1+b}[b\sigma_2 + \sigma_3 - u(1+b)] = \sigma_c', 当\ \sigma_2' \leqslant \frac{m\sigma_1' + \sigma_3'}{1+m}\ 时$$

$$(8.17a)$$

$$F' = \frac{m}{1-b}[\sigma_1 + b\sigma_2 - u(1+b)] - (\sigma_3 - u) = \sigma_c', 当\ \sigma_2' \geqslant \frac{m\sigma_1' + \sigma_3'}{1+m}\ 时$$

$$(8.17b)$$

式中,m 为材料的压拉强度比,且 $m = \dfrac{\sigma_c}{\sigma_t}$。进一步整理可得:

$$F = m\sigma_1' - \frac{1}{1+b}(b\sigma_2' + \sigma_3') = \sigma_c', \qquad 当\ \sigma_2' \leqslant \frac{m\sigma_1' + \sigma_3'}{1+m}\ 时 \quad (8.18a)$$

$$F' = \frac{m}{1+b}(\sigma_1' + b\sigma_2') - \sigma_3' = \sigma_c', \qquad 当\ \sigma_2' \geqslant \frac{m\sigma_1' + \sigma_3'}{1+m}\ 时 \quad (8.18b)$$

有效应力统一强度理论式(8.17)具有普遍性的意义,它包含了一系列有效应力统一强度理论,可以适用于不同性质的材料。显然,当有效应力统一强度理论式(8.18)中的 $b=0$ 时,它退化为单剪有效应力强度理论[式(8.7)];当 $b=1$ 时,有效应力统一强度理论即退化为双剪有效应力强度理论[式(8.10)];而在 $0 < b < 1$ 的变化范围内,从有效应力统一强度理论可以推导得出一系列新的有效应力强度公式。

在实际工程中,土体的材料参数常常采用黏聚力系数 C 和摩擦角 φ ,这时有效应力统一强度理论可以写为:

$$F = (\sigma_1 - u)(1 + \sin\varphi') - \frac{1}{1+b}[b(\sigma_2 - u) + (\sigma_3 - u)](1 - \sin\varphi') = 2C'\cos\varphi'$$

$$\left[当\ \sigma_2 - u \leqslant \frac{1}{2}(\sigma_1 + \sigma_3 - 2u) + \frac{\sin\varphi'}{2}(\sigma_1 - \sigma_3)\ 时 \right] \quad (8.19a)$$

$$F' = \frac{1}{1+b}[(\sigma_1 - u) + b(\sigma_2 - u)](1 + \sin\varphi') - (\sigma_3 - u)(1 - \sin\varphi') = 2C'\cos\varphi'$$

$$\left[当\ \sigma_2 - u \geqslant \frac{1}{2}(\sigma_1 + \sigma_3 - 2u) + \frac{\sin\varphi'}{2}(\sigma_1 - \sigma_3)\ 时 \right] \quad (8.19b)$$

8.4　平面应变问题的有效应力统一强度理论

1997 年,俞茂宏将统一强度理论推广应用到平面应变问题当中,在《土木工程学报》提出了平面应变统一滑移线场理论[21],并在 1998 年的《双剪理论及其应用》中做了进一步阐述[7]。

平面应变统一滑移线场理论的主要思想是统一强度理论和一个简单的中间主应力 σ_2 公式,即 $\sigma_2 = m(\sigma_1 + \sigma_3)/2$。根据塑性力学平面应变滑移线场理论,可推导得出平面应变统一滑移线场理论的基本方程为:

$$R = \frac{2(1+b)C_0\cos\varphi_0}{2+b(1+\sin\varphi_0)} - \frac{b(1-m)+(2+b+bm)\sin\varphi_0}{2+b(1+\sin\varphi_0)}p \qquad (8.20)$$

式中，m 是平面应变问题的中间主应力参数，可以由理论或实验分析确定。一般情况下，$0<m\leqslant1$；当材料在弹性状态时，$m<1$；当材料在屈服和破坏状态时，$m\rightarrow1$，一般可取 $m=1$，即 $\sigma_2=m(\sigma_1+\sigma_3)/2=(\sigma_1+\sigma_3)/2$。对于剪缩材料，$m<1$；对于剪胀材料，$m>1$。

式(8.20)用主应力表述为

$$\sigma_1-\sigma_3 = \frac{4(1+b)C_0\cos\varphi_0}{2+b(1+\sin\varphi_0)} + \frac{b(1-m)+(2+b+bm)\sin\varphi_0}{2+b(1+\sin\varphi_0)}(\sigma_1+\sigma_3)$$

$$(8.21)$$

式(8.21)就是平面应变问题的统一强度理论表达式[9]。式(8.20)重新组合可写为

$$\frac{\sigma_1-\sigma_3}{2} = \frac{\sigma_1+\sigma_3}{2}\sin\varphi_{\text{UST}} + C_{\text{UST}}\cos\varphi_{\text{UST}} \qquad (8.22)$$

式中，φ_{UST} 为平面应变的统一摩擦角，C_{UST} 为统一黏聚力参数，它们分别等于：

$$\sin\varphi_{\text{UST}} = \frac{b(1-m)+(2+b+bm)\sin\varphi_0}{2+b(1+\sin\varphi_0)} \quad (m\neq1) \qquad (8.23a)$$

$$\sin\varphi_{\text{UST}} = \frac{2(1+b)\sin\varphi_0}{2+b(1+\sin\varphi_0)} \quad (m=1) \qquad (8.23b)$$

$$C_{\text{UST}} = \frac{2(1+b)C_0\cdot\cos\varphi_0}{2+b(1+\sin\varphi_0)} \cdot \frac{1}{\cos\varphi_{\text{UST}}} \qquad (8.23c)$$

统一黏聚力参数 C_{UST} 和统一摩擦角 φ_{UST} 与常规材料参数 C_0 和 φ_0 以及统一强度理论参数 b 的关系如图 8.5 和图 8.6 所示。

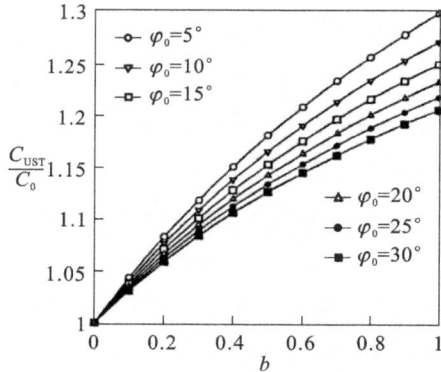

图 8.5　统一黏聚力参数 C_{UST} 与常规材料参数 C_0 以及统一强度理论参数 b 的关系

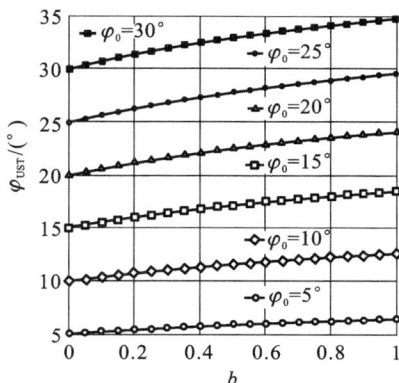

图 8.6 统一摩擦角 φ_{UST} 与常规材料参数 φ_0 以及统一强度理论参数 b 的关系

统一强度理论推广到平面应变问题的有效应力统一强度理论为

$$\frac{\sigma'_1 - \sigma'_3}{2} = \frac{\sigma'_1 + \sigma'_3}{2}\sin\varphi'_{UST} + C'_{UST}\cos\varphi'_{UST} \tag{8.24}$$

平面应变问题的有效应力统一强度理论也可以写成式(8.6)的单剪有效应力强度理论的形式 $[\tau = C' + (\sigma - u)\tan\varphi']$，即

$$\tau = C'_{UST} + (\sigma - u)\tan\varphi'_{UST} \tag{8.25}$$

式中，φ'_{UST} 为平面应变有效应力统一摩擦角，C'_{UST} 为有效应力统一黏聚力参数，它们分别等于：

$$\sin\varphi'_{UST} = \frac{b(1-m) + (2+b+bm)\sin\varphi'_0}{2 + b(1+\sin\varphi'_0)} \quad (m \neq 1) \tag{8.26a}$$

$$\sin\varphi'_{UST} = \frac{2(1+b)\sin\varphi'_0}{2 + b(1+\sin\varphi'_0)} \quad (m = 1) \tag{8.26b}$$

$$C'_{UST} = \frac{2(1+b)C'_0 \cdot \cos\varphi'_0}{2 + b(1+\sin\varphi'_0)} \cdot \frac{1}{\cos\varphi'_{UST}} \tag{8.26c}$$

平面应变问题的有效应力统一强度理论具有与单剪有效应力强度理论相似的形式，但是它通过统一强度理论参数 b 反映了中间主应力的影响，并且能够得出一系列有序变化的结果，可以为工程应用提供更多的比较、参考和选择。

8.5 有效应力统一强度理论对非饱和土的应用

对于非饱和土，有效应力统一强度理论仍然可以写为：

$$F = m\sigma'_1 - \frac{1}{1+b}(b\sigma'_2 + \sigma'_3) = \sigma'_c, \quad \sigma'_2 \leqslant \frac{m\sigma'_1 + \sigma'_3}{1+m} \text{ 时} \tag{8.27a}$$

$$F' = \frac{m}{1+b}(\sigma'_1 + b\sigma'_2) - \sigma'_3 = \sigma'_c, \quad \sigma'_2 \geqslant \frac{m\sigma'_1 + \sigma'_3}{1+m} \text{ 时} \quad (8.27b)$$

式中，m 为材料的压拉强度比，且 $m = \sigma_c/\sigma_t$。

采用黏聚力 C' 和摩擦角 φ' 表示的非饱和土有效应力统一强度理论为：

$$F = (\sigma_1 - u)(1 + \sin\varphi') - \frac{1}{1+b}[b(\sigma_2 - u) + (\sigma_3 - u)](1 - \sin\varphi') = 2C'\cos\varphi'$$

$$\left[\text{当 } \sigma_2 - u \leqslant \frac{1}{2}(\sigma_1 + \sigma_3 - 2u) + \frac{\sin\varphi'}{2}(\sigma_1 - \sigma_3) \text{ 时} \right] \quad (8.28a)$$

$$F' = \frac{1}{1+b}[(\sigma_1 - u) + b(\sigma_2 - u)](1 + \sin\varphi') - (\sigma_3 - u)(1 - \sin\varphi') = 2C'\cos\varphi'$$

$$\left[\text{当 } \sigma_2 - u \geqslant \frac{1}{2}(\sigma_1 + \sigma_3 - 2u) + \frac{\sin\varphi'}{2}(\sigma_1 - \sigma_3) \text{ 时} \right] \quad (8.28b)$$

其中，$u = u_a + u_b$，u_a 为静水应力，u_b 为气压力。

非饱和土有效应力统一强度理论在形式上与饱和土有效应力统一强度理论相同。但是，非饱和土有效应力统一强度理论在有效应力公式中增加了气压力。

8.6 本 章 小 结

20 世纪末，俞茂宏将双剪强度理论推广到有效应力，提出双剪有效应力强度理论[7,8]；2004 年，俞茂宏又进一步将统一强度理论推广到饱和土和非饱和土有效应力问题研究中，提出有效应力统一强度理论[7-10]。2004 年，有效应力统一强度理论写入《新土力学》初稿，并应长安大学土力学学科主持人王晓谋教授的邀请，进行了连续 10 次的《新土力学》研究讲座。

有效应力统一强度理论在形式上与 1991 年俞茂宏提出的统一强度理论完全相同，只是将总应力（σ_1，σ_2，σ_3）改为有效应力（σ'_1，σ'_2，σ'_3），因此可以十分方便地得出。俞茂宏在 2004 年后在一些大学和相关土力学会议中曾多次指出，有效应力统一强度理论可以应用于饱和土和非饱和土。章前图为有效应力统一强度理论在主应力空间偏平面的极限迹线，它覆盖了从内边界到外边界的全部区域。

同时也可以指出，双剪强度理论和统一强度理论已被世界各国学者应用于岩石、混凝土、土体（黏土、黄土、饱和土和非饱和土）等领域。例如，澳大利亚学者和清华大学等的学者将其应用于混凝土，德国学者将其应用于聚合物和轻质泡沫材料，新加坡学者将其应用于入地弹的侵彻，还有学者将其应用于火箭的药柱，四川大学等学者将其应用于岩石。沈珠江院士则早在 20 世纪 80 年代就将双剪强度理论应用于非饱和土地基等问题的研究中。

参考文献

［1］黄文熙. 土的工程性质. 北京：水利电力出版社,1983.

［2］Boer R D. Highlights in the historical development of the porous media theory：toward a consistent macroscopic theory. Applied Mechanics Reviews, 1996,49(4):201-261.

［3］Boer R D. The engineer and the scandal：a piece of science history. Berlin：Springer,2005.

［4］Kurrer K E. The history of the theory of structures：from arch analysis to computational mechanics. Berlin：Emst &.Sohn,2009.

［5］沈珠江. 理论土力学. 北京：中国水利水电出版社,2000.

［6］龚晓南. 土塑性力学. 2 版. 杭州：浙江大学出版社,2001.

［7］俞茂宏. 双剪理论及其应用. 北京：科学出版社,1998.

［8］俞茂宏. 双剪有效应力强度理论. 北京：科学出版社,1998.

［9］俞茂宏. 强度理论新体系：理论、发展和应用. 2 版. 西安：西安交通大学出版社,2011.

［10］俞茂宏,周小平,张伯虎. 双剪土力学. 北京：中国科学技术出版社,2012.

［11］Bishop A W. Shear strength parameters for undisturbed and remoulded soil specimens. Stress-Strain Behaviour of Soils：Proceedings of the Roscoe Memorial Symposium,Cambridge University,1972:1-59.

［12］Poorooshasb H B,Holubec I,Sherbourne A N. Yielding and flow of sand in triaxial compression：part 1. Canadian Geotechnical Journal, 1966,3(4): 179-190.

［13］Poorooshasb H B,Holubec I,Sherbourne A N. Yielding and flow of sand in triaxial compression：part 2 and 3. Canadian Geotechnical Journal,1966, 4(4):376-397.

［14］魏汝龙. 正常压密饱和黏土的抗剪强度理论. 岩土工程学报,1985,7(1): 1-14.

［15］Wood D M. Soil behaviour and critical state soil mechanics. Cambridge：Cambridge University Press,1990.

［16］Bjerrum L,Skempton A W. A contribution to settlement analysis of foundations on clay. Geotechnique,1957,7(4):168-178.

［17］郑颖人,沈珠江,龚晓南. 岩土塑性力学原理. 北京：中国建筑工业出版社,2002.

［18］龚晓南. 高等土力学. 杭州：浙江大学出版社,1996.

[19] Yu Maohong, He Linan. A new model and theory on yield and failure of materials under the complex stress state//Jono M，Inoue T. Mechanical Behaviour of Materials-6(ICM-6). Oxford：Pergamon Press，1991,3：841-846.

[20] 俞茂宏.岩土类材料的统一强度理论及其应用.岩土工程学报,1994,16(2)：1-10.

[21] 俞茂宏,杨松岩,刘春阳.统一平面应变滑移线场理论.土木工程学报,1997,30(2):14-26.

阅读参考材料

卡萨格兰德

（Arthur Casagrande，1902—1981）

派克

（Ralph Brazelton Peck，1912—）

利昂纳兹

（Gerald A. Leonards，1921—1997）

曾国熙

（1918—2014）

　　土的压实对于公路、铁路的路基，飞机场跑道和各种建筑物的基础都是十分重要的。上图为新式振动冲击压路机。下图为在抗日战争的艰苦条件下中国西南地区飞机场跑道的压实。

9 土的压缩与地基的沉降

9.1 概　　述

土的压缩和地基的沉降的研究,在理论上和工程实践上都具有重要的意义。吕贝克市位于德国北部石荷州,距离汉堡 60 公里,是北欧著名的旅游城市,被当地人称为"留比凯",意思是"迷人的地方",也是汉萨城市联盟的中心,人称"汉萨女王"。吕贝克曾是欧洲最富有和最强大的城市之一,其古建筑物保存完好,为全世界的游客再现欧洲中世纪汉萨城市的典型风貌。图 9.1 所示为吕贝克霍尔斯坦门,图 9.2 是其结构简图。它是吕贝克老城的城门,远处看去就像童话城市的入口:两个高耸的圆柱形顶端相互倾斜,与两方的支撑墙结合在一起,黑灰色的大烟囱口颇具中世纪风格。图 9.3 是该教堂地基沉降随着时间变化的曲线图,可以看出它的地基沉降基本经过 2 年时间才达到了稳定。这种特点和土的性质密切相关[1]。

图 9.1　吕贝克霍尔斯坦门

土是由颗粒固体、土中水及土中的气体所组成的多相材料。图 9.4 是表示土的三种组成物质的示意图。由于土的这种组成特性,因此它具有较大的压缩性。土的压缩通常由三部分组成:①固体土颗粒被压缩;②土中水及气体被压缩;③水和

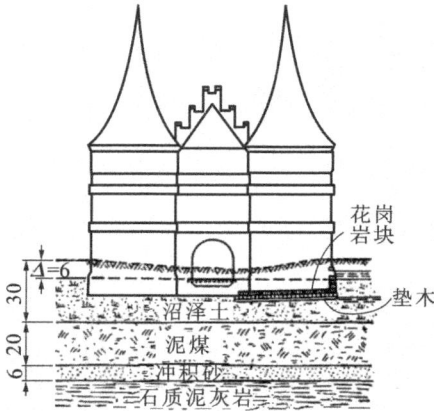

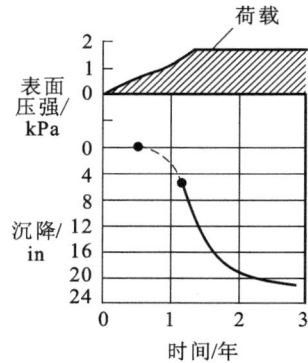

图9.2 吕贝克霍尔斯坦门结构简图   图9.3 吕贝克霍尔斯坦门的地基沉降记录

气体从孔隙中被挤出。实验研究表明:在一般压力(100~600 kPa)作用下,土粒和水的压缩与土的总压缩量相比是很小的,可完全忽略不计,所以土的压缩性就是指土中孔隙体积的减小。对于两相饱和土来说,土的压缩主要是孔隙水被排出,土粒调整位置,重新排列,互相挤紧,孔隙体积减小。

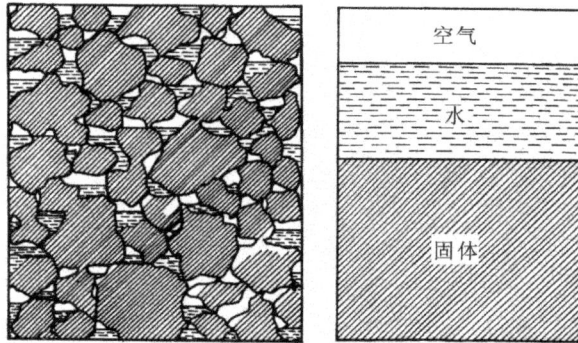

图9.4 土的三种组成物质

在荷载作用下,透水性大的饱和无黏性土,其压缩在短时间内就能完成;而透水性低的饱和黏性土,其水分只能慢慢排除,因此压缩所需时间较长。土的压缩随时间而增长的过程称为土的固结。对饱和黏性土来说,土的固结问题很重要。

本章将对土的压缩与固结以及地基的沉降进行讨论。无论是新建筑还是老建筑,土的固结与沉降对实际工程问题都具有重要的意义,它们的分析与选用的理论密切相关。图9.5和图9.6是采用双剪强度理论对西安古城墙不同地段进行受力分析的结果图。图9.6是城墙内有孔洞的情况。西安古城墙周长14 km,但是防空洞纵横交叉,共计长达 41 km,其中 1/3 是在抗日战争时期形成,2/3 是"文化大革命"时毛泽东主席提出"深挖洞"后所挖。由图 9.6 分析可知,防空洞往往是城墙出现变形和坍塌的根本原因。

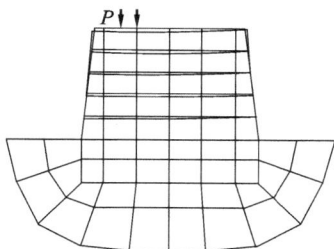 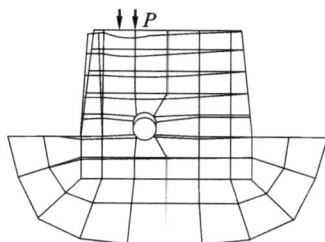

图 9.5　集中力 $P=400$ kg 的位移图　　图 9.6　集中力 $P=800$ kg 的位移图

　　早在 20 世纪 80 年代,沈珠江院士就将各种新的强度准则编入他的地基固结分析计算程序当中。他才思敏捷,当 1985 年广义双剪强度理论在《中国科学》发表后,他立即将该理论编入到程序中,对地基进行了详细的数值分析。他主要分析了 3 个例子,分别是单向压缩实验、单剪实验和饱和软土的地基变形分析。例子中共采用了 5 种强度理论:①莫尔-库仑强度理论(单剪理论);②双剪强度理论;③三剪强度理论;④缺陷强度理论;⑤Mises 强度理论。他得出的结论是:单剪强度理论和双剪强度理论的结果是合理的[2]。但是目前这方面的研究还比较少。

　　建筑的沉降还要特别注意不均匀的沉降。比萨斜塔是一个著名的例子。图 9.7 是加拿大某地两个相邻筒仓产生沉降变形的示意图。

图 9.7　加拿大某地两个相邻筒仓产生沉降变形(Bozozuk,1975 年)

9.2 压缩试验及压缩性指标

9.2.1 压缩试验和压缩曲线

研究土的压缩性大小及其特征的室内试验方法称为压缩试验,室内试验简单、方便,费用较低,虽未能符合土的实际情况,但仍存在一定的实用价值。试验时,用金属环刀取原状土样,并置于圆筒形压缩容器里的刚性护环内,上下各有一块透水石,使水可以自由排出。由于金属环刀和刚性护环的限制,土样在竖向压力作用下只能发生竖向变形,而无侧向变形,如图 9.8 所示,所以这种方法又称侧限压缩试验。设土样的初始高度为 H_0,受压后高度为 H,则 $H = H_0 - s$,s 为外压力 p 作用下土样压缩至稳定的变形量。根据土的孔隙比的定义,假设土粒体积 V_s 不变,则土样孔隙体积在压缩前为 $e_0 \cdot V_s$,在压缩稳定后为 $e \cdot V_s$(图 9.9)[3-22]。

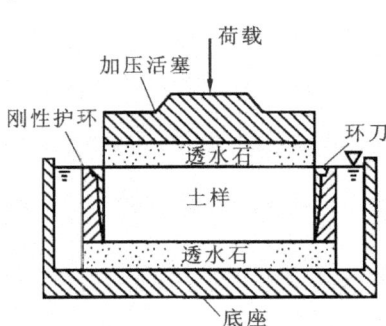

图 9.8 侧限压缩试验示意图

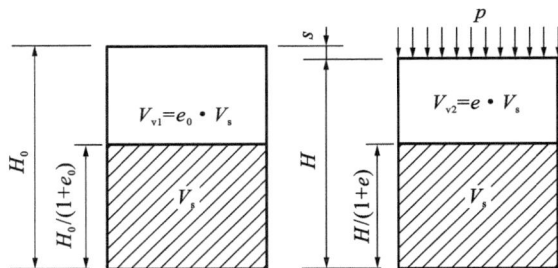

图 9.9 压缩试验中土样变形示意图

为求土样压缩稳定后的孔隙比 e,利用受压前后土粒体积不变和土样截面面积不变这两个条件,得出:

$$\frac{H_0}{1 + e_0} = \frac{H}{1 + e} = \frac{H_0 - s}{1 + e} \tag{9.1}$$

$$e = e_0 - \frac{s}{H_0}(1 + e_0) \tag{9.2}$$

式中,$e_0 = \dfrac{d_s(1 + \omega_0)\gamma_w}{\gamma_0} - 1$,为初始孔隙比。其中 w_0、γ_0 和 γ_w 分别为土样的初始含水量、土粒密度和土样的初始密度,均可根据室内试验测定。这样只要测定土样在各级压力下的稳定压缩量 s 后,就可按上式算出相应的孔隙比 e,从而绘制土的压缩曲线。

压缩曲线按两种方式绘制,如图 9.10 和图 9.11 所示。一种是 e-p 曲线,在常规试验中,一般按 $p=50$ kPa、$p=100$ kPa、$p=200$ kPa、$p=300$ kPa、$p=400$ kPa 五级加荷;另一种是 e-lg$p$ 曲线,试验时以较小的压力开始,采取小增量多级加载,并加到较大的荷载(例如 1000 kPa)为止。

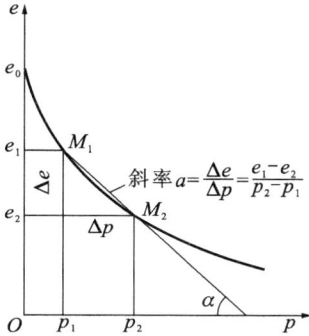

图 9.10　以 e-p 曲线确定压缩系数 a　　　图 9.11　e-lg$p$ 曲线中求 C_c

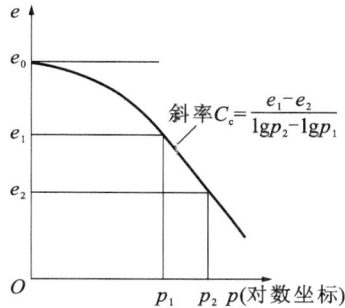

9.2.2　压缩性指标

1. 压缩系数

e-p 曲线上任意一点的切线斜率 a 表示相应于压力 p 作用下土的压缩性,即:

$$a = -\frac{\mathrm{d}e}{\mathrm{d}p} \tag{9.3}$$

式中负号表示随着压力 p 的增加,e 逐渐减小。曲线越陡,说明随着压力的增加,土的孔隙比的减小越显著,因而土的压缩性越高。使用上,一般研究土中某点由原来的自重应力 p_1 增加到外荷载 p_2(自重应力与附加应力之和)这一压力间隔所表征的压缩性。设压力由 p_1 增加到 p_2,相应的孔隙比由 e_1 减小到 e_2,则土的压缩性可用割线的斜率表示。设割线与横坐标间的夹角为 α,则

$$a \approx \tan\alpha = \frac{\Delta e}{\Delta p} = \frac{e_1 - e_2}{p_2 - p_1} \tag{9.4}$$

压缩系数是评价地基土压缩性高低的主要指标之一,在工程中为了统一标准,采用压力间隔由 $p_1=100$ kPa(0.1 MPa)增加到 $p_2=200$ kPa(0.2 MPa)时所得的压缩系数 a_{1-2} 来评定土的压缩性。

当 $a_{1-2}<0.1$ MPa^{-1} 时,属于低压缩性土;当 0.1 MPa$^{-1}\leqslant a_{1-2}<0.5$ MPa^{-1} 时,属于中压缩性土;当 $a_{1-2}\leqslant 0.5$ MPa^{-1} 时,属于高压缩性土。图 9.12 所示为软黏土和密实砂土两种不同土的压缩曲线。

167

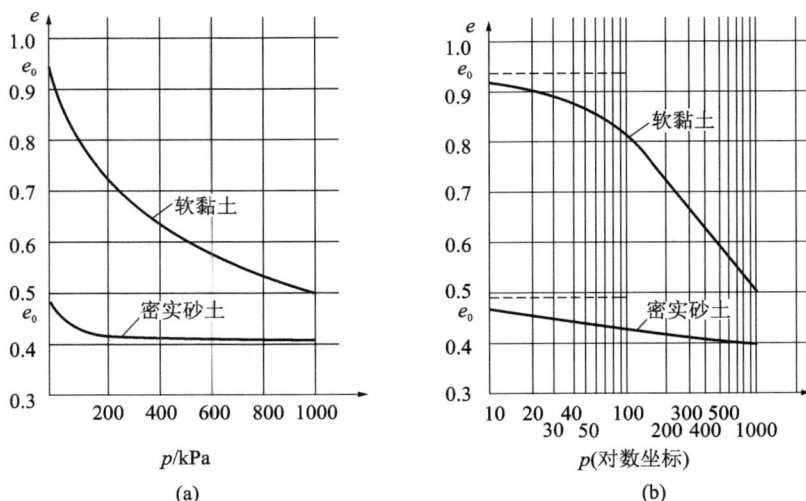

图 9.12　土的压缩曲线

(a)e-p 曲线；(b)e-$\lg p$ 曲线

2. 压缩指数

如果采用 e-$\lg p$ 曲线，它的后半段接近于直线，则其斜率 C_c 为：

$$C_c = \frac{e_1 - e_2}{\lg p_2 - \lg p_1} = \frac{e_1 - e_2}{\lg(p_2/p_1)} \tag{9.5}$$

式中，C_c 为土的压缩指数，同压缩系数 a 一样，压缩指数 C_c 越大，土的压缩性越高。C_c 与 a 不同，它在直线段范围内并不随压力而变，试验时要求斜率确定得很仔细，否则出入很大。一般认为 $C_c < 0.2$ 时为低压缩性土；$C_c = 0.2 \sim 0.4$ 时，属于中压缩性土；$C_c > 0.4$ 时属于高压缩性土。国外广泛采用 e-$\lg p$ 曲线来分析研究应力历史对土的压缩性的影响。

3. 压缩模量

土体在完全侧限条件下的竖向附加应力与相应应变增量的比值称为压缩模量，用 E_s 表示，可根据下式计算：

$$E_s = \frac{1 + e_1}{a} \tag{9.6}$$

由于它是在侧限条件下求得的，故又称侧限压缩模量，以便与一般材料在无侧限条件下简单拉伸或压缩时的弹性模量相区别。

土的压缩模量 E_s 是以另一种方式表示土的压缩性的指标，其单位为 kPa 或 MPa，E_s 越大，a 就越小，土的压缩性就越低。一般认为，$E_s < 4$ MPa 时为高压缩性土；$E_s > 15$ MPa 时为低压缩土；$E_s = 4 \sim 15$ MPa 时为中压缩性土。

4. 土的回弹曲线及再压缩曲线

在室内压缩试验中,当土压力加到某一数值 p_i[相应于图 9.13(a)中 e-p 曲线上的 b 点]后,逐级卸压,则可观察到土样的回弹,土体膨胀,孔隙比增大。若测得回弹稳定后的孔隙比,则可绘制相应的孔隙比与压力的关系曲线[图 9.13(a)中的 bc 曲线],称为回弹曲线。

由图 9.13 可见,卸压后的回弹曲线并不沿压缩曲线 ab 回升,而要平缓得多,这说明变形不能完全恢复。变形是由两部分组成的,其中可恢复部分称为弹性变形,不可恢复部分称为残余变形,而且以后者为主。

若再重新逐级加压,则可测得压缩曲线 cdf,其中 df 段就像是 ab 段的延续,犹如没有经过卸压和再加压一样。土在重复荷载作用下,加压和卸压的每一重复循环都将走新的路线,形成新的回滞环。其中弹性变形与残余变形的数值逐渐变小,残余变形减小得更快。土重复加压和卸压次数足够多时,变形变为纯弹性,土体达到弹性压密状态。在 e-$\lg p$ 曲线中也可看到同样的现象。

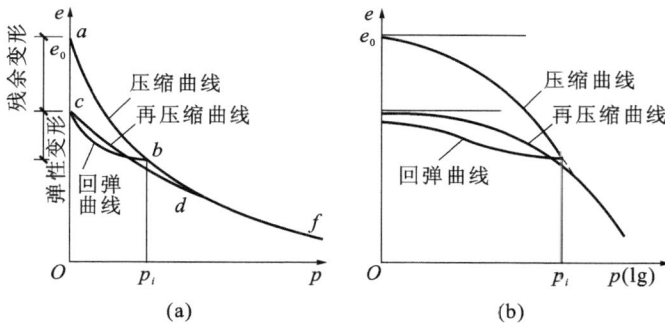

图 9.13　土的回弹曲线和再压缩曲线

(a) e-p 曲线;(b) e-$\lg p$ 曲线

9.3　土的变形模量及载荷试验

土的压缩性指标除从室内试验测得外,还可以通过现场原位试验得到。例如可以通过载荷试验或旁压试验所测得的地基沉降(或土的变形)与压力之间近似的比例关系,利用地基沉降的弹性力学公式来反算土的变形模量。

9.3.1　载荷试验

载荷试验是工程地质勘察工作中的一项原位试验。它是通过承压板对地基土分级加压,测得承压板的沉降,便可得到荷载和沉降(p-s)的关系曲线,然后根据弹性力学公式反算即可得出土的变形模量及地基承载力。

试验一般在试坑内进行,试坑宽度不应小于承压板宽度或直径的 3 倍,其深度依所需测定土层的深度而定,承压板的面积一般为 0.25～0.50 m²,对于松软土及人工填土则不应小于 0.50 m²。其试验装置如图 9.14 所示,一般由加荷稳压装置、反力装置及观测装置三部分组成。加荷稳压装置包括承压板、千斤顶及稳压器等,反力装置常用平台堆载或地锚,观测装置包括百分表及稳定支架等。

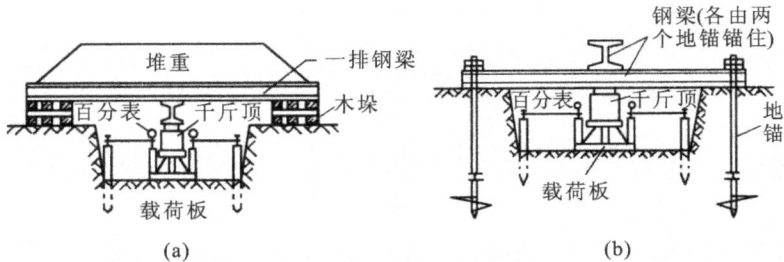

图 9.14 地基载荷试验示例

试验时必须注意保持试验土层的原状结构和天然湿度,在坑底宜铺设不大于 20 mm 厚的粗、中砂层找平。若试验土层为软塑或流塑状态的黏性土或饱和松软土,载荷板周围应留有 200～300 mm 高的原土作为保护层。最大加载量不应小于荷载设计值的 2 倍,应尽量接近预估地基的极限荷载,第一级荷载(包括设备重)宜接近开挖试坑所卸除的土量,相应的地基沉降不计。其后每级荷载增量,对于较软的土可采用 10～25 kPa,对于较硬的土采用 50 kPa。加荷等级不小于 8 级。每加一级荷载,当连续两小时内每小时的沉降量小于 0.1 mm 时,认为土已趋于稳定,可加下一级荷载,当到达以下任意情况时,认为土已达到破坏,可停止加载。

(1)承载板周围的土明显侧向挤出或发生裂纹;

(2)沉降急剧增大,荷载-沉降曲线(p-s 曲线)出现陡降段;

(3)在某一荷载下,24 h 内沉降速率不能达到稳定标准;

(4)沉降大于或等于 0.6b(b 为承载板宽度或直径)。

终止加载以后,可按规定逐级卸载,并进行回弹观测,以做参考。图 9.15 给出了一些有代表性土的 p-s 曲线。由图可见,曲线在初始阶段接近于直线,因此若将地基承载力设计值控制在直线段附近,土体则处于直线变形阶段。

载荷试验一般适合在浅层土中进行,对地基土的扰动较小,土中应力状态在承压板较大时与实际基础情况接近,测得的指标能较好地反映土的压缩性质。但其工作量大、时间长,所规定沉降标准带有较大的近似性。据有些地区的经验,它所反映土的固结程度仅相当于施工完毕时的早期沉降量。此外,载荷试验的影响深度一般只能为$(1.5\sim2.0)b$。对于深层土,由于地下水位以下清理孔底困难和受力条件复杂,数据不准,故国内外常采用旁压或触探试验测定深层土的变形模量。

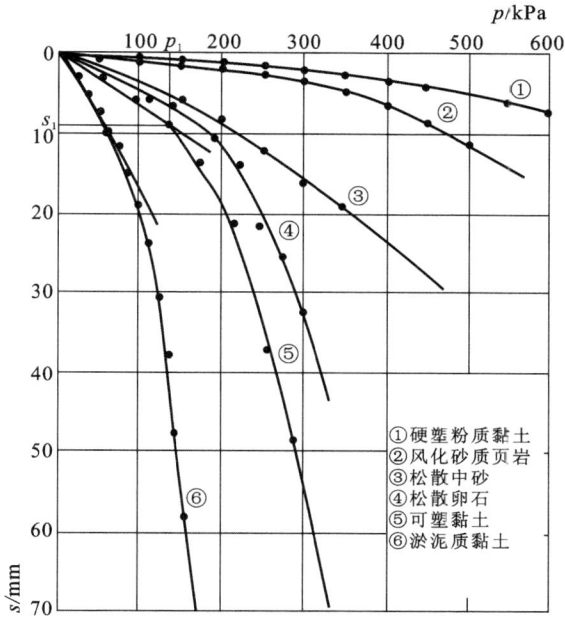

图 9.15　不同土类的 $p\text{-}s$ 曲线

9.3.2　变形模量

变形模量是土体在无侧限条件下的应力与应变的比值,用 E_0 表示。在 $p\text{-}s$ 曲线的直线段或接近直线段任选一压力 p_1 和它对应的沉降 s_1,则

$$E_0 = \omega(1-\mu^2)\frac{p_1 b}{s_1} \tag{9.7}$$

式中,p 为直线段的载荷长度,单位为 kPa;s 为相应于 p 的载荷板下沉量,单位为 mm;b 为载荷板的宽度或直径,单位为 mm;μ 为土的泊松比,砂土取 $0.2\sim0.5$,黏土取 $0.25\sim0.45$;ω 为沉降影响系数,对于刚性载荷板,方形板时取 0.88,圆形板时取 0.79。

有时 $p\text{-}s$ 曲线并不出现直线段,所以对于中、高压缩性粉土,s_1 可取 $0.02b$ 及其对应的荷载 p;对于低压缩性黏性土、碎石土及砂土,s_1 可取 $(0.01\sim0.015)b$ 及其对应的荷载 p。

9.3.3 变形模量与压缩模量的关系

土的变形模量 E_0 是土体在无侧限条件下应力与应变的比值,可在现场测试中得出;而压缩模量 E_s 是土体在完全侧限条件下有效应力与应变的比值,它是通过室内压缩试验得出,且与其他建筑材料的弹性模量不同,具有相当部分不可恢复的残余变形。但两者在理论上是可以相互换算的。

压缩试验土样中取一单元体进行分析,在 z 轴方向压力作用下,试样竖向有效应力为 σ_z,由于试样受力轴向对称,故

$$\sigma_x = \sigma_y = k_0 \sigma_z \tag{9.8}$$

式中,k_0 为侧压力系数或静止压力系数(侧限条件下侧向与竖向有效应力之比)。

先分析沿 x 轴方向的应变,由 σ_x、σ_y、σ_z 分别引起的应变为 $\dfrac{\sigma_x}{E_0}$、$-\mu\dfrac{\sigma_y}{E_0}$、$-\mu\dfrac{\sigma_z}{E_0}$。

由于是完全侧限,故

$$\varepsilon_x = \frac{\sigma_x}{E_0} - \mu\frac{\sigma_y}{E_0} - \mu\frac{\sigma_z}{E_0} = 0 \tag{9.9}$$

于是有:

$$k_0 = \frac{\mu}{1-\mu}, \quad \mu = \frac{k_0}{1+k_0} \tag{9.10}$$

再分析 z 轴方向

$$\varepsilon_z = \frac{\sigma_z}{E_0} - \mu\frac{\sigma_y}{E_0} - \mu\frac{\sigma_x}{E_0} = \frac{\sigma_z}{E_0}(1 - 2\mu k_0) \tag{9.11}$$

根据侧限条件 $\varepsilon_z = \dfrac{\sigma_z}{E_s}$,可得

$$E_0 = E_s\left(1 - \frac{2\mu^2}{1-\mu}\right) = E_s(1 - 2\mu k_0) \tag{9.12}$$

令 $\beta = 1 - \dfrac{2\mu^2}{1-\mu} = 1 - 2\mu k_0$,则

$$E_0 = \beta E_s \tag{9.13}$$

必须指出,上式所表示的 E_0 与 E_s 的关系只是理论关系。事实上由于测定 E_0 与 E_s 时有些因素无法考虑,使得上式不能准确反映 E_0 与 E_s 的实际关系。根据统计资料,E_0 可能是 βE_s 值的几倍,一般来说,土愈坚硬则倍数愈大,而对于软土而言两值则比较接近。

9.4 地基最终沉降量计算

地基土在建筑荷载作用下达到稳定时地基表面的沉降量叫作地基最终沉降量。国内常用两种地基最终沉降量计算方法:分层总和法和《建筑地基基础设计规范》(GB 50007—2011)推荐的方法。

9.4.1 分层总和法

分层总和法假定地基土为直线变形体,在外荷载作用下的变形只发生在有限厚度的范围内,将压缩层厚度范围内的地基土分层,分别求出各层的应力,然后根据其应力-应变关系求出各分层的变形量,最后将其变形量的总和作为地基的最终变形量。分层总和法假设:①基地附加压力(p_0)是作用于地表的局部柔性荷载,对于非均质地基,由其引起的附加应力分布可按均质地基计算;②只需计算竖向附加应力的作用使土层压缩变形导致的地基沉降,而剪应力可忽略不计;③土层压缩时不发生侧向变形。

1.计算原理

如图 9.16 所示,在基地中心下取一截面为 A 的小土柱,假定第 i 层土柱在 p_{1i} 作用下压缩后孔隙比为 e_{1i},土柱高度为 h_i;当压力增大至 p_{2i} 时,压缩稳定后的孔隙比为 e_{2i}。按式(9.1)可得其压缩变形量为:

$$\Delta s_i = \frac{e_{1i} - e_{2i}}{1 + e_{1i}} h_i \qquad (9.14)$$

将求得的各层土压缩量进行叠加,即可得到最终变形量为:

$$s = \sum_{i=1}^{n} \Delta s_i = \sum_{i=1}^{n} \frac{e_{1i} - e_{2i}}{1 + e_{1i}} h_i \qquad (9.15)$$

又因为

$$\frac{e_{1i} - e_{2i}}{1 + e_{1i}} = \frac{a_i (p_{2i} - p_{1i})}{1 + e_{1i}} = \frac{\bar{\sigma}_{zi}}{E_{si}} \qquad (9.16)$$

所以

$$s = \sum_{i=1}^{n} \frac{e_{1i} - e_{2i}}{1 + e_{1i}} h_i = \sum_{i=1}^{n} \frac{\bar{\sigma}_{zi}}{E_{si}} h_i \qquad (9.17)$$

式中,n 为地基沉降计算深度范围内的土层数;p_{1i} 为作用在第 i 层土上的平均自重应力 $\bar{\sigma}_{czi}$;p_{2i} 为作用在第 i 层土上的平均自重应力 $\bar{\sigma}_{czi}$ 与平均附加应力 $\bar{\sigma}_{zi}$ 之和;a_i、E_{si}、h_i 分别为第 i 层土的压缩系数、压缩模量和土层厚度。

上式为分层总和法的一计算公式。

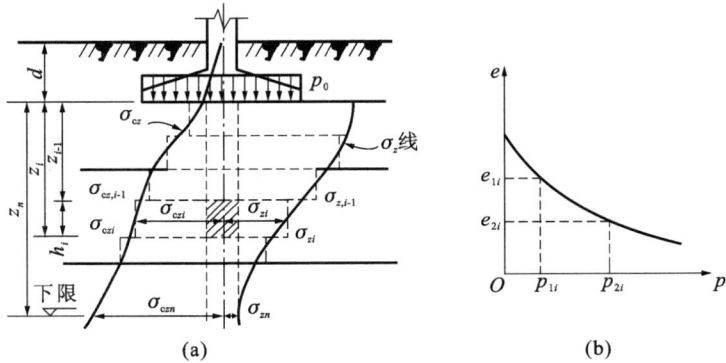

图 9.16 地基最终沉降量计算的分层总和法

2.计算步骤

(1)分层。将基底以下土层分为若干薄层,分层原则:①厚度 $h_i \leqslant 0.4b$(b 为基础宽度)或 $1 \sim 2$ m;②天然土层面及地下水位都作为薄层的分界面。

(2)计算各层土的自重应力 σ_{czi} 和附加应力 σ_{zi},并绘制自重应力及附加应力分布曲线(图 9.16)。

(3)确定地基沉降计算深度 z_n,按 $\sigma_{zn}/\sigma_{czn} \leqslant 0.2$(对于软土,$\sigma_{zn}/\sigma_{czn} \leqslant 0.1$)确定。

(4)计算各分层土的平均自重应力 $\bar{\sigma}_{czi} = (\sigma_{cz,i-1} + \sigma_{czi})/2$ 以及平均附加应力 $\bar{\sigma}_{zi} = (\sigma_{z,i-1} + \sigma_{zi})/2$。

(5)令 $p_{1i} = \bar{\sigma}_{czi}$,$p_{2i} = \bar{\sigma}_{czi} + \bar{\sigma}_{zi}$,从该土层的压缩曲线中查出相应的 e_{1i} 和 e_{2i} [图 9.16(b)]。

(6)按式(9.14)计算每一土层的变形量 Δs_i。

(7)按式(9.15)计算其最终变形量。

9.4.2 《建筑地基基础设计规范》(GB 50007—2011)推荐的方法

《建筑地基基础设计规范》(GB 50007—2011)推荐的方法是一种简化的分层总和法,它重新规定了地基沉降计算深度的标准及地基沉降计算经验系数,并引入了平均应力系数的概念。

假设地基土层均质,压缩模量不随深度变化,根据式(9.17)有:

$$s' = \sum_{i=1}^{n} \frac{\bar{\sigma}_{zi}}{E_{si}} h_i \tag{9.18}$$

式中,$\bar{\sigma}_{zi}$ 代表第 i 层土附加应力曲线包围的面积(图 9.17 中阴影部分),用 A_{3456} 表示。

由图有

$$A_{3456} = A_{1234} - A_{1256}$$

而应力面积为

$$A = \int_0^z \sigma_z \mathrm{d}z = p_0 \int_0^z \alpha \mathrm{d}z$$

如图 9.17 所示,为了便于计算,引入平均附加应力系数 $\bar{\alpha}$:

$$A_{1234} = \bar{\alpha}_i p_0 z_i$$

$$A_{1256} = \bar{\alpha}_{i-1} p_0 z_{i-1}$$

$$s' = \sum_{i=1}^n \frac{A_{1234} - A_{1256}}{E_{si}} = \sum_{i=1}^n \frac{p_0}{E_{si}} (\bar{\alpha}_i z_i - \bar{\alpha}_{i-1} z_{i-1}) \tag{9.19}$$

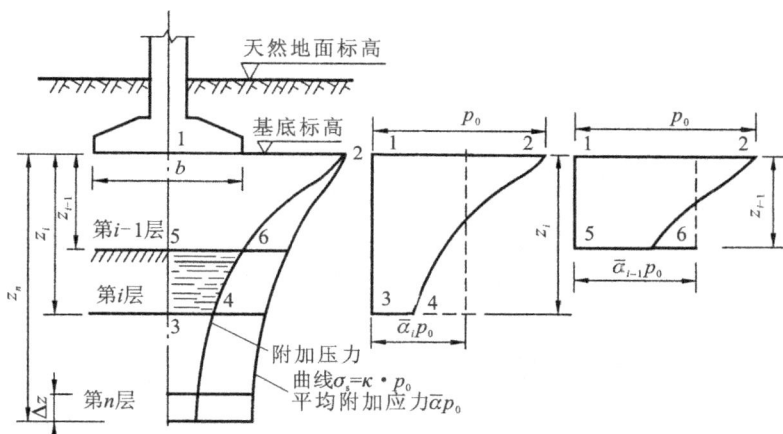

图 9.17　采用平均附加应力系数计算沉降量的分层示意图

9.4.3　沉降计算经验系数和沉降计算

由于 s' 推导时做了近似假设,某些复杂因素也难以反映,且将计算结果与大量观测结果进行对照发现:低压缩性土计算值偏大,高压缩性土则偏小。为此引入经验修正系数 ψ_s,对式(9.19)进行修正:

$$s = \psi_s s' = \psi_s \sum_{i=1}^n \frac{p_0}{E_{si}} (\bar{\alpha}_i z_i - \bar{\alpha}_{i-1} z_{i-1}) \tag{9.20}$$

沉降计算经验修正系数 ψ_s 可按表 9.1 取用。

表 9.1　　　　　　　　　　　　　　　沉降计算经验系数 ψ_s

$\bar{E}_s/\text{MPa}$ 基地附加压力	2.5	4.0	7.0	15.0	20.0
$p_0 \geqslant f_k$	1.4	1.3	1.0	0.4	0.2
$p_0 \leqslant 0.75 f_k$	1.1	1.0	0.7	0.4	0.2

表中，f_k 为地基承载力标准值；$\overline{E}_s$ 为沉降深度范围内压缩模量的当量值，按下式计算：

$$\overline{E}_s = \frac{\sum A_i}{\sum \dfrac{A_i}{E_{si}}} \tag{9.21}$$

式中

$$A_i = p_0(\overline{\alpha}_i z_i - \overline{\alpha}_{i-1} z_{i-1}) \tag{9.22}$$

9.4.4　地基沉降计算深度

地基沉降深度可通过试算确定，即要求满足：

$$\Delta s'_n \leqslant 0.25 \sum_{i=1}^{n} \Delta s'_i \tag{9.23}$$

式中，$\Delta s'_n$ 为在计算深度 z_n 范围内第 i 层土的计算沉降值，mm；$\Delta s'_i$ 为在计算深度 z_n 处取厚为 Δz（图 9.17）土层的计算沉降值，mm。Δz 可按表 9.2 确定，也可按 $\Delta z = 0.3(1 + \ln b)$ 计算。

按式（9.23）计算确定的 z_n 下仍有软弱土层时，在相同条件下变形会增大，故应继续计算直至软弱土层中所取的 Δz 的计算沉降量满足上式为止。

表 9.2　　　　　　　　　　　　　计算厚度 Δz

基地宽度 b/m	$b \leqslant 2$	$2 < b \leqslant 4$	$4 < b \leqslant 8$	$8 < b \leqslant 15$	$15 < b \leqslant 30$	$b > 30$
Δz/m	0.3	0.6	0.8	1.0	1.2	1.5

当无相邻荷载影响，基础宽度在 $1 \sim 50$ m 范围内时，基础中点地基沉降计算深度 z_n 也可按下式计算：

$$z_n = b(2.5 - 0.4 \ln b) \tag{9.24}$$

式中，b 为基础宽度。

此外，当沉降深度范围内存在基岩时，z_n 可取至基岩表面。

9.5　应力历史对地基沉降的影响

9.5.1　天然土层应力历史

土在形成的地质年代中经受应力变化的情况叫作应力历史。黏性土在形成及存在过程中所经受的地质作用和应力变化不同，所产生的压密过程和固结状态也不同。天然土层在历史上经受的最大固结压力称为先（前）期固结应力 p_c。根据其与现有覆盖土层自重压力 p_1 之比［称为"超固结比"（OCR）］,可把天然土层分为三种固结状态。

（1）超固结状态。此时,天然土层在地质历史上受到的固结压力 p_c 大于目前的覆盖压力 p_1,即 OCR>1。由于地面上升或河流冲刷可能将其上的一部分土体剥蚀掉,或古冰川下的土层曾经受到冰荷载的压缩,后由于气候变暖,冰雪融化后使上覆压力减小。

（2）正常固结状态。土层在历史上最大固结压力作用下压缩稳定,沉寂后土层厚度无大的变化,以后也没有受到其他荷载继续作用的情况,即 $p_c = p_1 = \gamma z$, OCR=1。

（3）欠固结状态。土层在 p_c 作用下压缩稳定,以后由于某种原因土层继续压缩,形成目前的覆盖自重压力 p_1 大于先期固结压力 p_c,即 OCR<1。因时间不长,其固结状态还没完成,因此这种状态称为欠固结状态。

9.5.2　先期固结压力的确定

确定 p_c 的方法很多,应用最广的方法是卡萨格兰德（Casagrande,1936 年）建议的经验作图法（图 9.18）,作图步骤如下：

（1）从 e-$\lg p$ 曲线上找曲率半径最小的一点 A,过 A 点作水平线 $A1$ 和切线 $A2$。

（2）作 $\angle 1A2$ 的平分线 $A3$,与 e-$\lg p$ 曲线中直线段的延长部分相交于 B 点。

（3）B 点所对应的有效应力就是先期固结压力 p_c。

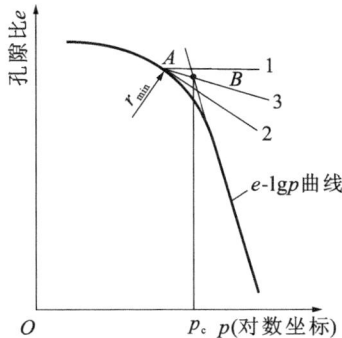

图 9.18　确定先期固结压力 p_c（卡萨格兰德法）

该法适用于 e-$\lg p$ 曲线曲率变化明显的土层,否则 r_{min} 难以确定。此外 e-$\lg p$ 曲线的曲率随 e 轴坐标比例的改变而变化,而且目前尚无统一的坐标比例,且人为因素影响很大,所以 p_c 值不一定可靠。因此一般还要结合场地的地形、地貌等形成历史的调查资料才能确定 p_c 值。

9.5.3 考虑应力历史影响的地基最终沉降量

只要在地基沉降计算通常采用的分层总和法中,将土的压缩性指标改从原始压缩曲线(e-$\lg p$ 曲线)中确定,就可考虑应力历史对地基沉降的影响。

1. 正常固结土

由原始压缩曲线确定压缩指数 C_c 后,按下式计算最终沉降量:

$$s = \sum_{i=1}^{n} \frac{\Delta e_i}{1 + e_{0i}} h_i = \sum_{i=1}^{n} \frac{h_i}{1 + e_{0i}} \left[C_{ci} \lg \left(\frac{p_{1i} + \Delta p_i}{p_{1i}} \right) \right] \tag{9.25}$$

式中,Δe_i 为由原始压缩曲线确定的第 i 层孔隙比变化量;Δp_i 为第 i 层土附加应力平均值。

其原始压缩曲线如图 9.19 所示,作图步骤如下:

(1)作室内 e-$\lg p$ 曲线及定 p_c;

(2)作 e_0 线,与 p_c 交于 b 点;

(3)作 $e = 0.42 e_0$ 得 c 点,连 b、c 两点即为原始压缩曲线;

(4)由 bc 线斜率得压缩指数 C_c。

2. 超固结土

由原始压缩曲线和原始再压缩曲线分别确定土的压缩指数 C_c 和回弹指数 C_e。图 9.20 所示为超固结土的原始压缩曲线作法:

(1)作 e-$\lg p$ 曲线及 p_c 线;

(2)作回弹-再压缩曲线(从 p_i 卸荷至 p_1);

(3)作 e_0 线,与 p_1 交于 b_1 点;

(4)作 $b_1 b /\!/ fg$,由 fg 线斜率得回弹指数 C_e;

(5)作 $e = 0.42 e_0$ 得 c 点;

(6)连 b、c 即为原始压缩曲线。

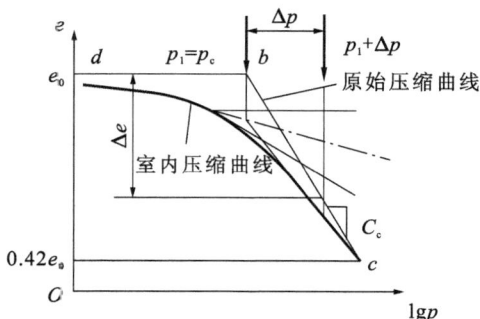

图 9.19 正常固结土的孔隙比变化

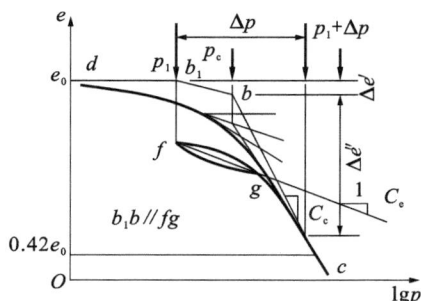

图 9.20 超固结土的孔隙比变化

计算时按下列两种情况区别对待。

(1)若 $\Delta p > p_c - p_1$(图 9.20),则分层土的孔隙比将沿着原始再压缩曲线 b_1b 段减小 $\Delta e'$,然后沿着原始压缩曲线 bc 段减小 $\Delta e''$,即相应于 Δp 的孔隙比 Δe 应等于这两部分之和,其中 $\Delta e'$ 和 $\Delta e''$ 分别为

$$\Delta e' = C_e \lg\left(\frac{p_c}{p_1}\right) \tag{9.26}$$

$$\Delta e'' = C_c \lg\left(\frac{p_1 + \Delta p}{p_c}\right) \tag{9.27}$$

总的孔隙比变化 Δe 为:

$$\Delta e = \Delta e' + \Delta e'' = C_c \lg\left(\frac{p_1 + \Delta p}{p_c}\right) + C_e \lg\left(\frac{p_c}{p_1}\right) \tag{9.28}$$

因此对于 $\Delta p > p_c - p_1$ 的各分层总沉降量 s_n 为:

$$s_n = \sum_{i=1}^{n} \frac{h_i}{1 + e_{0i}}\left[C_{ei} \lg\left(\frac{p_{ci}}{p_{1i}}\right) + C_{ci} \lg\left(\frac{p_{1i} + \Delta p}{p_{ci}}\right)\right] \tag{9.29}$$

(2)如果分层土的有效应力增量 $\Delta p \leqslant p_c - p_1$,则分层土的孔隙比 Δe 只沿着再压缩曲线 b_1b 发生变化,其大小为:

$$\Delta e = C_c \lg\left(\frac{p_1 + \Delta p}{p_c}\right) \tag{9.30}$$

因此对于 $\Delta p \leqslant p_c - p_1$ 的各分层总固结沉降量 s_m 为:

$$s_m = \sum_{i=1}^{m} \frac{h_i}{1 + e_{0i}}\left[C_{ci} \lg\left(\frac{p_{1i} + \Delta p_i}{p_{1i}}\right)\right] \tag{9.31}$$

总沉降量为上述两部分之和,即:

$$s = s_m + s_n \tag{9.32}$$

3.欠固结土

欠固结土的孔隙比变化可近似按与正常固结土相同的方法求得原始压缩曲线后确定,如图 9.21 所示。其固结沉降包括两部分:①由地基附加应力产生的沉降;②土的自重应力还将继续进行的沉降。其计算公式如下:

$$\Delta e_i = C_{ci} \lg\left(\frac{p_{1i} + \Delta p_i}{p_{ci}}\right) \tag{9.33}$$

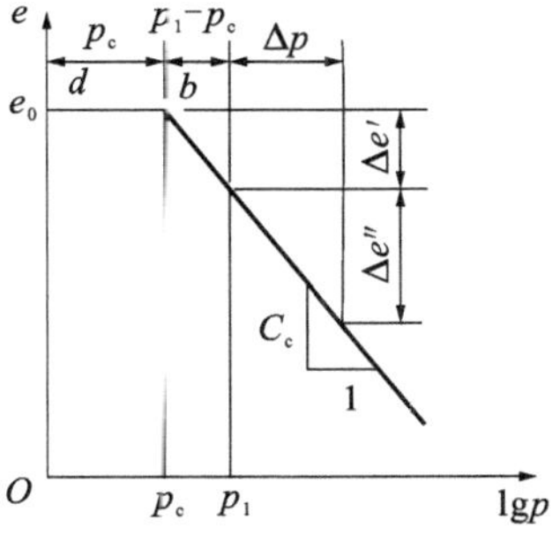

图 9.21　欠固结土的孔隙比变化

总沉降量为:

$$s = \sum_{i=1}^{n} \frac{h_i}{1 + e_{0i}}\left[C_{ci} \lg\left(\frac{p_{1i} + \Delta p_i}{p_{ci}}\right)\right] \tag{9.34}$$

可见,若按正常固结土计算欠固结土的沉降量所得的结果可能远小于实际观测的沉降量。

9.6　地基变形与时间的关系

在软土地基上的建筑工程实践中,往往要处理有关地基沉降与时间的关系问题。例如,确定施工期或完工后某一时刻的沉降量,以便控制施工速率或指定建筑物的使用限制和安全措施。采用数值计算方法处理地基时,也要考虑地基变形与时间的关系。由于碎石土和砂土的透水性好,其变形所经历的时间短,可认为外荷载施加完毕时其变形已稳定;而黏性土完成固结所需时间较长,往往需要几年甚至几十年才能完成,所以这里只讨论饱和土的变形与时间的关系。

9.6.1　饱和土的渗透变形

渗透固结是饱和黏土在压力作用下,孔隙水随时间而逐渐排出,同时孔隙体积随之减小的过程。其所需要的时间与土的渗透性和土层厚度有关,土的渗透性愈小,土层愈厚,渗透固结的时间就愈长。

可借助图 9.22 所示的弹簧-活塞模型来说明饱和土的渗透固结。弹簧表示土的颗粒骨架,水表示土中的孔隙水,带孔的活塞则表示土的渗透性。设弹簧承受的压力为有效应力 σ',水承担的压力为孔隙压力 u,则有

$$\sigma_z = \sigma' + u$$

上式的物理意义是土的孔隙水压力与有效应力对外力的分担作用,它与时间有关。

(1)当 $t=0$ 时,即活塞顶面骤然受到压力 σ_z 作用的瞬间,水来不及排出,弹簧没有变形和受力,附加应力 σ_z 全部由水来承担,即 $u=\sigma_z,\sigma'=0$。

(2)当 $t>0$ 时,随着荷载作用时间的迁延,水受到压力后开始从活塞排水孔中排出,活塞下降,弹簧开始承受压力 σ',并逐渐增长,而相应的 u 则逐渐减小,总之,$u+\sigma'=\sigma_z,u<\sigma_z,\sigma'>0$。

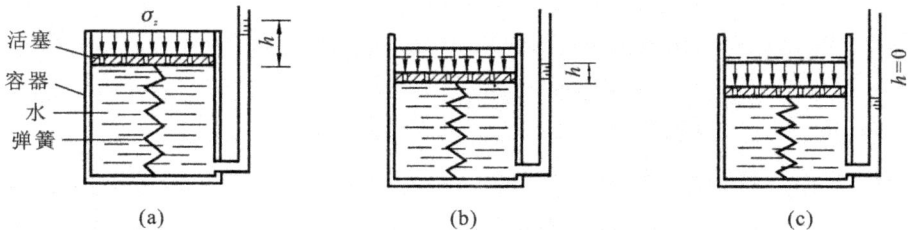

图 9.22　饱和土的渗透固结模型

(a)$t=0,u=\sigma_z,\sigma'=0$;(b)$0<t<+\infty,u+\sigma'=\sigma_z$;(c)$t\rightarrow\infty,u=0,\sigma'=\sigma_z$

（3）当$t \to \infty$时，水从排水孔中充分排出，孔隙水压力完全消散，活塞最终下降到σ_z全部由弹簧承担，饱和土的渗透固结完成，即$u = 0, \sigma_z = \sigma'$。

由此可见，饱和土的渗透固结也就是孔隙水压力逐渐消散和有效应力相应增长的过程。

9.6.2　太沙基一维固结理论

为求饱和土层在渗透固结过程中任意时间的变形，通常采用太沙基（Terzaghi，1925年）提出的一维单向固结理论进行计算。其使用条件为荷载面积远大于压缩土层的厚度，地基中孔隙水主要沿竖向渗流。

图9.23(a)所示是一维固结的情况之一，其中厚度为H的饱和黏性土的顶面是透水的，其底面不透水。假设该土层在自重作用下的固结已完成，只是由于连续均布荷载p_0才引起土的固结。一维固结理论假设如下：

（1）土是均质、各向同性和完全饱和的；

（2）土中附加应力沿水平面是无限分布的，因此土的压缩和土中水的渗流都是一维的；

（3）土颗粒和水相对于土的孔隙都是不可压缩的；

（4）土中水的渗流服从达西定律；

（5）在渗透固结过程中，土的渗透系数k和压缩系数a都是不变的常数；

（6）外荷载是一次骤然施加的。

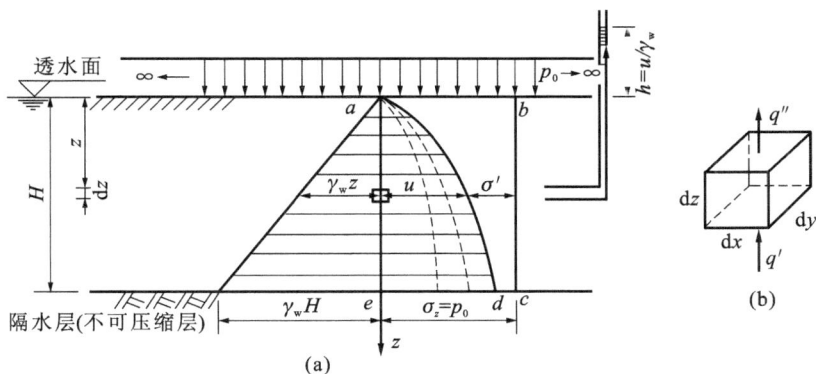

图9.23　可压缩土层中孔隙水压力的分布随时间而变化

9.6.3　一维固结微分方程

在饱和土层顶面深度z处取一微单元体，如图9.23(b)所示，由于固结渗流只能自下向上，在施加一次外荷载后单位时间内流入和流出单元体的水量q'和q''分别为：

$$\begin{cases} q' = kA = k\left(-\dfrac{\partial h}{\partial z}\right)\mathrm{d}x\mathrm{d}y \\ q'' = k\left(-\dfrac{\partial h}{\partial z} - \dfrac{\partial^2 h}{\partial z^2}\mathrm{d}z\right)\mathrm{d}x\mathrm{d}y \end{cases} \tag{9.35}$$

于是微单元体的水量变化为：

$$q' - q'' = k\frac{\partial^2 h}{\partial z^2}\mathrm{d}x\mathrm{d}y\mathrm{d}z \tag{9.36}$$

已知微单元体中孔隙体积 V_v 的变化率为：

$$\frac{\partial V_v}{\partial t} = \frac{\partial}{\partial t}\left(\frac{e}{1+e}\mathrm{d}x\mathrm{d}y\mathrm{d}z\right) \tag{9.37}$$

根据固结渗流的连续条件,微单元体在某时间的水量变化应等于同一时间该微单元体中孔隙体积的变化率,又因为微单元体中土粒体积 $\dfrac{1}{1+e}\mathrm{d}x\mathrm{d}y\mathrm{d}z$ 为常数,故

$$k\frac{\partial^2 h}{\partial z^2} = \frac{1}{1+e}\frac{\partial e}{\partial t} \tag{9.38}$$

再根据土的应力-应变关系的侧限条件有：

$$\mathrm{d}e = -a\mathrm{d}p = -a\mathrm{d}\sigma' \quad \text{或} \quad \frac{\partial e}{\partial t} = -a\frac{\partial \sigma'}{\partial t}$$

则有

$$\frac{k(1+e)}{a}\frac{\partial^2 h}{\partial z^2} = \frac{\partial \sigma'}{\partial t} \tag{9.39}$$

根据有效应力原理可得

$$\frac{\partial \sigma'}{\partial t} = -\frac{\partial u}{\partial t} \tag{9.40}$$

又因为

$$\frac{\partial^2 h}{\partial z^2} = \frac{1}{\gamma_w}\frac{\partial^2 u}{\partial z^2} \tag{9.41}$$

得到

$$\frac{k(1+e)}{\gamma_w a}\frac{\partial^2 u}{\partial z^2} = \frac{\partial u}{\partial t} \tag{9.42}$$

令 $\dfrac{k(1+e)}{\gamma_w a} = C_v$,则

$$C_v\frac{\partial^2 u}{\partial z^2} = \frac{\partial u}{\partial t} \tag{9.43}$$

上式即为饱和土的一维固结微分方程,其中 C_v 称为土的竖向固结系数。

其初始条件和边界条件如下。

$$t=0, \quad 0 \leqslant z \leqslant H, \quad u = \sigma_z$$

$$0 < t < \infty, \quad u = 0$$

$$0 < t < \infty, \quad z = H, \quad \frac{\partial u}{\partial z} = 0$$

$$t = \infty, \quad z = H, \quad u = 0$$

根据以上初始条件和边界条件,采用分解变量法可求得:

$$u_{z,t} = \frac{A}{\pi}\sigma_z \sum_{m=1}^{\infty} \frac{1}{m}\sin\left(\frac{m\pi z}{2H}\right)\exp\left(-\frac{m^2\pi^2}{4}T_v\right) \tag{9.44}$$

其中,T_v 为竖向固结时间系数,$T_v = \dfrac{C_v t}{H^2}$,当土层为单面排水时,H 取土层厚度;为双面排水时,H 取土层厚度的 $1/2$。

9.6.4 固结度计算

有了孔隙水压力随时间和深度变化的函数解,即可求得地基任意时间的固结沉降。这时常用到固结度这个指标,其定义如下:

$$U = \frac{s_{ct}}{s_c} \tag{9.45}$$

式中,s_{ct} 表示地基 t 时刻的固结沉降;s_c 表示地基最终的固结沉降。

对于单向固结情况,由于土层的固结沉降与其有效应力图面积成正比,所以将某一时刻的有效应力图面积与最终有效应力图面积之比(图 9.23)称为土层单向固结的平均固结度(U_z):

$$U_z = \frac{\text{应力图面积 } abcd}{\text{应力图面积 } abce} = \frac{\text{应力图面积 } abce - \text{应力图面积 } ade}{\text{应力图面积 } abce} = 1 - \frac{\int_0^H u_{z,t}\mathrm{d}z}{\int_0^H \sigma_z^2 \mathrm{d}z}$$

将式(9.44)代入上式,得

$$U_z = 1 - \frac{8}{\pi^2}\sum_{m=1,3}^{\infty}\frac{1}{m^2}\exp\left(-\frac{m^2\pi^2}{4}T_v\right) \tag{9.46}$$

式(9.46)括号内的级数收敛很快,当 $U_z > 30\%$ 时可近似取其第一项,即

$$U_z = 1 - \frac{8}{\pi^2}\exp\left(-\frac{m^2\pi^2}{4}T_v\right)$$

9.6.5 利用沉降观测资料推算后期沉降量

对于大多数工程问题,次固结沉降与主固结沉降相比是不重要的。因此,地基的最终沉降量通常仅取瞬时沉降量与固结沉降量之和,即 $s = s_d + s_c$,相应地,施工期 T 以后($t > T$)的沉降量为:

$$s_t = s_d + s_{ct} \tag{9.47a}$$

或

$$s_t = s_d + U_z s_c \tag{9.47b}$$

上式中的沉降量如按一维固结理论计算,其结果往往与实测成果不符,因为地基沉降多属于三维课题,而实际情况又很复杂因此,利用沉降观测资料推算后期沉降(包括最终沉降量),有其重要的现实意义。下面介绍常用的两种经验方法:对数曲线法(三点法)和双曲线法(二点法)[4]。

1. 对数曲线法

不同条件的固结度 U_z 的计算公式可用一个普遍表达式来概括:

$$U_z = 1 - A\exp(-Bt) \tag{9.48}$$

式中,A 和 B 是两个参数。如将上式与一维固结理论的公式比较,可见在理论上参数 A 是个常数值$(8/\pi^2)$,B 则与时间系数 T_v 中的固结系数、排水距离有关。如果 A 和 B 作为实测的沉降与时间关系曲线中的参数,则其值是待定的。

将式(9.48)代入式(9.47b),得:

$$\frac{s_t - s_d}{s_c} = 1 - A\exp(-Bt) \tag{9.49}$$

再将 $s = s_d + s_c$ 代入上式,并以推算的最终沉降量 s_∞ 代替 s,则得:

$$s_t = s_\infty[1 - A\exp(-Bt)] + s_d A\exp(-Bt) \tag{9.50}$$

如果 s_∞ 和 s_d 也是未知数,加上 A 和 B,则式(9.50)包含四个未知数。从实测的早期 s-t 曲线(图 9.24)选择荷载停止施加以后的三个时间 t_1、t_2 和 t_3,其中 t_3 应尽可能与曲线末端对应,时间差 $(t_2 - t_1)$ 和 $(t_3 - t_2)$ 必须相等且尽量大些。将所选时间分别代入上式,得:

$$\begin{cases} s_{t1} = s_\infty[1 - A\exp(-Bt_1)] + s_d A\exp(-Bt_1) \\ s_{t2} = s_\infty[1 - A\exp(-Bt_2)] + s_d A\exp(-Bt_2) \\ s_{t3} = s_\infty[1 - A\exp(-Bt_3)] + s_d A\exp(-Bt_3) \end{cases} \tag{9.51}$$

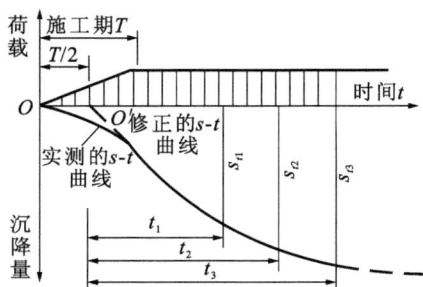

图 9.24 沉降与时间关系实测曲线

附加条件为

$$\exp[B(t_2 - t_1)] = \exp[B(t_3 - t_2)] \tag{9.52}$$

联解式(9.51)和式(9.52)可得

$$B = \frac{1}{t_2 - t_1} \ln \frac{s_{t2} - s_{t1}}{s_{t3} - s_{t2}} \tag{9.53}$$

$$s_\infty = \frac{s_{t3}(s_{t2} - s_{t1}) - s_{t2}(s_{t3} - s_{t2})}{(s_{t2} - s_{t1}) - (s_{t3} - s_{t2})} \tag{9.54}$$

将时间 t_1 与 s_{t1}、s_{t2}、s_{t3} 实测值算得的 B 和 s_∞ 一起代入式(9.51)，即可求得 s_d 的计算表达式如下：

$$s_d = \frac{s_{t1} - s_\infty[1 - A\exp(-Bt_1)]}{A\exp(-Bt_1)} \tag{9.55}$$

式中，参数 A 一般采用一维固结理论近似值（即 $8/\pi^2$），然后可按式(9.50)推算任一时刻的后期沉降量 s_t。

以上各式中的时间 t 均应为修正后零点 O'，工期荷载等速增长，则 O' 点在加荷期的中点（图 9.24）。

2. 双曲线法

建筑物的沉降观测资料表明其沉降与时间的关系曲线，s-t 曲线接近于双曲线（施工期间除外），双曲线经验公式如下：

$$s_{t1} = s_\infty t_1/(\alpha_t + t_1) \tag{9.56a}$$

$$s_{t2} = s_\infty t_2/(\alpha_t + t_2) \tag{9.56b}$$

式中，s_∞ 表示推算最终沉降量，理论上所需时间 $t = \infty$；s_{t1}、s_{t2} 表示经历时间 t_1 和 t_2 出现的沉降量，时间应从施工期一半起算（假设为一级等速加荷）；α_t 表示曲线常数。

在式(9.56)中，两组 s_{t1}、t_1 和 s_{t2}、t_2 为实测已知值，就可求解 s_∞ 和 α_t 如下：

$$s_\infty = t_2 - \frac{t_1}{\left(\dfrac{t_2}{s_{t2}} - \dfrac{t_1}{s_{t1}}\right)} \tag{9.57}$$

$$\alpha_t = s_\infty \cdot \frac{t_1}{s_{t1}} - t_1 = s_\infty \cdot \frac{t_2}{s_{t2}} - t_2 \tag{9.58}$$

为了消除观测资料可能存在的误差，包括仪器设备的系统误差、粗心大意的人为误差以及随机误差，一般将后段的观测点 s_{ti} 和 t_i 都要加以利用，然后计算各 t_i/s_{ti} 值，点在 t-t/s_t 直角坐标图上，其后段应为一直线（个别误差较大的点则剔除），如图 9.25 所示。从测定的直线段上任选两个代表性点 $(t_1$、$s_{t1})$ 和 $(t_2$、$s_{t2})$，即可代入式(9.57)和式(9.58)确定最终沉降量 s_∞ 和 α_t，此两值代入式(9.56)确定后期任意时刻的沉降量。

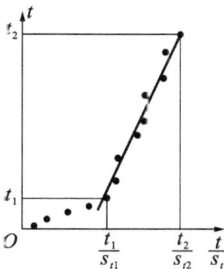

图 9.25 双曲线法推算后期沉降量

9.7 古建筑地基的沉降分析

在西安东城门城楼的修复工程中,俞茂宏与西安文物局再次合作,对东城门城楼的结构力学特性和地基承载力进行了研究。参加者有王源、赵均海和杨松岩。王源、杨松岩参加了统一强度理论弹塑性有限元程序的修改、补充和调试工作。王源、俞茂宏、杨松岩、赵均海对城墙进行了动静力有限元分析。图 9.26 所示为东城门城楼台基有限元计算模型。

将屋面荷载折算成作用在柱子上的集中荷载,当为三排柱时,作用在每个柱子上的荷载 $N=137.5$ kN。

所用材料性质:明代土,$E=69000$ kPa,泊松比 $\mu=0.347$,$C=36.3$ kPa,摩擦角 $\varphi=25.65°$;明代砖,$E=2.23×10^6$ kPa,泊松比 $\mu=0.1$,$\sigma_压=3225$ kPa,$\sigma_拉=289$ kPa。取城楼台基的典型平面,三排柱子简化为三个集中力作用在城墙上(图 9.26)。

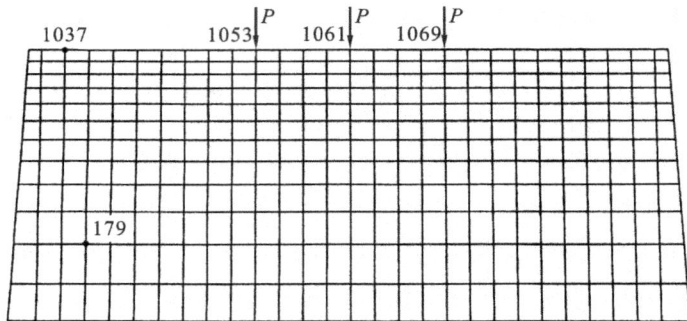

图 9.26 东城门城楼台基有限元计算模型

城楼台基的主要材料为夯实黄土。一般采用的屈服准则如图 9.27 所示。其中曲线 1 为 1900 年提出的莫尔-库仑单剪理论,它是所有屈服准则的下限;曲线 2 为 1985 年俞茂宏提出的双剪理论,它是所有屈服准则的上限;其他曲线 3、4、5 均为介于这两者之间的曲线准则。城楼台基土体的屈服准则采用俞茂宏统一强度理论中参数 $b=0$,$b=1/2$ 和 $b=1$ 的上、中、下三个准则,如图 9.28 所示。它们代表了所有屈服准则的上、中、下三个典型屈服准则。图 9.28 中左上的屈服曲线则代表了 5 种典型的准则。

对东城门城墙进行动静力有限元分析得出的结果如下。

进行分析计算得出各点在各方向的位移和荷载系数关系[荷载系数 $f=F/N$,F 为分步加载的瞬时荷载,P(结构荷载)$=\sum N=137.5×3=412.5$ (kN)],其中城墙顶部左边 1037 点的位移与荷载系数的关系如图 9.29 所示,城墙顶部 1053 点的位移与荷载系数的关系如图 9.30 所示。从图中可以看出,强度理论的选择对计算结果有很大影响。统一强度理论(见第 6 章)为研究这种影响提供了有力的理论基础。

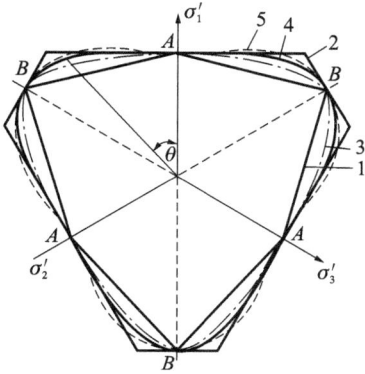

图 9.27   不同的屈服准则

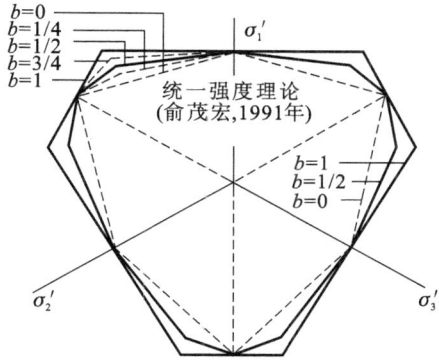

图 9.28   统一强度理论的几个基本屈服准则

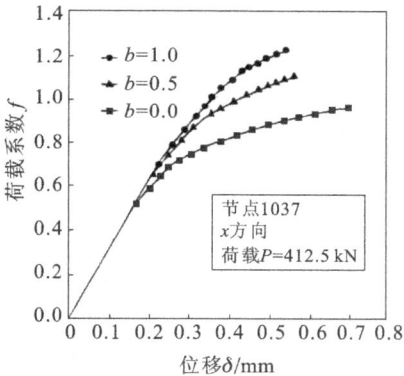

图 9.29   城墙 1037 点的荷载系数-位移关系

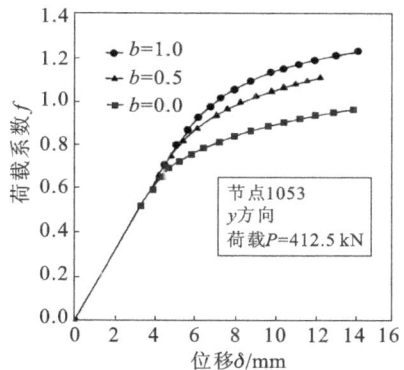

图9.30   城墙 1053 点的荷载系数-位移关系

图 9.31 给出了东城门城墙在 $b=1$ 情况下的主应力迹线图。城墙顶部 1061 点的位移与荷载系数的关系如图 9.32 所示。图 9.33 给出了东城门城墙在 $b=1$ 情况下的变形图。该图同样反映了各个结点变形的相对大小[23,24]。

从以上分析可知以下几点。

(1)不同的屈服准则,荷载系数不同,变形的定量描述可以从荷载系数-位移曲线图中得到。该图可以反映出统一强度理论中采用不同 b 值的影响。根据图 9.32,采用不同强度理论得出的荷载系数相差很大,在三种屈服准则下的荷载系数分别为:$f_1=0.9(b=0)$,$f_2=1.1(b=1/2)$,$f_3=1.2(b=1)$,最大相差达 33.3%。这表明,考虑中间主应力效应后,将提高结构的极限荷载,这一结论与一些岩土工程的实际结果相符合。因此,合理选择统一强度理论参数 b 值对充分利用材料很重要。统一强度理论为这种合理选用提供了理论基础。

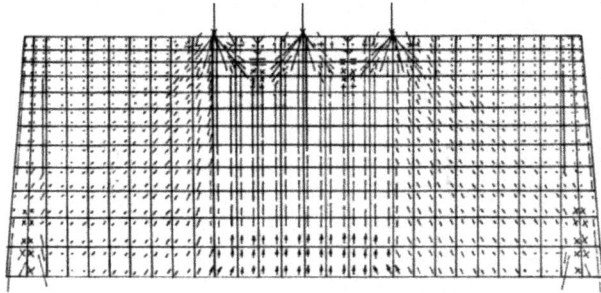

图 9.31 东城门城墙的主应力迹线图

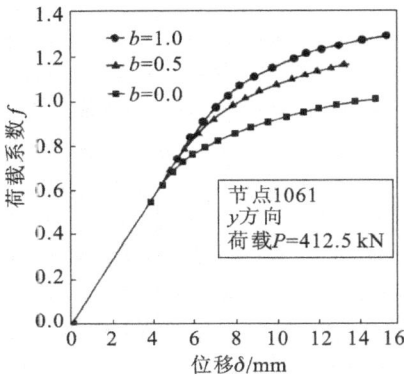

图 9.32 城墙 1061 点的荷载系数-位移关系

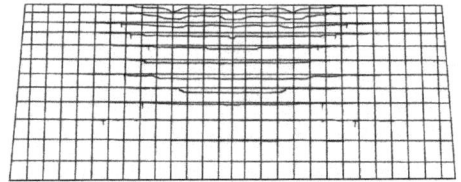

图 9.33 城墙变形图($b=1$)

（2）在加载点附近的变形较大,远离加载点时的变形较小。竖向荷载作用下,竖向位移随荷载增大而增大,对水平方向的变形影响较小。

（3）荷载作用点的变形比远离荷载作用点的变形大得多。竖向荷载作用下,距荷载作用点较远的点有翘起的趋势。城墙在城楼荷载作用下的变形较小。

（4）从受力角度考虑,城墙的城门洞对台基强度有一些影响,这方面还需要做进一步的研究。

参考文献

［1］Budhu M. Soil mechanics and foundations. Wiley,2011.

［2］沈珠江. 几种屈服函数的比较. 岩土力学,1993,14(1)：41-50.

［3］赵成刚,白冰,王远霞. 土力学原理. 北京：北京交通大学出版社,2004.

［4］张克恭,刘松玉. 土力学. 北京：中国建筑工业出版社,2001.

［5］陈仲颐,周景星,王洪瑾,等. 土力学. 北京：清华大学出版社,1994.

［6］钱家欢，殷宗泽. 土力学. 南京：河海大学出版社，1988.

［7］卢廷浩. 土力学. 南京：河海大学出版社，2005.

［8］王铁行. 土力学. 北京：中国电力出版社，2007.

［9］马海龙. 土力学. 杭州：浙江大学出版社，2007.

［10］杨小平. 土力学. 广州：华南理工大学出版社，2001.

［11］王成华. 土力学. 天津：天津大学出版社，2002.

［12］刘忠玉. 土力学. 北京：中国电力出版社，2007.

［13］侍倩. 土力学. 武汉：武汉大学出版社，2004.

［14］李镜培，赵春风. 土力学. 北京：高等教育出版社，2004.

［15］张向东. 土力学. 北京：人民交通出版社，2011.

［16］朱宝龙. 土力学. 北京：中国水利水电出版社，2011.

［17］王成华. 土力学. 天津：天津大学出版社，2002.

［18］龚晓南. 高等土力学. 杭州：浙江大学出版社，1996.

［19］李广信. 高等土力学. 北京：清华大学出版社，2004.

［20］薛守义. 高等土力学. 北京：中国建材工业出版社，2007.

［21］李广信，张丙印，于玉贞. 土力学. 2版. 北京：清华大学出版社，2013.

［22］Krynine D P. Soil mechanics：Its principles and structural applications. New York：McGraw-Hill Book Co.，1947.

［23］俞茂宏，孟晓明. 西安古城墙的保护和开发∥李天顺，胡福民，向德，等. 西安长乐门城楼修缮工程报告. 北京：文物出版社，2001：92-108.

［24］俞茂宏，赵均海，刘宝民. 城楼的动力分析∥李天顺，胡福民，向德，等. 西安长乐门城楼修缮工程报告. 北京：文物出版社，2001：134-146.

阅读参考材料

朗肯(W. J. M. Rankine,1820—1872)

朗肯被后人誉为那个时代的天才,他在热力学、流体力学及土力学等领域均有杰出的贡献。他建立的土压力理论至今仍在广泛应用。

下图为张健、胡瑞林、刘海斌、王珊珊等基于统一强度理论的朗肯土压力的研究得出的朗肯主动土压力和被动土压力的系列结果。

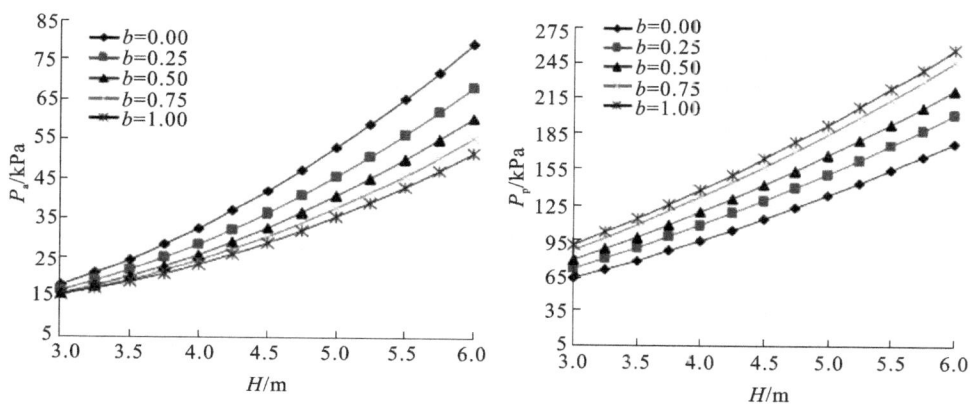

朗肯主动土压力和被动土压力的结果图

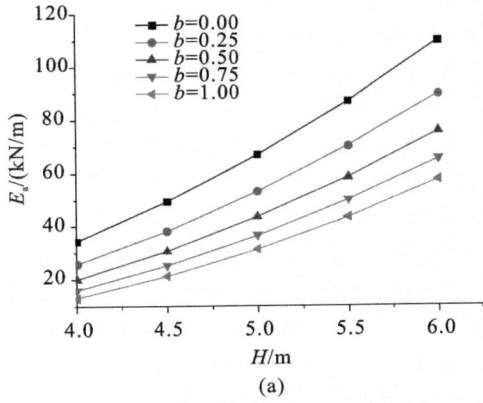

(a)

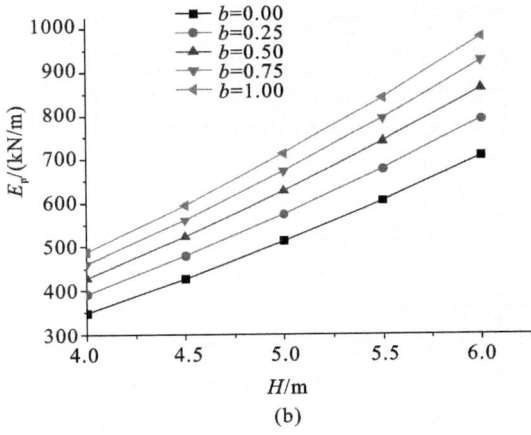

(b)

基于统一强度理论的朗肯主动土压力和被动土压力分析的另一实例

（a）基于统一强度理论不同 *b* 值下主动土压力；（b）基于统一强度理论不同 *b* 值下被动土压力

10 土压力理论

10.1 概   述

土压力是作用于支挡结构上的主要荷载,因此土压力计算是支挡结构设计的关键步骤,但是至今仍然难以用理论计算出精确的解。在基础工程和边坡工程的设计与施工过程中(图 10.1),无论是常规设计方法还是弹性地基梁法都要先确定作用在支护结构上的土压力。特别是在大型地下工程开挖中能正确地估计土压力对于确保工程的安全与顺利施工有十分重要的意义[1-10]。

图 10.1 基础工程施工过程中的支护结构

一般而言,土压力的大小及其分布规律同挡土结构物侧向位移的方向、大小,土的性质以及挡土结构物的高度等因素有关。根据挡土结构物侧向位移的方向和大小,土压力分可为 3 种类型[1-10]。

(1)静止土压力。如图 10.2(a)所示,若刚性的挡土墙保持原来位置静止不动,则作用在挡土墙上的土压力称为静止土压力。作用在单位长度挡土墙上静止土压力的合力用 E_0(kN/m)表示,静止土压力强度用 P_0(kPa)表示。

(2)主动土压力。如图 10.2(b)所示,若挡土墙在墙后填土压力作用下背离填土方向移动,这时作用在墙上的土压力将由静止土压力逐渐减小,当墙后土体达到极限平衡状态,并出现连续滑动面而使土体下滑时,土压力减到最小值,称为主动土压力。主动土压力的合力和强度分别用 E_a(kN/m)和 F_a(kPa)表示。

(3)被动土压力。如图 10.2(c)所示,若挡土墙在外力作用下,向填土方向移动,这时作用在墙上的土压力将由静止土压力逐渐增大,直到土体达到极限平衡状态并出现连续滑动面,墙后土体将向上挤出隆起,这时土压力增至最大值,称为被动土压力。被动土压力的合力和强度分别用 $E_p(kN/m)$ 和 $P_p(kPa)$ 表示。

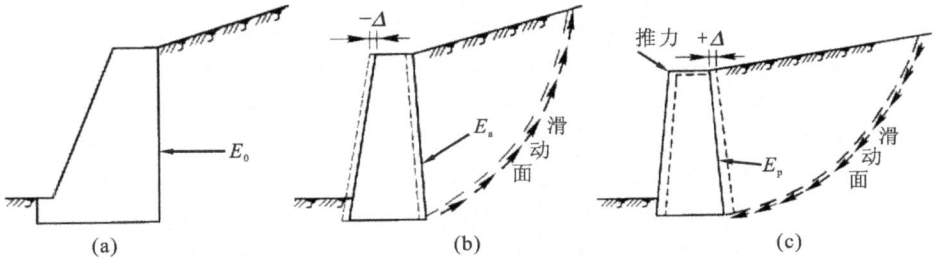

图 10.2 土压力的 3 种类型

(a)静止土压力;(b)主动土压力;(c)被动土压力

在挡土墙高度和填土条件相同的情况下,上述 3 种土压力之间的关系如图 10.3所示,即 $E_a < E_0 < E_p$。

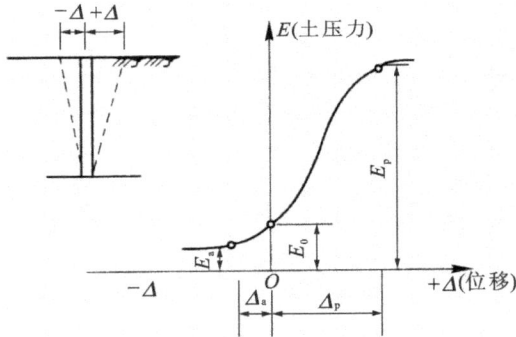

图 10.3 土压力与挡土墙位移的关系

在目前的基坑工程设计中,无论是悬臂式支护结构还是支撑的支护结构,土压力的计算多沿用挡土墙设计的朗肯土压力理论。朗肯在 1857 年研究了半无限土体在自重作用下处于极限平衡状态时的应力条件,推导出土压力计算公式,即著名的朗肯土压力理论。该理论将土压力的计算问题视为平面问题,基于莫尔-库仑强度理论推导出了黏性土与无黏性土的主动土压力与被动土压力的计算公式。莫尔-库仑强度理论也将土压力视为平面问题,仅考虑 σ_1 和 σ_3 的作用,而不考虑中间主应力 σ_2 的影响。土压力的计算问题属于空间问题,应考虑 σ_2 的影响。

统一强度理论提出后,一些学者把统一强度理论引入土压力计算中,考虑了中间主应力对土压力计算结果的影响,将原来的单一解扩展为一系列结果的统一解[6-27]。高江平等在双剪统一强度理论的基础上通过计算平衡拱面积和滑裂体体积推导了主动土压力公式,还导出了按能量理论计算挡土墙主、被动土压力的公式[6,7]。范文等根据土压力上限理论和多三角形破坏机构的计算原理推导了基于双剪统一强度理论的土压力公式[8-10]。谢群丹等假设中间主应力分别为 $\sigma_2 = K\sigma_1$、$\sigma_2 = \sigma_1\sigma_3$、$\sigma_2 = m(\sigma_1 + \sigma_3)/2$,利用双剪统一强度理论主应力型表达式和朗肯土压力分析原理提出了新的土压力计算方法。该方法关键是需要对挡土墙后面填土取土体微元进行应力分析,确定出三个主应力中的两个,然后结合统一强度理论主应力型表达式求解另外一个主应力。但是,该方法在应力分析过程中往往较难确定合适的中间主应力[11]。文献[12]基于双剪统一强度理论,同时考虑三个方向主应力的影响,推导出了主动或被动土压力的计算公式,并讨论了统一强度理论参数 b 对土压力的影响,从而克服了 Mohr-Coulomb 屈服准则没有考虑中间主应力影响的不足,使计算结果更加符合实际。这些文献都是针对 Rankine 或 Coulomb 土压力计算公式的,而这两种土压力计算公式都是依据极限平衡原理推导出来的。

　　主动土压力和被动土压力问题也可以用有限元分析和实验的方法进行研究。图 10.4 是美国斯坦福大学 Borjad(2001 年)得出的土体的主动土压力和被动土压力的变形图[3]。图 10.5 是日本名古屋工业大学 Matsuoka(2001 年)得出的土体的主动土压力和被动土压力的试验结果[5]。这两种结果十分相似。

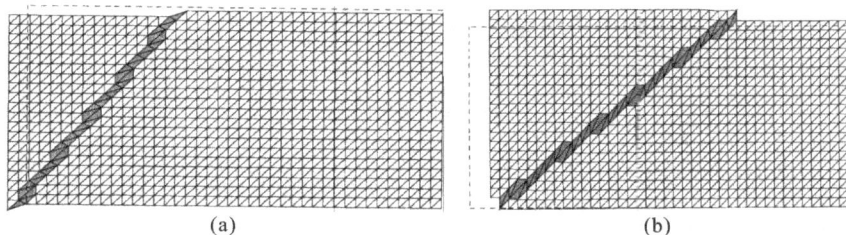

图 10.4　土体的主动土压力和被动土压力的变形图(Borjad,2001 年)

(a)主动土压力;(b)被动土压力

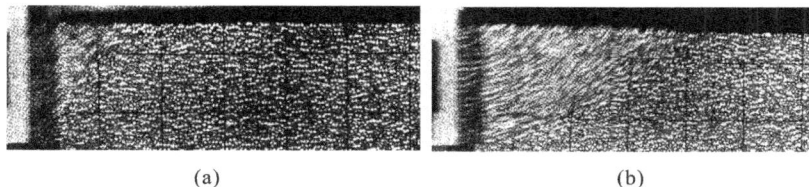

图 10.5　土体的主动土压力和被动土压力试验结果(Matsuoka,2001 年)

(a)主动土压力;(b)被动土压力

　　本章所研究的土压力问题与传统的土压力相同,但将采用统一强度理论代替传统的莫尔-库仑强度理论,它所得出的结果也从一个解发展为一系列有序变化的统一解,因而可以适用于更多的材料和结构。

10.2 朗肯土压力的统一理论解

俞茂宏等的双剪统一强度理论是以双剪单元体为力学模型,考虑作用于双剪单元体上的全部应力分量以及它们对材料破坏的不同影响而建立的一个新的强度理论,充分考虑了中间主应力 σ_2 在不同应力条件下对材料屈服或破坏的影响。如果将挡土墙土压力问题视为平面应变问题,通过广义胡克定律确定出中间主应力 $\sigma_2 = \nu(\sigma_1 + \sigma_3)$,并根据朗肯土压力分析原理确定出另外一个主应力,结合双剪统一强度理论主应力型表达式可分别推导出朗肯主动土压力和被动土压力的计算公式。该公式除了引入考虑中间主应力影响的系数 b,还通过广义胡克定律把材料的泊松比 μ 引入了朗肯土压力计算公式中,从另一个角度探讨朗肯土压力理论的计算方法。

利用经典的黏聚力 C_0 和内摩擦角 φ_0 表示的双剪统一强度理论为:

$$\sigma_3 = \tan^2\left(45° - \frac{\varphi_0}{2}\right)(1+b)\sigma_1 - b\,\sigma_2 - 2(1+b)\tan\left(45° - \frac{\varphi_0}{2}\right)C_0$$

$$\left(\sigma_2 \leqslant \frac{\sigma_1 + \sigma_3}{2} - \frac{\sigma_1 - \sigma_3}{2}\sin\varphi_0\right) \tag{10.1}$$

$$\sigma_3 = \tan^2\left(45° - \frac{\varphi_0}{2}\right)\frac{b\,\sigma_2 + \sigma_1}{1+b} - 2\tan\left(45° - \frac{\varphi_0}{2}\right)C_0$$

$$\left(\sigma_2 \geqslant \frac{\sigma_1 + \sigma_3}{2} - \frac{\sigma_1 - \sigma_3}{2}\sin\varphi_0\right) \tag{10.2}$$

式中,b 为反映中间主剪应力影响的系数,因为岩土类材料极限面一般为外凸形,所以 b 的取值为 $0 \leqslant b \leqslant 1$。

10.2.1 理论分析模型

朗肯研究自重应力作用下,半无限土体内各点的应力从弹性平衡状态发展为极限平衡状态的条件,提出了朗肯土压力理论。假设墙背垂直、光滑,墙后填土面水平,如图 10.6 所示。现分析紧靠挡土墙面的土中任意深度 z 处土微元体的状态[7-27]。

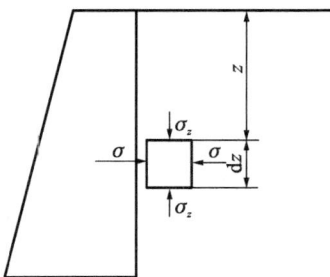

图 10.6 土体中某点的应力状态

当土体静止不动时,土微元体的应力 $\sigma_z = \gamma z$(其中,γ 为土的容重,z 为计算点的深度)。当挡土墙向外移动时,水平应力 σ 不断减小,而竖直应力 σ_z 保持不变,直至土单元达到主动极限平衡状态,这时的 σ 值即为主动土压力强

度 P_a。同样地,当挡土墙向里移动时,水平应力 σ 不断增大,而竖直应力 σ_z 保持不变,直至达到被动极限平衡状态,这时的 σ 值即为被动土压力强度 P_p。

岩土体在弹性限度内进行强度分析时,中间主应力可以通过广义胡克定律来确定。该计算模型可视为平面应变问题进行研究,假设挡土墙横截面为 xz 平面,那么垂直于挡土墙横截面的方向为 y 方向,由平面应变问题的弹性解答可知:

$$\varepsilon_y = 0 \tag{10.3}$$

由广义胡克定律可知:

$$\varepsilon_y = \frac{1}{E}[\sigma_y - \mu(\sigma_z + \sigma_x)] \tag{10.4}$$

式中,μ 为填土材料的泊松比,$0 < \mu < 0.5$。联立式(10.3)和式(10.4)可得

$$\sigma_y = \mu(\sigma_z + \sigma_x) \tag{10.5}$$

因在 xz 平面上一点应力状态有 $\sigma_z + \sigma_x = \sigma_1 + \sigma_3$,所以假设中间主应力为

$$\sigma_2 = \mu(\sigma_1 + \sigma_3) \tag{10.6}$$

把式(10.6)代入式(10.1)、式(10.2)可得

$$\sigma_3(1 + \mu b) = \sigma_1 \left[(1+b)\tan^2\left(45° - \frac{\varphi_0}{2}\right) - \mu b \right] - 2C_0(1+b)\tan\left(45° - \frac{\varphi_0}{2}\right)$$

$$\left(\sigma_2 \leqslant \frac{\sigma_1 + \sigma_3}{2} - \frac{\sigma_1 - \sigma_3}{2}\sin\varphi_0 \right) \tag{10.7}$$

$$\sigma_3 \left[1 + b - \mu b\tan^2\left(45° - \frac{\varphi_0}{2}\right) \right] = \sigma_1(1 + \mu b)\tan^2\left(45° - \frac{\varphi_0}{2}\right) -$$

$$2C_0(1+b)\tan\left(45° - \frac{\varphi_0}{2}\right)$$

$$\left(\sigma_2 \geqslant \frac{\sigma_1 + \sigma_3}{2} - \frac{\sigma_1 - \sigma_3}{2}\sin\varphi_0 \right) \tag{10.8}$$

10.2.2 中间主应力较大时的土压力公式

本节讨论当中间主应力较大时的情况,即满足式(10.8)条件的主应力较大情况下土压力的表达式。

1. 朗肯主动土压力公式推导[7-27]

当土单元进入主动极限平衡状态时,可知:

$$\sigma_1 = \sigma_z = \gamma z \tag{10.9}$$

$$\sigma_2 = \mu(\sigma_1 + \sigma_3) \tag{10.10}$$

将式(10.9)、式(10.10)代入式(10.8),可得朗肯主动土压力强度为:

$$P_a = \sigma_3 = \gamma z \tan^2\left(45° - \frac{\varphi_0}{2}\right)\frac{1 + \mu b}{1 + b - \mu b\tan^2\left(45° - \frac{\varphi_0}{2}\right)} -$$

$$2C_0\tan\left(45°-\frac{\varphi_0}{2}\right)\frac{1+b}{1+b-\mu b\tan^2\left(45°-\frac{\varphi_0}{2}\right)} \qquad (10.11)$$

令 $K_a=\tan^2\left(45°-\frac{\varphi_0}{2}\right)$，即为朗肯主动土压力系数，则式(10.11)可写为

$$P_a=\sigma_3=\gamma z K_a\frac{1+\mu b}{1+b-\mu b\tan^2\left(45°-\frac{\varphi_0}{2}\right)}-2C_0\sqrt{K_a}\frac{1+b}{1+b-\mu b\tan^2\left(45°-\frac{\varphi_0}{2}\right)}$$

$$(10.12)$$

当 $b=0$ 时，$P_a=\gamma z K_a-2C_0\sqrt{K_a}$。通过式(10.12)和经典朗肯主动土压力强度公式对比可知，前者分别在 2 个分项上多了 2 个系数，即

$$\frac{1+\nu b}{1+b-\mu b\tan^2\left(45°-\frac{\varphi_0}{2}\right)} \quad 和 \quad \frac{1+b}{1+b-\mu b\tan^2\left(45°-\frac{\varphi_0}{2}\right)}$$

由式(10.12)可知主动土压力由两部分组成，黏聚力 C_0 的存在减小了作用在墙上的土压力，并且在墙的上部形成一个负侧压力区(拉应力区)。由于墙背与填土在很小的拉应力下就会脱开，该区域的土中会出现拉裂缝，当计算作用在墙背上的主动土压力时应略去这部分负侧压力。此时，由土压力为 0 的条件可计算受拉区的高度 z_0：

$$z_0=\frac{2C_0(1+b)}{(1+\mu b)\sqrt{K_a}} \qquad (P_a=0) \qquad (10.13)$$

在设计挡土墙时，首先要利用判别式判断挡土墙的高度 H 是否大于 z_0，若 $H>z_0$，则要计算朗肯主动土压力；若 $H\leqslant z_0$，则不必进行土压力计算，这时的挡土墙只需按构造要求设计即可。P_a 的作用方向垂直于墙背，沿墙高呈三角形分布。若墙高为 H，则单位墙长度上朗肯主动土压力为

$$E_a=\frac{1}{2}P_a(H-z_0)$$

$$=\frac{1}{2}\gamma H^2 K_a\frac{1+\mu b}{1+b-\mu b\tan^2\left(45°-\frac{\varphi_0}{2}\right)}-\frac{2C_0 H\sqrt{K_a}(1+b)}{1+b-\mu b\tan^2\left(45°-\frac{\varphi_0}{2}\right)}+$$

$$\frac{2C_0^2}{\gamma}\frac{(1+b)^2}{\left[1+b-\mu b\tan^2\left(45°-\frac{\varphi_0}{2}\right)\right](1+\mu b)} \qquad (10.14)$$

E_a 的作用方向垂直于墙背，其作用点在距墙底 $(H-z_0)/3$ 处。当 $b=0$ 时，有

$$E_a=\frac{1}{2}\gamma H^2 K_a-2C_0 H\sqrt{K_a}+\frac{2C_0^2}{\gamma} \qquad (10.15)$$

式(10.15)为经典朗肯主动土压力计算公式。整理式(10.14)可得

$$E_a = \left\{ \left[H - \frac{2(1+b)C_0}{\gamma(1+\mu b)\tan\left(45° - \frac{\varphi_0}{2}\right)} \right]^2 + \frac{4(1+b)^2 C_0^2 \left[1 - \tan^2\left(45° - \frac{\varphi_0}{2}\right) \right]}{\gamma^2 (1+\mu b)^2 \tan^2\left(45° - \frac{\varphi_0}{2}\right)} \right\} \times$$

$$\frac{\gamma(1+\mu b)^2 \tan^2\left(45° - \frac{\varphi_0}{2}\right)}{2\left[1 + b - \mu b - \tan^2\left(45° - \frac{\varphi_0}{2}\right) \right]}$$

(10.16)

当 $H = \dfrac{2(1+b)C_0}{\gamma(1+\mu b)\tan\left(45° - \frac{\varphi_0}{2}\right)}$ 时，E_a 取得最小值。

2. 朗肯被动土压力公式推导[7-27]

当土单元进入被动极限平衡状态时，可知：

$$\sigma_3 = \gamma z \tag{10.17}$$

$$\sigma_2 = \mu (\sigma_1 + \sigma_3) \tag{10.18}$$

将式(10.17)、式(10.18)代入式(10.8)，可得朗肯被动土压力强度为：

$$P_p = \sigma_1 = \frac{\sigma_3 \left[1 + b - \mu b \tan^2\left(45° - \frac{\varphi_0}{2}\right) \right] + 2C_0 \tan\left(45° - \frac{\varphi_0}{2}\right)(1+b)}{(1+\mu b)\tan^2\left(45° - \frac{\varphi_0}{2}\right)}$$

$$= \gamma z \tan^2\left(45° + \frac{\varphi_0}{2}\right) \frac{1 + b - \mu b \tan^2\left(45° - \frac{\varphi_0}{2}\right)}{1 + \mu b} + 2C_0 \frac{1+b}{1+\mu b}\tan\left(45° + \frac{\varphi_0}{2}\right)$$

(10.19)

令 $K_p = \tan^2\left(45° + \frac{\varphi_0}{2}\right)$，即为朗肯被动土压力系数，当 $b=0$ 时，$P_p = \gamma z K_p + 2C_0\sqrt{K_p}$。

P_p 的作用方向垂直于墙背，沿墙高呈三角形分布。若墙高为 H，则单位墙长度上朗肯被动土压力为：

$$E_p = \frac{1}{2}\gamma H^2 K_p \frac{1 + b - \mu b \tan^2\left(45° - \frac{\varphi_0}{2}\right)}{1 + \mu b} + 2C_0 H\sqrt{K_p}\frac{1+b}{1+\mu b} \tag{10.20}$$

E_p 的作用方向垂直于墙背，其作用点在距墙底 $H/3$ 处。当 $b=0$ 时，有

$$E_p = \frac{1}{2}\gamma H^2 \tan^2\left(45° + \frac{\varphi_0}{2}\right) + 2C_0 H\tan\left(45° + \frac{\varphi_0}{2}\right)$$

上式即为经典朗肯被动土压力计算公式。

10.2.3 中间主应力较小时的土压力公式

本节讨论当中间主应力较小的情况，即满足式(10.7)条件的主应力较小情况

下土压力的公式。

1. 朗肯主动土压力公式推导

将式(10.9)、式(10.10)代入式(10.7)，可得朗肯主动土压力强度为：

$$P_a = \sigma_3 = \gamma z \tan^2\left(45° - \frac{\varphi_0}{2}\right) \frac{1 + b - \mu b \tan^2\left(45° + \frac{\varphi_0}{2}\right)}{1 + \mu b} - 2C_0 \tan\left(45° - \frac{\varphi_0}{2}\right)\frac{1+b}{1+\mu b} \tag{10.21}$$

令 $K_a = \tan^2\left(45° - \frac{\varphi_0}{2}\right)$，即为朗肯主动土压力系数，式(10.21)整理可得：

$$P_a = \gamma z K_a \frac{1 + b - \mu b \tan^2\left(45° + \frac{\varphi_0}{2}\right)}{1 + \mu b} - 2C_0\sqrt{K_a}\frac{1+b}{1+\mu b} \tag{10.22}$$

当 $b=0$ 时，$P_a = \sigma_3 = \gamma z K_a - 2C_0\sqrt{K_a}$，即为经典朗肯主动土压力强度公式。

由式(10.12)计算受拉区的高度 z_0：

$$z_0 = \frac{2C_0(1+b)}{\left[1 + \mu b - \tan^2\left(45° + \frac{\varphi_0}{2}\right)\right]\gamma\sqrt{K_a}} \quad (P_a = 0) \tag{10.23}$$

则朗肯主动土压力为：

$$E_a = \frac{1}{2}P_a(H - z_0)$$

$$= \frac{1}{2}\gamma H^2 K_a \frac{1 + b - \mu b \tan^2\left(45° + \frac{\varphi_0}{2}\right)}{1 + \mu b} - \frac{2C_0 H\sqrt{K_a}(1+b)}{1 + \mu b} +$$

$$\frac{2C_0^2}{\gamma}\frac{(1+b)^2}{\left[1 + b - \mu b \tan^2\left(45° + \frac{\varphi_0}{2}\right)\right](1+\mu b)} \tag{10.24}$$

E_a 的作用方向垂直于墙背，其作用点在距墙底 $(H - z_0)/3$ 处。当 $b=0$ 时，有

$$E_a = \frac{1}{2}\gamma H^2 K_a - 2C_0 H\sqrt{K_a} + \frac{2C_0^2}{\gamma}$$

即为经典朗肯主动土压力计算公式。

同理可得，$H = \dfrac{2(1+b)C_0}{\gamma\left[1 + \mu b - \mu b \cdot \tan\left(45° + \frac{\varphi_0}{2}\right)\right]\tan\left(45° - \frac{\varphi_0}{2}\right)}$ 时，E_a 取得

最小值。

2. 朗肯被动土压力公式推导

将式(10.17)、式(10.18)代入式(10.7)，可得朗肯被动土压力强度为：

$$P_{\mathrm{p}} = \sigma_1 = \gamma z \tan^2\left(45° + \frac{\varphi_0}{2}\right) \frac{1 + \mu b}{1 + b - \mu b \tan^2\left(45° + \frac{\varphi_0}{2}\right)} +$$

$$2C_0 \tan\left(45° + \frac{\varphi_0}{2}\right) \frac{1 + b}{1 + b - \mu b \tan^2\left(45° + \frac{\varphi_0}{2}\right)} \qquad (10.25)$$

令 $K_{\mathrm{p}} = \tan^2\left(45° + \frac{\varphi_0}{2}\right)$，即为朗肯被动土压力系数。当 $b = 0$ 时，$P_{\mathrm{p}} = \gamma z K_{\mathrm{p}} + 2C_0\sqrt{K_{\mathrm{p}}}$，即为经典朗肯被动土压力强度公式。

P_{p} 的作用方向垂直于墙背，沿墙高呈三角形分布。若墙高为 H，则朗肯被动土压力为：

$$E_{\mathrm{p}} = \frac{1}{2}\gamma H^2 K_{\mathrm{p}} \frac{1 + \mu b}{1 + b - \mu b \tan^2\left(45° + \frac{\varphi_0}{2}\right)} + 2C_0 H\sqrt{K_{\mathrm{p}}} \frac{1 + b}{1 + b - \mu b \tan^2\left(45° + \frac{\varphi_0}{2}\right)}$$

$$(10.26)$$

E_{p} 的作用方向垂直于墙背，其作用点在距墙底 $H/3$ 处。当 $b = 0$ 时，有

$$E_{\mathrm{p}} = \frac{1}{2}\gamma H^2 \tan^2\left(45° + \frac{\varphi_0}{2}\right) + 2C_0 H \tan\left(45° + \frac{\varphi_0}{2}\right)$$

即为经典朗肯被动土压力计算公式。

10.3 抗剪强度统一强度理论表达式

空间任意一点的主应力状态 $(\sigma_1, \sigma_2, \sigma_3)$ 可以组合成无穷多个应力状态，根据应力状态的特点并选取一定的应力状态参数，则可以将应力状态划分为几种典型的类型。根据 Lode 参数以及双剪应力状态参数的定义式：

$$\mu_\sigma = \frac{2\sigma_2 - \sigma_1 - \sigma_3}{\sigma_1 - \sigma_3} \qquad (10.27)$$

$$\mu_\tau = \frac{\tau_{12}}{\tau_{13}} = \frac{\sigma_1 - \sigma_2}{\sigma_1 - \sigma_3} = \frac{s_1 - s_2}{s_1 - s_3} \qquad (10.28)$$

$$\mu'_\tau = \frac{\tau_{23}}{\tau_{13}} = \frac{\sigma_2 - \sigma_3}{\sigma_1 - \sigma_3} = \frac{s_2 - s_3}{s_1 - s_3} \qquad (10.29)$$

$$\mu_\tau = \frac{1 - \mu_\sigma}{2} = 1 - \mu'_\tau \qquad (10.30)$$

$$\mu'_\tau = \frac{1 + \mu_\sigma}{2} = 1 - \mu_\tau \qquad (10.31)$$

变换式 (10.27) 得

$$\sigma_2 = \frac{\sigma_1 + \sigma_3}{2} + \frac{\mu_\sigma(\sigma_1 - \sigma_3)}{2} \qquad (10.32)$$

将式(10.32)代入到统一强度理论公式式(10.1)和式(10.2)可得结果如下。

当 $\mu_\sigma \leqslant -\sin\varphi_0$ 时：

$$\sigma_1 = \frac{(1+\sin\varphi_0)(2+b-b\mu_\sigma)\sigma_3 + 4(1+b)C_0\cos\varphi_0}{2(1+b)(1-\sin\varphi_0) - b(1+\mu_\sigma)(1+\sin\varphi_0)} \tag{10.33}$$

当 $\mu_\sigma > -\sin\varphi_0$ 时：

$$\sigma_1 = \frac{2(1+b)(1+\sin\varphi_0) - b(1-\mu_\sigma)(1-\sin\varphi_0)}{(2+b+b\mu_\sigma)(1-\sin\varphi_0)}\sigma_3 + \frac{4(1+b)C_0\cos\varphi_0}{(2+b+b\mu_\sigma)(1-\sin\varphi_0)} \tag{10.34}$$

令

$$\sigma_1 = \frac{1+\sin\varphi_{UST}}{1-\sin\varphi_{UST}}\sigma_3 + \frac{2C_{UST}\cos\varphi_{UST}}{1-\sin\varphi_{UST}} \tag{10.35}$$

则可求得当 $\mu_\sigma \leqslant -\sin\varphi_0$ 时：

$$\begin{cases} \sin\varphi_{UST} = \dfrac{2(1+b)\sin\varphi_0}{2+b(1-\mu_\sigma) - b(1+\mu_\sigma)\sin\varphi_0} \\[4mm] C_{UST} = \dfrac{2(1+b)C_0\cos\varphi_0\cot\left(45° + \dfrac{\varphi_{UST}}{2}\right)}{2+b(1-\mu_\sigma) - (2+3b+b\mu_\sigma)\sin\varphi_0} \end{cases} \tag{10.36}$$

当 $\mu_\sigma > -\sin\varphi_0$ 时：

$$\begin{cases} \sin\varphi_{UST} = \dfrac{2(1+b)\sin\varphi_0}{2+b(1+\mu_\sigma) + b(1-\mu_\sigma)\sin\varphi_0} \\[4mm] C_{UST} = \dfrac{2(1+b)C_0\cos\varphi_0}{(2+b+b\mu_\sigma)(1-\sin\varphi_0)\tan\left(45° + \dfrac{\varphi_{UST}}{2}\right)} \end{cases} \tag{10.37}$$

引入双剪应力状态参数 μ_τ（或 μ_τ'），式(10.36)和式(10.37)变化如下。

当 $\mu_\tau' \leqslant \dfrac{1-\sin\varphi_0}{2}$ 时：

$$\begin{cases} \sin\varphi_{UST} = \dfrac{2(1+b)\sin\varphi_0}{2+2b(1-\mu_\tau') - 2b\mu_\tau'\sin\varphi_0} \\[4mm] C_{UST} = \dfrac{2(1+b)C_0\cos\varphi_0\cot\left(45° + \dfrac{\varphi_{UST}}{2}\right)}{2+b(1-\mu_\tau') - 2(1+b+b\mu_\tau')\sin\varphi_0} \end{cases} \tag{10.38a}$$

当 $\mu_\tau' > \dfrac{1-\sin\varphi_0}{2}$ 时：

$$\begin{cases} \sin\varphi_{UST} = \dfrac{2(1+b)\sin\varphi_0}{2+2b\mu_\tau' + 2b(1-\mu_\tau')\sin\varphi_0} \\[4mm] C_{UST} = \dfrac{2(1+b)C_0\cos\varphi_0}{2(1+b\mu_\tau')(1-\sin\varphi_0)\tan\left(45° + \dfrac{\varphi_{UST}}{2}\right)} \end{cases} \tag{10.38b}$$

则式(10.35)可写为

$$\frac{\sigma_1 - \sigma_3}{2} = \frac{\sigma_1 + \sigma_3}{2}\sin\varphi_{\text{UST}} + C_{\text{UST}}\cos\varphi_{\text{UST}} \tag{10.39}$$

根据一点应力状态的 Mohr 圆,与大主应力作用面成 α 角的面,其面上的应力为

$$\tau = \frac{\sigma_1 - \sigma_3}{2}\sin(2\alpha), \quad \sigma = \frac{\sigma_1 + \sigma_3}{2} + \frac{\sigma_1 - \sigma_3}{2}\cos(2\alpha)$$

代入式(10.39),经整理得

$$\tau = \frac{\sin\varphi_{\text{UST}}\sin(2\alpha)}{1 + \cos(2\alpha)\sin\varphi_{\text{UST}}}\sigma + \frac{C_{\text{UST}}\cos\varphi_{\text{UST}}\sin(2\alpha)}{1 + \cos(2\alpha)\sin\varphi_{\text{UST}}} \tag{10.40}$$

为求得过一点某一平面上的最大剪应力,根据求极值的方法,由 $\dfrac{\partial\tau}{\partial\alpha} = 0$ 可得

$$\cos(2\alpha) = -\sin\varphi_{\text{UST}} \tag{10.41}$$

故有

$$\alpha = 45° + \frac{\varphi_{\text{UST}}}{2} \tag{10.42}$$

因此,求出的破裂面与大主应力面间的夹角为 $(45° + \varphi_{\text{UST}}/2)$。

将式(10.42)代入式(10.40)得:

$$\tau = \sigma\tan\varphi_{\text{UST}} + C_{\text{UST}} \tag{10.43}$$

以上公式可根据判别式选用不同的 C_{UST} 与 φ_{UST} 值。

10.4　土压力滑楔理论的统一解

基于统一强度理论,可以导出土压力理论的统一解,其计算的基本假定如下。

(1)墙后土体为均质各向同性的无黏性土。

(2)属于平面应变问题。

(3)土体表面为一平面,与水平面成 β 角。

(4)主动状态,挡土墙在土压力作用下向前变形,使土体达到极限平衡状态,形成滑裂面 $\overline{BC}$ [图 10.7(a)];被动状态,挡土墙在外荷载作用下向土体方向变形,使土体达到极限平衡,形成滑裂面 $\overline{BC}$ [图 10.7(b)]。

(5)在滑裂面上的力满足极限平衡关系 $T = N\tan\varphi_{\text{UST}}$。式中,$\varphi_{\text{UST}}$ 为土的统一内摩擦角。

(6)在墙背上的力满足极限平衡关系 $T = N'\tan\delta$。式中,δ 为土与墙之间的墙背摩擦角。

根据滑楔的平衡关系,可以求得

$$\begin{cases} E_a = \dfrac{\sin(\theta - \varphi_{UST})}{\sin(\alpha + \theta - \varphi_{UST} - \delta)} \overline{W} \\[3mm] E_p = \dfrac{\sin(\theta + \varphi_{UST})}{\sin(\alpha + \theta + \varphi_{UST} + \delta)} \overline{W} \end{cases} \qquad (10.44)$$

式中，$\overline{W}$ 为滑楔自重，可由公式 $\overline{W} = \dfrac{1}{2} \gamma \overline{AB} \cdot \overline{AC} \cdot \sin(\alpha + \beta)$ 求得。

从式(10.44)可以看出，E_a、E_p 都是 θ 的函数，其主动土压力必然产生在使 E_a 为最大值的滑楔面上，而被动土压力必然产生在使 E_p 为最小值的滑楔面上。因此，将 E_a 与 E_p 分别对 θ 求导，求出最危险的滑裂面，即可求得主动土压力与被动土压力为：

$$\begin{cases} E_a = \dfrac{1}{2} \gamma h^2 K_a \\[3mm] E_p = \dfrac{1}{2} \gamma h^2 K_p \end{cases} \qquad (10.45)$$

式中，γ 为土体的重度；h 为挡土墙的高度；K_a、K_p 分别为主动土压力系数与被动土压力系数，可由下式表示：

$$\begin{cases} K_a = \dfrac{\sin^2(\alpha + \varphi_{UST})}{\sin^2\alpha \sin(\alpha - \delta)\left[1 + \sqrt{\dfrac{\sin(\varphi_{UST} - \beta)\sin(\varphi_{UST} + \delta)}{\sin(\alpha + \beta)\sin(\alpha - \delta)}}\right]^2} \\[6mm] K_p = \dfrac{\sin^2(\alpha - \varphi_{UST})}{\sin^2\alpha \sin(\alpha - \delta)\left[1 - \sqrt{\dfrac{\sin(\varphi_{UST} + \beta)\sin(\varphi_{UST} + \delta)}{\sin(\alpha + \beta)\sin(\alpha + \delta)}}\right]^2} \end{cases} \qquad (10.46)$$

土压力的方向均与墙背法线成 δ 角，但与法线所成的 δ 的方向相反(图10.7)。土压力作用点在没有超载的情况下均为离墙踵高 $H/3$ 处。

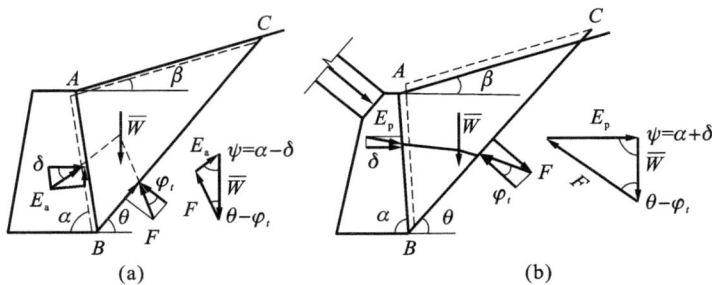

图 10.7　土压力计算简图

(a)主动状态；(b)被动状态

当墙顶的土体表面作用有分布荷载 q(图10.8)时，滑楔自重部分应增加超载项，即

$$\overline{W} = \frac{1}{2}\gamma \overline{AB} \cdot \overline{AC} \cdot \sin(\alpha+\beta)\left[1+\frac{2q\sin\alpha\cos\beta}{\gamma h\sin(\alpha+\beta)}\right] \tag{10.47}$$

令 $K_q = 1 + \dfrac{2q\sin\alpha\cos\beta}{\gamma h\sin(\alpha+\beta)}$，则式(10.47)可写成：

$$\overline{W} = \frac{1}{2}\gamma K_q \overline{AB} \cdot \overline{AC} \cdot \sin(\alpha+\beta) \tag{10.48}$$

同理，可求得主动土压力与被动土压力为：

$$\begin{cases} E_a = \dfrac{1}{2}\gamma h^2 K_a K_q \\[2mm] E_p = \dfrac{1}{2}\gamma h^2 K_p K_q \end{cases} \tag{10.49}$$

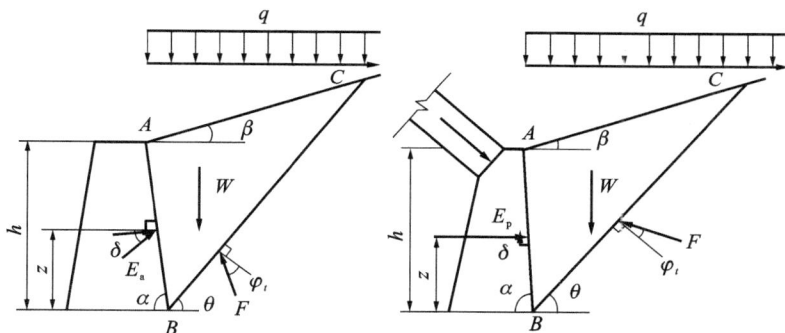

图 10.8　具有地表分布荷载的情况

其土压力的方向仍与墙背法线成 δ 角。土压力的作用点位于梯形的形心，离墙踵高为：

$$Z_E = \frac{h}{3} \cdot \frac{2P_a + P_b}{P_a + P_b} = \frac{h}{3} \cdot \frac{\gamma h + 3q}{\gamma h + 2q} \tag{10.50}$$

式中，P_a、P_b 分别为墙顶与墙踵处的分布土压力。

10.5　算　　例

10.5.1　算例1(朗肯土压力)

已知挡土墙及填土参数：土重度为 18 kN/m³；内摩擦角 $\varphi = 15°$，黏聚力 $C = 10$，泊松比 $\mu = 1/3$。试根据双剪统一强度理论确定不同 b 值和 H 值条件下朗肯土压力强度 P_a、P_p 及合力 E_a、E_p 的值。计算结果如表 10.1、表 10.2、表 10.3 和图 10.9、图 10.10 所示。

表 10.1　　　　　　　　　　　　　　　不同 *b* 值下 z_0 值

b	0	0.25	0.50	0.75	1.00
z_0/m	1.93	2.22	2.48	2.70	2.89

表 10.2　　　　　　　　　　不同 *b* 值和 *H* 值条件下 P_a、E_a 的值

b 值	主动土压力	挡土墙高 *H*/m				
		4	4.5	5	5.5	6
0	P_a/kPa	27.04639	32.34551	37.64462	42.94374	48.24286
	$E_a/(\text{kN}\cdot\text{m}^{-1})$	34.51081	49.35879	66.85632	87.00341	109.8001
0.25	P_a/kPa	22.26808	27.04829	31.82849	36.60869	41.3889
	$E_a/(\text{kN}\cdot\text{m}^{-1})$	25.93339	38.26248	52.98168	70.09097	89.59037
0.5	P_a/kPa	18.85955	23.2696	27.67964	32.08969	36.49974
	$E_a/(\text{kN}\cdot\text{m}^{-1})$	20.16322	30.6955	43.43282	58.37515	75.52251
0.75	P_a/kPa	16.30564	20.43834	24.57103	28.70373	32.83643
	$E_a/(\text{kN}\cdot\text{m}^{-1})$	16.08356	25.26956	36.5219	49.84059	65.22563
1	P_a/kPa	14.32073	18.23787	22.15501	26.07215	29.98929
	$E_a/(\text{kN}\cdot\text{m}^{-1})$	13.08885	21.2285	31.32672	43.38351	57.39887

表 10.3　　　　　　　　　　不同 *b* 值和 *H* 值下 P_p 及 E_p 的值

b 值	被动土压力	挡土墙高 *H*/m				
		4	4.5	5	5.5	6
0	P_p/kPa	148.349	163.6346	178.9202	194.2057	209.4913
	$E_p/(\text{kN}\cdot\text{m}^{-1})$	348.8271	426.823	512.4617	605.7432	706.6675
0.25	P_p/kPa	165.6335	182.5784	199.5233	216.4682	233.4131
	$E_p/(\text{kN}\cdot\text{m}^{-1})$	391.4159	478.4689	573.9943	677.9922	790.4625
0.5	P_p/kPa	180.4488	198.8159	217.1831	235.5502	253.9174
	$E_p/(\text{kN}\cdot\text{m}^{-1})$	427.9206	522.7367	626.7365	739.9198	862.2867
0.75	P_p/kPa	193.2887	212.8885	232.4883	252.088	271.6878
	$E_p/(\text{kN}\cdot\text{m}^{-1})$	459.558	561.1022	672.4464	793.5905	924.5345
1	P_p/kPa	204.5236	225.2019	245.8803	266.5586	287.237
	$E_p/(\text{kN}\cdot\text{m}^{-1})$	487.2407	594.672	712.4426	840.5523	979.0012

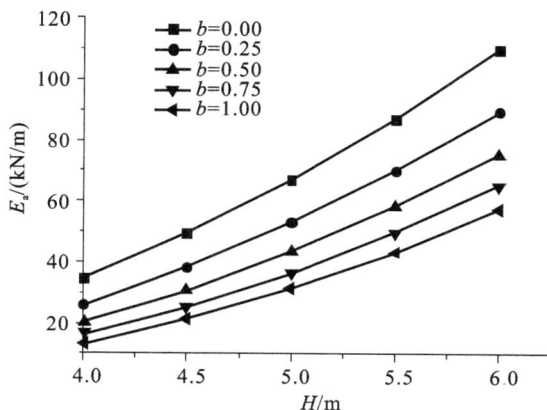

图 10.9　不同 b 值下的主动土压力

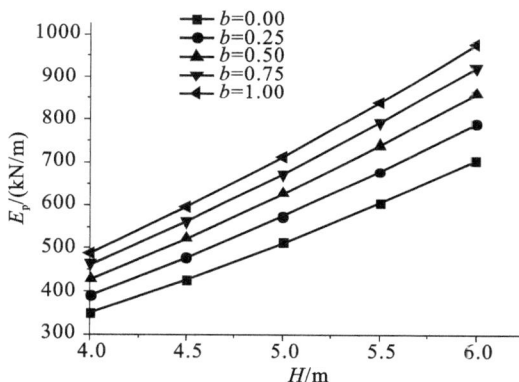

图 10.10　不同 b 值下的被动土压力

由表 10.1～表 10.3 和图 10.9、图 10.10 可知，E_a 和 E_p 随着 H 值的增大而增大；主动土压力随着 b 值的增加而降低，被动土压力随着 b 值的增加而增加；同一 H 值下，b 值对 E_a 影响最大约为 50%，对 E_p 影响最大约为 40%。

以上结果分析表明，在朗肯土压力计算中，采用经典朗肯主动土压力理论所得到的结果往往是偏大的，最大可偏大约 50%，具有一定的安全储备；而采用经典朗肯被动土压力理论所得到的结果往往是偏小的，最大偏小约 40%。

10.5.2　算例 2(滑楔理论土压力)

某挡土墙墙高 $H=6$ m，墙面与水平线间的夹角 $\alpha=75°$，墙背面填土为无黏性土，填土表面为一向上倾斜的斜坡面，与水平面间的夹角 $\beta=10°$，填土的容重

$\gamma = 16.5 \text{ kN/m}^3$，内摩擦角 $\varphi = 30°$，填土与墙面的摩擦角 $\delta = 15°$，分别计算了填土对挡土墙的主动与被动土压力，结果见表 10.4。

表 10.4   土压力计算结果

应力状态参数 μ_r'	土压力 E/ $(\text{kN} \cdot \text{m}^{-1})$	统一强度理论参数 b				
		0	0.25	0.5	0.75	1
0	E_a	146.61	146.61	146.61	146.61	146.61
	E_p	1511.20	1511.20	1511.20	1511.20	1511.20
0.25	E_a	146.61	134.36	125.42	118.60	113.20
	E_p	1511.20	1711.11	1893.31	2059.94	2212.82
0.5	E_a	146.61	138.58	132.92	128.69	125.42
	E_p	1511.20	1636.44	1738.17	1822.41	1893.31
1	E_a	146.61	146.61	146.61	146.61	146.61
	E_p	1511.20	1511.20	1511.20	1511.20	1511.20

10.5.3   算例 3

范文等[9]（2005 年）基于统一强度理论，考虑中间主应力效应，按照现有的极限状态分析方法，推导了土压力计算公式，Rankine 土压力公式为其特例。按有效应力法与总应力法对土压力的计算公式进行了推导与分析，同时与已有文献的实例进行了对比分析。结果表明，得出的解答具有广泛代表性。为了对比分析，采用文献[13]的例子来说明统一强度理论计算土压力的情况。表 10.5 为 $\gamma_1 = 18.5 \text{ kN/m}^3$，$C_{cu} = 10 \text{ kPa}$，$\varphi_{cu} = 19°$，深度为 6 m 时的土压力值。他们给出 $b = 0$、$b = 0.25$、$b = 0.50$、$b = 0.75$、$b = 1.0$ 时 5 种情况的计算结果。

表 10.5   土压力计算结果表

计算分类	土压力/kPa	统一强度理论参数 b				
		0	0.25	0.50	0.75	1.0
用固结不排水强度指标计算	P_a	42.2	38.5	35.8	33.8	32.2
	P_p	246.2	261.2	273.2	283.1	291.3
用不排水强度指标计算	P_a	55.9	49.8	44.9	40.8	37.5
	P_p	166.1	172.2	177.1	181.2	184.5

从表 10.5 可以得出以下结论。

（1）统一强度理论的一系列有序变化的准则为结构强度问题的强度理论效应

研究提供了有效的理论基础。它不仅给出了下限和上限,还给出了从下限到上限之间的一系列连续变化的结果。

(2)通过实例可以看出,当$b=0$时,文中的结果与文献[27]的基本一致。但当b值增大时,主动土压力变小,被动土压力变大,即不同程度考虑中间主应力的影响时,对土压力有较大的影响,符合土压力的变化规律。

(3)采用有效应力法计算土压力时,将水土分开考虑,概念比较清楚。但是,有时无法考虑土体在不排水剪切时产生的超静孔压的影响。因此,有时采用总压力法计算土压力,这时有两种方法,而采用固结不排水与不排水强度指标进行计算。这两种指标不同程度地对土压力产生影响。

(4)实际计算中可根据土性指标选择适当的b值和应力状态,合理地确定土压力的大小。

10.5.4　算例4

袁俊利[14]分析得出的一个实例如图10.11和图10.12所示。

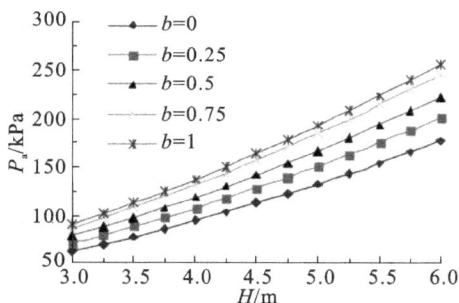

图 10.11　不同 H 值和 b 值下的
主动土压力强度

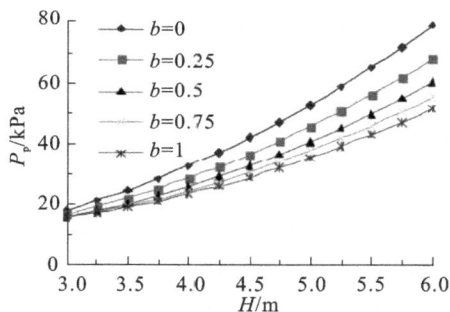

图 10.12　不同 H 值和 b 值下的
被动土压力强度

10.5.5　算例5

应捷、廖红建和蒲武川[15](2004年)运用统一强度理论,将其引入平面应变状态下的 Rankine 土压力理论并加以改进,提出了基于统一强度理论的主、被动土压力系数及土压力公式,得出基于莫尔-库仑强度理论的 Rankine 土压力公式是该公式的一个特例的结论。他们运用工程实例,计算了在不同统一强度理论参数 b 值下的土压力沿深度分布的曲线,论证了中间主应力 σ_2 对土压力的影响。实例证明考虑中间主应力 σ_2 的土压力计算结果更符合实际情况。

某深基坑工程的基坑深度为 10.8 m,面积约为 3690 m²;支护结构采用地下连续墙,墙厚 0.8 m,入土深度为 21.8 m。分别采用莫尔-库仑强度理论和统一强度理论计算土压力,计算中分别取 $b=0$、$b=0.25$、$b=0.5$、$b=0.75$、$b=1$,结果如图 10.13 所示。可以看出土压力随 b 值的增大而减小。当 $b=0$ 时,统一强度理论与莫尔-库仑强度理论结果相同,可知莫尔-库仑强度理论仅仅是统一强度理论的特例。当 $b=1$ 时,即为双剪强度理论,由图 10.13 可知,其计算结果与莫尔-库仑强度理论相比,前者更接近实测土压力值,因此更加经济、实用。数值比较表明,基于双剪理论的土压力公式的计算结果比 Rankine 土压力公式节约材料 20%～25%,从而证明中间主应力 σ_2 对土压力计算的影响是不容忽视的。

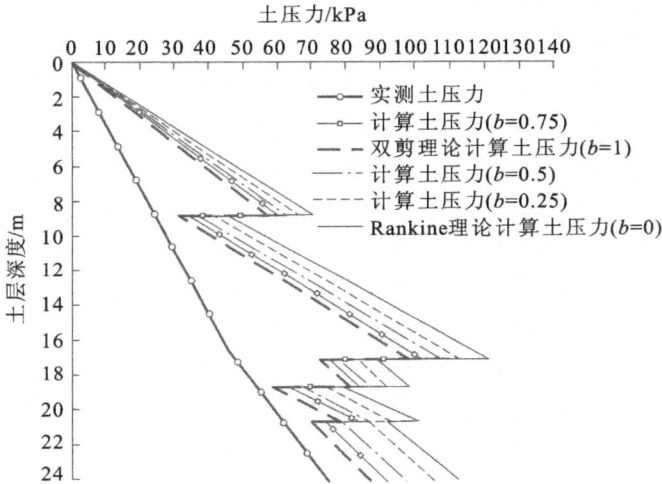

图 10.13　土压力分布图

应捷、廖红建和蒲武川得出如下结论。

(1)基于双剪统一强度理论,推导出了其在平面应变状态下的极限应力平衡方程式,利用其对 Rankine 土压力公式进行改进,可以得出 Rankine 土压力公式是它的特例。

(2)推导出的公式充分考虑了中间主应力 σ_2 的影响,不同的统一强度理论参数 b 可以得到不同的土压力值。当 $b=1$ 时,统一强度理论退化为双剪强度理论,实例证明其结果更加符合实际情况,应用于实际工程中可取得良好的经济效益。

(3)统一强度理论覆盖了现有的各种强度理论,它适用于各类材料。对于岩土类材料,根据土体的指标及土质的情况选用适当的 b 值,可以得到更为合理的结果。

10.6　基于双剪统一强度理论的加筋土挡墙卡斯台德空间土的压力研究

王维、刘哲哲、黄向京(2010 年)基于双剪统一强度理论进行了加筋土挡墙卡斯台德空间土压力研究[16]。他们将加筋土看作各向异性的复合体材料,采用双剪统一强度理论,考虑中间主应力的影响,导出了加筋土挡墙卡斯台德空间土压力的双剪统一解。所给出的解可适用于采用各种筋材、各种填料的空间土压力的计算。

例如,已知某加筋土挡墙的资料为:$H=7.5$ m, $\varphi=37°$,$B=8$ m,$\gamma=19$ kN/m³,计算作用在挡土墙全长上的土压力 P(kN)和单位墙高及整个墙长上的土压力 p(kN/m),结果如表 10.6 所示。

表 10.6　　　　不同 b 值时加筋土挡墙卡斯台德空间土压力计算结果

统一强度理论参数 b	$\varphi_{UST}/(°)$	P/kN	λ(土压力系数)	$p/(kN \cdot m^{-1})$
0	37.00	806.83	0.19	216.68
0.2	38.50	754.79	0.17	192.45
0.4	39.65	712.92	0.15	175.32
0.6	40.57	678.93	0.14	162.57
0.8	41.32	650.96	0.13	152.71
1.0	41.94	627.61	0.12	144.85

从表 10.6 可以得出以下结论:

(1)基于双剪统一强度理论,给出了加筋土挡墙的卡斯台德空间土压力的计算公式,算例分析结果表明空间土压力随统一强度理论中间应力参数 b 值的增大而减小。统一解可灵活地适用于各种不同筋材、不同填料的挡土墙空间主动土压力的计算。

(2)随着中间主应力系数 b 值的增大,土压力系数减小。

(3)应用双剪统一强度参数公式可以求算不同 b 值所对应的筋土复合体的强度参数,该值同时包含了主应力 σ_1、σ_2 和 σ_3 对材料强度的贡献,并可将与平面问题对应的常规土工试验方法所测得的强度指标 C 和 φ 换算为空间问题所需要的强度指标 C_{UST} 和 φ_{UST}。

10.7 空间土压力计算理论的双剪统一解

传统的朗肯理论、库仑理论和极限平衡理论计算土压力,都是将挡土墙作为平面问题研究,也就是将挡土墙看作是无限长墙中的一个单位长度墙体来研究的。但实际上,所有挡土墙的长度都是有限的,只是它们的相对长度不同。作用在挡土墙上的土压力不仅随墙高而变化,还随墙的长度而变化。沿挡土墙的长度,作用在中间断面上的土压力与作用在两端断面上的土压力有明显的不同,说明作用在挡土墙上的土压力是一个空间问题,而非平面问题。

早在 20 世纪 30 年代,在太沙基等人的著作中,就已经指出了土压力的空间特性,但对这一问题的实际研究是从 20 世纪 50 年代才开始的。特别是近 20 多年来,许多学者对这一问题进行了试验研究,才使空间土压力的计算成为可能。1977年,克列恩提出滑裂土体是一个半圆柱形截柱体,并据以提出了土压力的计算方法;但仍然采用 Mohr-Coulomb 强度准则,仅考虑主应力 σ_1、σ_3 对土体屈服的影响,却没有考虑 σ_2 的影响,这显然是不符合实际的。随着城市建设的发展以及地下空间的广泛开发和利用,深基坑工程越来越多地受到关注。围绕深基坑工程的设计与施工问题也逐渐成为工程界和学术界的研究热点。目前,对深基坑相关问题的理论计算,一般都是建立在二维平面问题的分析基础上。然而实际上,基坑本身是一个具有有限长、宽和深尺寸的三维空间结构。大量工程实践和试验研究表明,基坑坑壁中间区域内的土压力和位移值均大于基坑两端一定范围内的土压力和位移值,深基坑边坡体和支护结构存在明显的空间效应。

基坑空间效应的研究,即为研究基坑边坡中部和两端受力和变形的变化规律,从而有效地指导设计与施工。但从变形与受力的相互关系来看,本质上是研究边坡体土压力的变化规律。土压力的研究一般以基坑边坡体的破坏机理研究为基础。已有文献以不同的基坑边坡三维滑楔破坏模型进行基坑空间土压力计算和空间效应分析,但这些理论分析一般以莫尔-库仑强度准则为三维滑楔体极限平衡的依据,而该准则未能考虑中间主应力 σ_2 的影响。这在三维空间受力分析中存在不合理性。

高江平等[6,7](2006 年)采用双剪统一强度理论,导出了克列恩空间土压力计算的双剪统一解。应用该法可同时考虑主应力 σ_1、σ_2 和 σ_3 对土体屈服强度的贡献,从而使深基坑空间效应研究考虑中间主应力 σ_2 的影响,得到的变化规律更趋合理。算例分析结果如表 10.7 所示。

表 10.7　　　　　　　不同 b 值时挡土墙空间土压力计算结果

统一强度理论参数 b 值	0	0.2	0.4	0.6	0.8	1.0
$\varphi_{UST}/(°)$	30	31.45	32.58	33.49	34.23	34.85
k	2.264	2.285	2.297	2.304	2.308	2.310
主动土压力 P/kN	353.8	337.9	325.7	316.0	308.0	301.5
单位墙长上的土压力 $e/(kN/m)$	29.49	28.16	27.14	26.33	25.67	25.12
主动土压力作用点距墙顶的竖直距离 y/m	2.624	2.624	2.624	2.6239	2.624	2.6238

研究结果表明：

(1)随着统一强度理论参数 b 值的增大,空间主动土压力 P 减小,主动土压力系数 k 略有增大,土压力作用点距墙顶的竖直距离 y 略有减小。

(2)所给出的解可以灵活运用于各种不同特性材料空间主动土压力的计算,应用双剪统一强度参数公式可以求算不同 b 值所对应的土体的强度参数,该值同时包含了主应力 σ_1、σ_2 和 σ_3 对材料强度的贡献,并可将与平面问题对应的常规土工试验方法所测得的强度指标 C_0、φ_0 换算为空间问题所需的强度指标 C_{UST}、φ_{UST}。统一解可以更好地发挥挡土墙填料的强度潜力。

对于深基坑空间效应问题,郑惠虹[27](2013年)基于双剪统一强度理论进行了理论分析。郑惠虹通过对无黏性土基坑边坡三维滑楔模型的受力分析,得出双剪统一强度理论下的土压力分布规律,并与莫尔-库仑强度理论的计算结果进行比较,发现双剪理论更接近实测的变化规律。其中一个计算实例和计算结果如下。

某基坑开挖深度为 10 m,平面为 $20\ m \times 32\ m$ 的矩形;土层物理力学性质指标为 $\gamma = 18.4\ kg/m^3$,$\varphi = 25.8°$,$\alpha = 0$,$\delta = 16.4°$。通过计算可得到 b 取不同值时基坑边坡土压力沿坑长向分布,如图 10.14 所示。

由计算结果可以看出,土体抗剪强度参数 φ_{UST} 随着 b 值的增加而增加,即采用考虑中间主应力的双剪统一强度理论相对于莫尔-库仑强度理论计算的强度参数增加;平衡拱拱高 H 随着 b 值的增加而减小,即滑楔体体积减小,空间土压力减小。由图 10.14 可以看出,随着 b 值的增加,沿坑长向土压力减小,空间效应影响区域有增加的趋势。由此可以得出以下结论。

(1)在三维空间下讨论土压力的计算,采用考虑中间主应力的统一强度理论更合理。

(2)基于双剪强度理论计算的抗剪强度值比基于莫尔-库仑强度理论的计算结果要大,表明中间主应力的存在提高了土体的抗剪强度。

(3)基于双剪强度理论计算的沿坑长向的土压力比基于莫尔-库仑强度理论的计算结果要小,表明莫尔-库仑强度理论偏于保守。

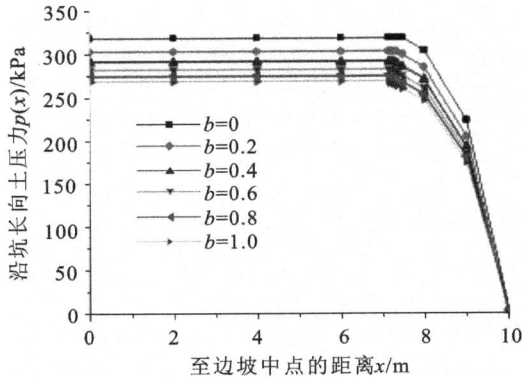

图 10.14　不同 b 值时基坑边坡土压力沿坑长向分布（郑惠虹，2013 年）

（4）基于双剪强度理论计算的基坑空间效应影响区域比莫尔-库仑强度理论有增加的趋势，说明基于双剪强度理论的基坑空间效应更加明显。

（5）基坑边坡土压力和位移的实测结果一般均小于理论值，中间主应力的影响是其中的一个因素。采用双剪统一强度理论来分析基坑边坡土压力分布更接近实测结果。

10.8　本章小结

土压力的计算是土力学的重要内容。土压力的计算多沿用于挡土墙设计的 Rankine 土压力理论。该理论基于莫尔-库仑强度理论推导出了黏性土与无黏性土的主动土压力与被动土压力的计算公式。莫尔-库仑强度理论仅考虑 σ_1 和 σ_3 的作用，而没有考虑中间主应力 σ_2 的影响，因而与实际情况有差距。本章将统一强度理论引入土压力的分析，从而得出一系列新的结果，可以更好地适用于不同的材料和结构。

（1）统一强度理论覆盖了现有的各种强度理论，它可以适用于从金属到岩土类的材料。对于岩土类材料，根据土体的指标及土质的情况选用适当的 b 值，可能得到更为合理的结果。

（2）将土压力视为平面应变问题，并结合朗肯土压力原理和双剪统一强度理论主应力型表达式推导了朗肯主动土压力和被动土压力的计算公式。该公式引入了考虑中主应力影响的系数 b，可以适用于各种不同特性的岩土材料，经典朗肯土压力理论可以看作该公式的一个特例。

（3）在实际中，由朗肯土压力公式所得的主动土压力值通常都较实测值偏大，其原因是没有考虑中间主应力的影响，可见中间主应力对朗肯土压力的影响是有的。统一强度理论比传统的莫尔-库仑强度理论更好地发挥材料的强度潜力。算例分析表明,它可以更好地发挥材料的强度潜力达 20%~50%,可产生一定经济效益。

(4)$b=0$ 对应于 Mohr-Coulomb 强度准则,中间主应力对强度没有影响;$b=1$ 对应于双剪统一强度理论,中间主应力对强度的影响与最小主应力等同。参数 b 可利用真三轴试验结果进行确定。

(5)滑楔土压力计算公式是以平面滑裂面为基础而得到的,其相对于实际的曲面滑裂面有一定的差异。据研究表明,在主动状态,滑裂面的曲度较小,采用平面滑裂面来代替,偏差不大;但在被动状态,采用平面滑裂面存在较大的误差。

参考文献

[1] Rankine W J M. On the stability of loose earth. Philosophical Transactions of the Royal Society of London, 1857,147(147):9-27.

[2] Roscoe K H,Burland J B. On the generalized stress-strain behavior of wet clay//Heyman J, Leckie F. Engineering Plasticity. Cambridge:Cambridge University Press,1968:535-609.

[3] Borja R I, Regueiro R A. Strain localization in frictional materials exhibiting displacement jumps. Computer Methods in Applied Mechanics & Engineering, 2001,190(20-21):2555-2580.

[4] 李广信,张丙印,于玉贞. 土力学. 2 版. 北京:清华大学出版社,2013.

[5] [日]松岗元. 土力学. 罗汀,姚仰平,译. 北京:中国水利水电出版社,2001.

[6] 高江平,俞茂宏. 双剪统一强度理论在空间主动土压力计算中的应用. 西安建筑科技大学学报,2006,38(1): 93-99.

[7] 高江平,刘元烈,俞茂宏. 统一强度理论在挡土墙土压力计算中的应用. 西安交通大学学报,2006,40(3):359-364.

[8] 范文,刘聪,俞茂宏. 基于统一强度理论的土压力公式. 长安大学学报:自然科学版,2004,24(6):43-46.

[9] 范文,沈珠江,俞茂宏. 基于统一强度理论的土压力极限上限分析. 岩土工程学报,2005,27(10):1147-1153.

[10] 范文. 土压力公式的统一解. 煤田地质与勘探,2005,33(2):52-54.

[11] 谢群丹,何杰,刘杰,等. 双剪统一强度理论在土压力计算中的应用. 岩土工程学报,2003,25(3):343-345.

[12] 路德春,张在明,杜修力,等. 平面应变条件下的极限土压力. 岩石力学与工程学报,2008,27(2): 3354-3359.

[13] 魏汝龙. 总应力法计算土压力的几个问题. 岩土工程学报,1995,17(6):120-125.

[14] 袁俊利.基于统一强度理论朗肯土压力参数的正交试验.煤田地质与勘探, 2011,39(1):47-51.

[15] 应捷,廖红建,蒲武川.平面应变状态下基于统一强度理论的土压力计算.岩石力学与工程学报,2004,23(S1):4315-4318.

[16] 王维,刘哲哲,黄向京.基于双剪统一强度理论的加筋土挡墙卡斯台德空间土压力.公路工程,2010,35(5):17-19.

[17] 翟越,林永亮,范文,等.土压力滑楔理论的统一解.地球科学与环境学报, 2004,26(1):24-28.

[18] 林永亮.基于统一强度理论的土压力问题研究//中国优秀博硕士学位论文全文数据库,2004-11-03.

[19] 陈秋南,张永兴,周小平.三向应力作用下的 Rankine 被动土压力公式.岩石力学与工程学报,2005,24(5):880-882.

[20] 黄亚娟,赵均海,田文秀.基于双剪统一强度理论的刚性结构物竖直土压力计算.建筑科学与工程学报,2008,25(1):107-110.

[21] 贾萍,赵均海,魏雪英,等.空间主动土压力简化计算的双剪统一解.建筑科学与工程学报,2008,25(2):85-88.

[22] 张健,胡瑞林,刘海斌,等.基于统一强度理论朗肯土压力的计算研究.岩石力学与工程学报,2010(S1):3169-3176.

[23] 张常光,张庆贺,赵均海.非饱和土抗剪强度及土压力统一解.岩土力学, 2010(6):1871-1876.

[24] 唐仁华,陈昌富.基于统一强度理论的锚杆挡土墙可靠度分析.水文地质工程地质,2011,38(4):69-73.

[25] 张健,胡瑞林,刘海斌,等.基于统一强度理论朗肯土压力的计算研究//中国科学院地质与地球物理研究所第十届(2010年度)学术年会论文集(下),2011.

[26] 董强,米峻,景宏君,等.双剪统一强度理论在挡土墙朗肯主动土压力计算中的应用.公路,2012(8):32-35.

[27] 郑惠虹.基于双剪统一强度理论基坑边坡土压力分布分析.中外公路,2013, 31(4):58-61.

阅读参考材料

普朗特（Ludwig Prandtl，1875—1953）

德国力学家，现代力学奠基人

维西可（Aleksandar Sedmak Vesic，1924—1982）

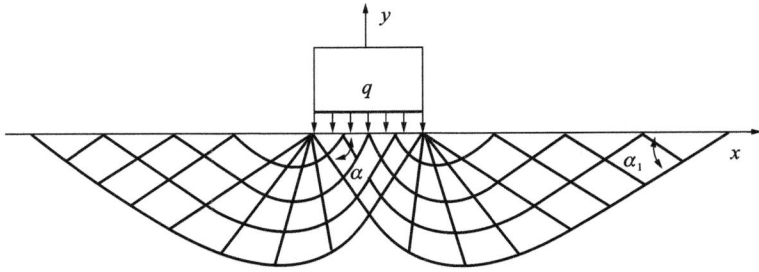

条形地基的极限承载力统一解：

$$q_{\text{UST}} = C_{\text{UST}} \cdot \cot\varphi_{\text{UST}} \left[\frac{1 + \sin\varphi_{\text{UST}}}{1 - \sin\varphi_{\text{UST}}} \exp(\pi \cdot \tan\varphi_{\text{UST}}) - 1 \right]$$

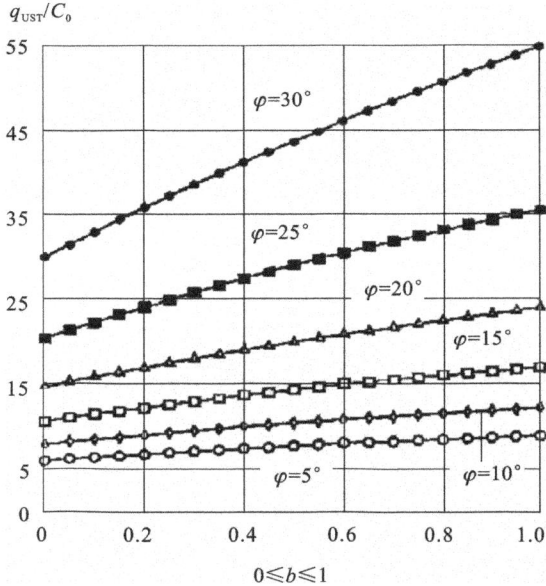

应用统一强度理论求解条形地基土体承载力，可以得到一系列结果，可将传统土力学的结果（$b=0$）作为特例而包容于其中，为工程应用提供更多的结果、参考、对比和合理选择。

11 条形基础地基极限承载力的统一公式

11.1 概　　述

　　地基承载力的确定是工程实践中迫切需要解决的基本问题,也是土力学研究的主要课题。本章主要研究条形基础的地基承载力。

　　一般来说,求解极限荷载的方法主要有两种:一种是根据静力平衡和极限平衡条件建立微分方程,然后根据边界条件来求得各点的应力解,此解比较精确,但稍微复杂的条件求解就较为困难;另一种方法是假定滑动面,然后根据滑动面包围的土体的静力平衡条件来求得极限承载力,这种方法因计算简单而被广泛使用。而对于条形基础,目前的理论基本上是建立在假定滑动面的方法之上的,因此其有一定的局限性,但适用性较广。

　　对于条形基础极限承载力,最早开始研究的是普朗特(Ludwig Prandtl,1875—1953)。普朗特在 1920 年根据塑性理论研究刚体压入介质的塑性变形问题,介质达到破坏时,他给出了滑动面形状及极限压应力的公式,从而根据极限平衡理论得到相应的理论解。Hencky(1923 年)、Gecteinger(1930 年)、Hill(1950年)、Prager(1949 年)、Березанлев(1953 年)、Соколовский(1960 年)和 Johnson、Mellor(1982 年)等都根据平面应变滑移线场理论进行了研究[1-8]。普朗特提出的滑移线场如图 11.1(a)所示。此后,Hill 提出了另一种滑移线场,如图 11.1(b)所示,但是两者得出的极限荷载相同。他们的解都只适用于拉压强度相等的材料,它们是一种正交滑移线场。拉压强度不同材料的滑移线场如图 11.2 所示,它们是一种非正交滑移线场。

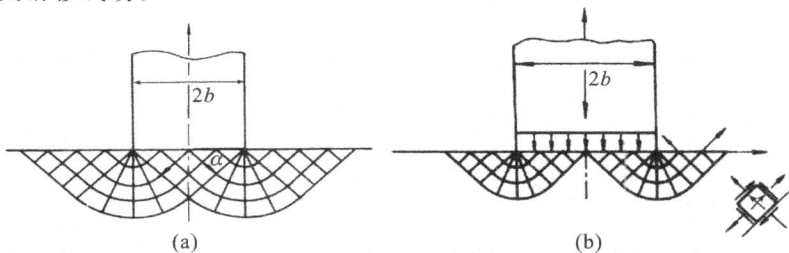

图 11.1　Prandtl 滑移线场和 Hill 滑移线场

(a)Prandtl 滑移线场;(b)Hill 滑移线场

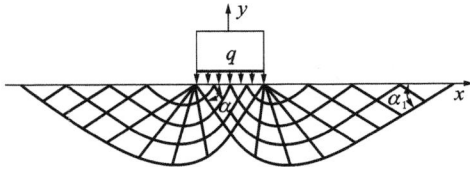

图 11.2 拉压强度不同材料的滑移线场

滑移线场理论得到其他一些理论的支持。图 11.3 所示为条形基础速度场的计算机分析模拟(Otani 等,2001 年)[8]。条形基础的数值分析结果也得出类似的结果[9]。

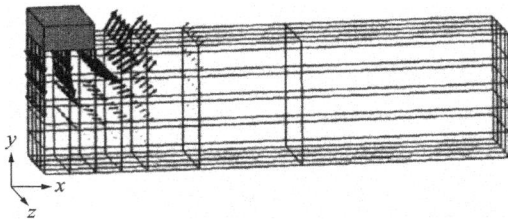

图 11.3 条形基础速度场模拟(Otani 等,2001 年)

对于实际地基情况,瑞斯诺(Reissner)1924 年改进了普朗特的公式,考虑了基础埋深 d,并计算了基底的土体压力,获得了相应计算公式。普朗特和瑞斯诺公式没有考虑土的重度和土的抗剪强度,也没有考虑中间主应力的影响。因此,它们的计算结果不太精确。

太沙基(Terzaghi)1943 年在 Prandtl 的基础上,考虑了基底的粗糙性和土的重量,但没有考虑土的抗剪强度,仅将其作为超载考虑,从而得到太沙基半经验半理论公式,且在工程中运用较为广泛。

著名学者汉森(J. B. Hansen)、维西克(A. S. Vesic)等于 1961—1973 年间在 Prandtl 理论基础上,提出在中心倾斜荷载作用下,不同基础形状及不同埋置深度时的极限承载力计算公式,并研究了基础底面形状、荷载偏心、倾斜、基础两侧覆盖土层的抗剪强度、基底和地面倾斜、土的压缩性影响等。

条形基础下地基极限承载力理论是建立在土的强度理论基础之上的。上述如朗肯、太沙基、迈耶霍夫等极限承载力公式大都是基于 Tresca 准则或 Mohr-Coulomb 准则推导而得的[1-5],没有考虑中间主应力的影响。

统一强度理论反映了中间主应力的影响,并具有简单的线性表达式,为条形基础下地基极限承载力研究提供了新的理论基础。1997 年,俞茂宏等首先将统一强度理论推广为平面应变问题的统一滑移线场理论[10],得出了条形基础下地基极限承载力的统一滑移线场理论解。2000 年以后,一些学者把统一强度理论引入条形基础下地基极限承载力研究中,考虑了中间主应力对计算结果的影响,将原来的单一解扩展为一系列结果的统一解[9-20]。周小平、王建华、黄焜镔、丁志诚、王祥秋、杨林德、高文华、杨小礼、李亮、杜思村、高江平、俞茂宏、李四平、范文、白晓宇、刘杰、赵明华、陈昌富、隋凤涛、王士杰等都在研究中得出了新的成果[9-34]。

本章所研究的条形基础下地基极限承载力问题与传统问题相同,但是采用统一强度理论代替传统的莫尔-库仑强度理论。它所得出的结果也从一个解发展为一系列有序变化的统一解,因而可以适用于更多的材料和结构,为工程应用提供了更多的资料、结果、参考和合理选择。这些新的结果还有可能取得一定的经济效益。

对于其他形状的基础,理论解比较复杂,往往在条形基础之上进行修正计算而得到。

11.2 条形基础地基承载力

11.2.1 极限承载力公式推导

统一强度理论可表示为:

$$F = \sigma_1 - \frac{\alpha}{1+b}(b\,\sigma_2 + \sigma_3) = \sigma_t \quad \left(\sigma_2 \leqslant \frac{\sigma_1 + \alpha\sigma_3}{1+\alpha}\right)$$

$$F = \frac{1}{1+b}(\sigma_1 + b\sigma_2) - \alpha\sigma_3 = \sigma_t \quad \left(\sigma_2 \geqslant \frac{\sigma_1 + \alpha\sigma_3}{1+\alpha}\right)$$

$$(11.1)$$

式中,$\alpha = \sigma_t/\sigma_c$,为材料的拉压比;$b$ 为统一强度理论中反映中间主剪应力及相应面上的正应力对材料破坏影响程度的参数;σ_t 为岩土体抗拉强度;σ_c 为岩土体抗压强度。σ_t、σ_c、b、α 由实验确定。

1.基本假设

(1)基础底面粗糙。当地基发生整体剪切破坏并形成延伸至基底平面高程处的连续滑动面时,基底以下有一部分土体将随基础一起移动而始终处于弹性状态,该部分土体为弹性楔体。如图 11.4 所示,弹性楔体的边界 ab 为滑动边界的一部分,并假设与水平面间的夹角为 ψ。

除弹性楔体外,在滑动区域范围内的所有土体均处于塑性状态,滑动区由径向剪切区 Ⅱ 和朗肯被动区 Ⅲ 组成,径向剪切区的边界 bc 由对数螺旋曲线表示:

$$r = r_0\,e^{\theta\tan\varphi_{\mathrm{UST}}} \quad (11.2)$$

式中

$$\varphi_{\text{UST}} = \arcsin \frac{b(1-m) + (2 + b\,m + b)\sin\varphi_0}{2 + b + b\sin\varphi_0} \tag{11.3}$$

其中，$m = \dfrac{2\sigma_2}{\sigma_1 + \sigma_3}$，$\varphi_0$ 为岩土体材料的内摩擦角，r_0 为起始矢径，θ 为任意矢径与起始矢径 r_0 间的夹角。朗肯被动区 III 的边界 cd 直线与水平面间的夹角为 $\left(45° + \dfrac{\varphi_{\text{UST}}}{2}\right)$，如图 11.4 所示。

（2）不考虑基地以上基础两侧土体的抗剪强度的影响，而用相应的均布荷载 $q = rD$ 表示。

2.地基极限承载力的确定

根据上述基本假定，由图 11.5 中的弹性楔体 aba_1 的平衡条件可得整体剪切破坏时的极限荷载为：

$$Q_{\text{u}} = 2P_{\text{p}}\cos(\psi - \varphi_{\text{UST}}) + C_{\text{UST}} B\tan\psi - \frac{1}{4}\gamma B^2 \tan\psi \tag{11.4}$$

式中

$$C_{\text{UST}} = \frac{2(1+b)C_0\cos\varphi_0}{2 + b + b\sin\varphi_0} \cdot \frac{1}{\cos\varphi_{\text{UST}}} \tag{11.5}$$

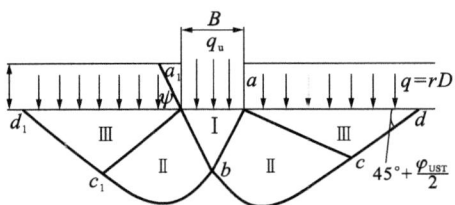

图 11.4　粗糙基底图　　　　11.5　弹性楔体力学模型

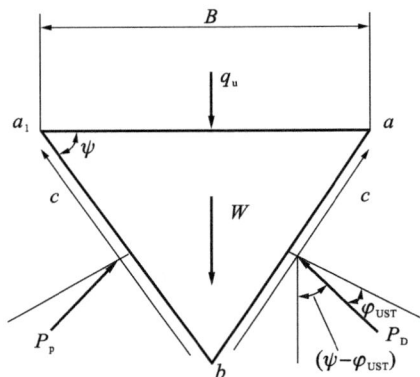

其中，C_0 为岩土体材料的黏聚力，B 为基础宽度，γ 为地基土的容重，P_{p} 为作用于弹性楔体边界面 ab 上的被动土压力的合力，即

$$P_{\text{p}} = P_{pc} + P_{pq} + P_{p\gamma} \tag{11.6}$$

$$P_{\text{p}} = \frac{B}{2\cos^2\varphi_{\text{UST}}}\left(C_{\text{UST}}k_{pc} + qk_{pq} + \frac{1}{4}\gamma B\tan\varphi_{\text{UST}}k_{p\gamma}\right) \tag{11.7}$$

式中：

$$
\begin{cases}
k_{pc} = \dfrac{\cos\varphi_{UST}}{\cos\psi}\cot\varphi_{UST}\left[e^{\left(\frac{3\pi}{2}+\varphi_{UST}-2\psi\right)\tan\varphi_{UST}}\left(1+\sin\varphi_{UST}\right)-1\right] \\[3mm]
k_{pq} = \dfrac{\cos^2\varphi_{UST}}{\cos\psi}e^{\left(\frac{3\pi}{2}+\varphi_{UST}-2\psi\right)\tan\varphi_{UST}}\tan\left(\dfrac{\pi}{4}+\dfrac{\varphi_{UST}}{2}\right)
\end{cases}
$$

$k_{p\gamma}$ 为 γ 项的被动土压力系数,须通过试算确定。

将式(11.6)和式(11.7)代入式(11.4),可得:

$$
q_u = \frac{Q_u}{B} = C_{UST}N_c + qN_q + \frac{1}{2}\lambda B N_\gamma \tag{11.8}
$$

其中

$$
\begin{cases}
N_c = \tan\psi + \dfrac{\cos(\psi-\varphi_{UST})}{\cos\psi\sin\varphi_{UST}}\left[e^{\left(\frac{3\pi}{2}+\varphi_{UST}-2\psi\right)\tan\varphi_{UST}}\left(1-\sin\varphi_{UST}\right)-1\right] \\[3mm]
N_q = \dfrac{\cos(\psi-\varphi_{UST})}{\cos\psi}e^{\left(\frac{3\pi}{2}+\varphi_{UST}-2\psi\right)\tan\varphi_{UST}}\tan\left(\dfrac{\pi}{4}+\dfrac{\varphi_{UST}}{2}\right) \\[3mm]
N_\gamma = \dfrac{1}{2}\tan\psi\left[\dfrac{k_{p\gamma}\cos(\psi-\varphi_{UST})}{\cos\psi\cos\varphi_{UST}}-1\right]
\end{cases} \tag{11.9}
$$

式(11.8)是在基底粗糙的条件下得到的,其中弹性楔体边界 ab 与水平面间的夹角 ψ 为未定值。为此本节做如下假定。

(1)假定基础完全粗糙(图 11.6)。此时可假定弹性楔体边界 ab 与水平面间的夹角 $\psi = \varphi_{UST}$,则式(11.9)可以写成如下形式:

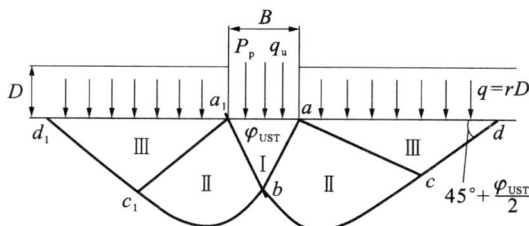

图 11.6 完全粗糙基底

$$
N_c = (N_q - 1)\cot\varphi_{UST}
$$

$$
N_q = \frac{e^{\left(\frac{3\pi}{2}-\varphi_{UST}\right)\tan\varphi_{UST}}}{2\cos^2\left(\dfrac{\pi}{4}+\dfrac{\varphi_{UST}}{2}\right)} \tag{11.10}
$$

$$
N_\gamma = \frac{1}{2}\tan\varphi_{UST}\left(\frac{k_{p\gamma}}{\cos^2\varphi_{UST}}-1\right)
$$

从上式可知,承载力系数均与内摩擦角有关,被动土压力系数 $k_{p\gamma}$ 须试算确定。为了便于计算,结合太沙基经验公式,有

$$
N_\gamma = 1.8(N_q - 1)\tan\varphi_{UST} \tag{11.11}
$$

（2）假定基底完全光滑（图 11.7）。此时弹性楔体已不存在而成为朗肯主动区，且整个滑动区域已演变为与普朗特完全相同。朗肯主动区的边界与水平面间的夹角 ψ 为：

$$\psi = \frac{\pi}{4} + \frac{1}{2}\varphi_{UST} \tag{11.12}$$

将式（11.12）代入式（11.9），则基础完全光滑的承载力系数 N_c、N_q、N_γ 可确定。

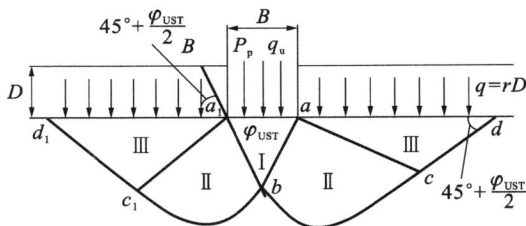

图 11.7 完全光滑基底

11.2.2 各参数对极限承载力的影响

有一宽为 4 m 的条形基础，埋深为 3 m，地基为均质黏性土，容重为 19.5 kN/m³，下面探讨本节公式中各参数对极限承载力的影响规律。

1. 基底粗糙（$m=1$）时

假设基底粗糙，运用式（11.8）～式（11.11）进行计算分析，得到的结果如图 11.8～图 11.25 所示。图 11.8～图 11.16 为 $m=1$ 时的基底粗糙地基计算结果，其中图 11.8～图 11.10 为 q_u 与 φ_0 的关系图；图 11.11～图 11.13 为 q_u 与 C_0 的关系图；图 11.14～图 11.16 为极限载荷 q_u 与统一强度理论参数 b 的关系图。

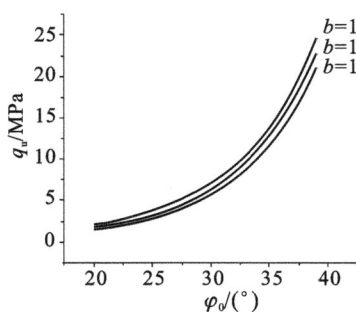

图 11.8 当 $m=1$，$b=1$ 时 q_u 与 φ_0 的关系图　　图 11.9 当 $m=1$，$b=0.5$ 时 q_u 与 φ_0 的关系图

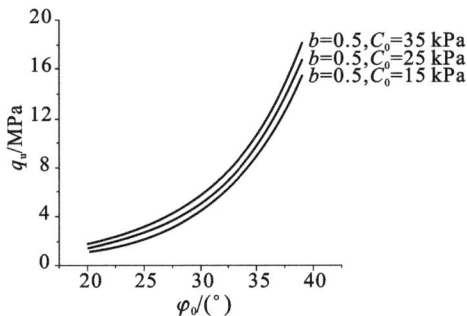

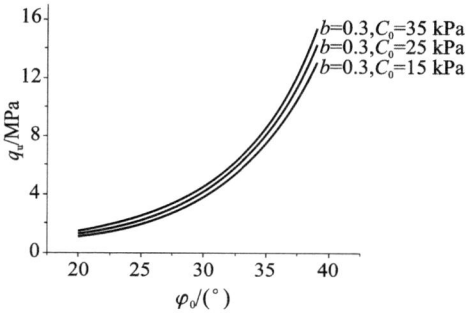

图 11.10　当 $m=1, b=0.3$ 时 q_u 与 φ_0 的关系图

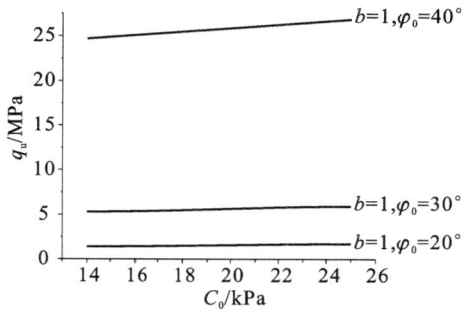

图 11.11　当 $m=1, b=1$ 时 q_u 与 C_0 的关系图

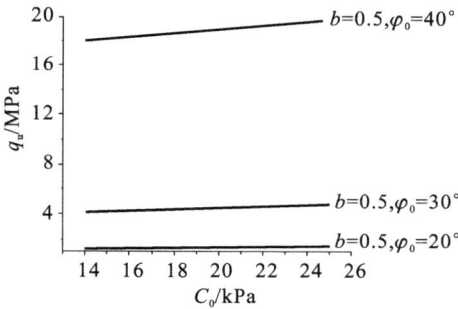

图 11.12　当 $m=1, b=0.5$ 时 q_u 与 C_0 的关系图

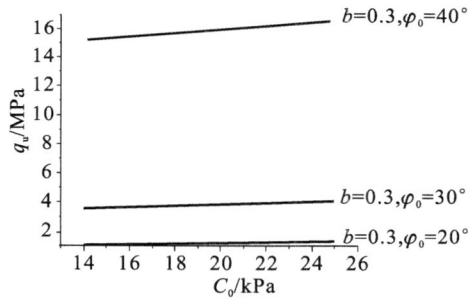

图 11.13　当 $m=1, b=0.3$ 时 q_u 与 C_0 的关系图

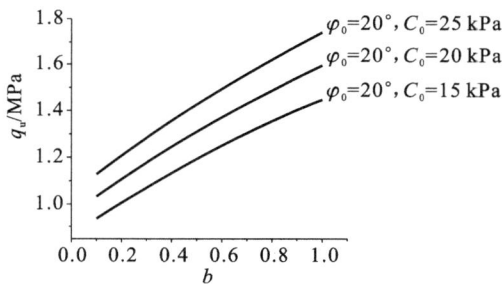

图 11.14　极限载荷 q_u 与统一强度理论参数 b 的关系图(当 $m=1, \varphi_0=20°$ 时)

2. 基底粗糙($m=0.8$)时

图 11.17~图 11.25 为基底粗糙 $m=0.8$ 时的计算结果。其中图 11.17~图 11.19 为 q_u 与 φ_0 的关系图；图 11.20~图 11.22 为 q_u 与 C_0 的关系图；图 11.23~图 11.25 为极限载荷 q_u 与统一强度理论参数 b 的关系图。

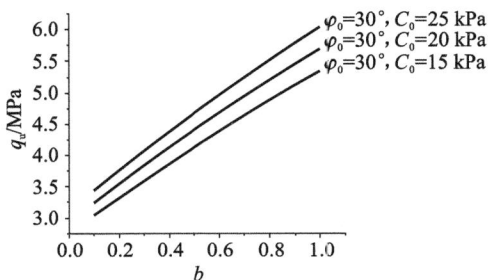

图 11.15　极限载荷 q_u 与统一强度理论参数 b 的关系图（当 $m=1$，$\varphi_0=30°$时）

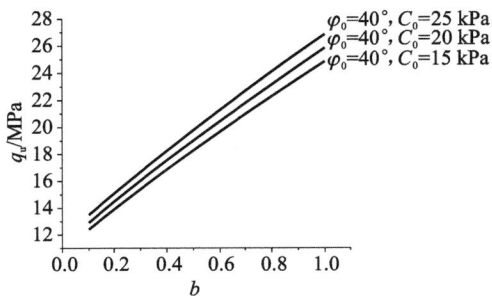

图 11.16　极限载荷 q_u 与统一强度理论参数 b 的关系图（当 $m=1$，$\varphi_0=40°$时）

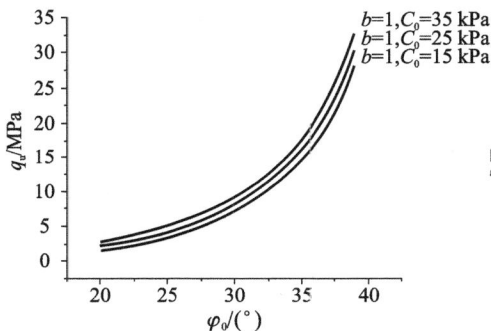

图 11.17　当 $m=0.8$，$b=1$ 时 q_u 与 φ_0 的关系图

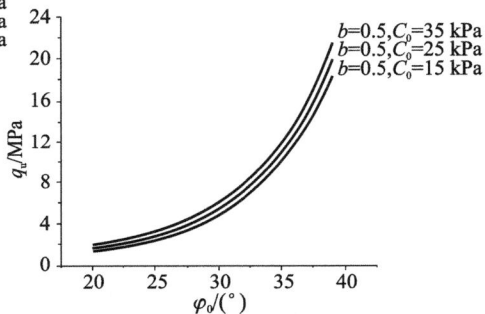

图 11.18　当 $m=0.8$，$b=0.5$ 时 q_u 与 φ_0 的关系图

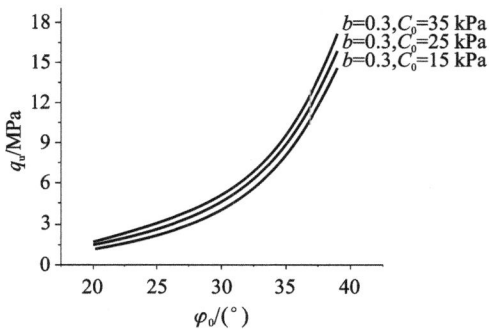

图 11.19　当 $m=0.8$，$b=0.3$ 时 q_u 与 φ_0 的关系图

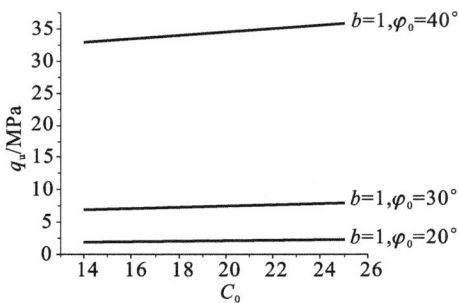

图 11.20　当 $m=0.8$，$b=1$ 时 q_u 与 C_0 的关系图

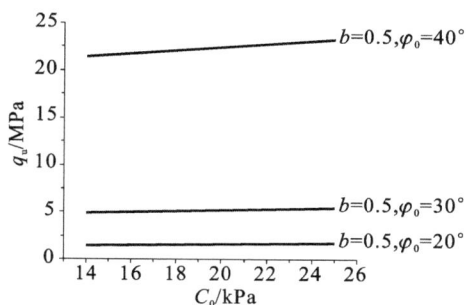

图 11.21　当 $m=0.8, b=0.5$ 时
q_u 与 C_0 的关系图

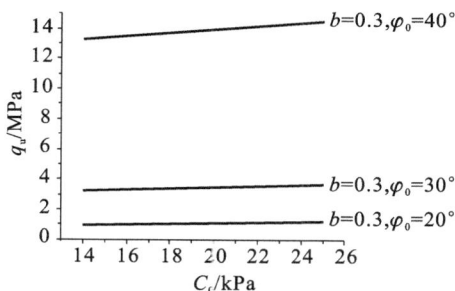

图 11.22　当 $m=0.8, b=0.3$ 时
q_u 与 C_0 的关系图

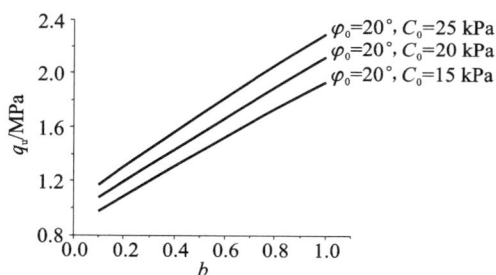

图 11.23　极限载荷 q_u 与统一强度理论
参数 b 的关系图（当 $m=0.8, \varphi_0=20°$时）

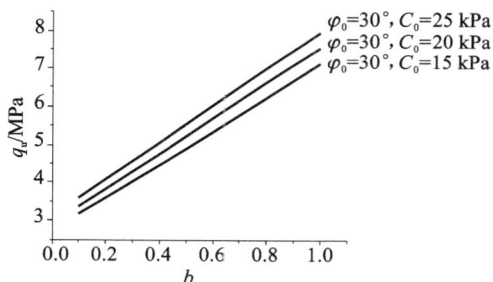

图 11.24　极限载荷 q_u 与统一强度理论
参数 b 的关系图（当 $m=0.8, \varphi_0=30°$时）

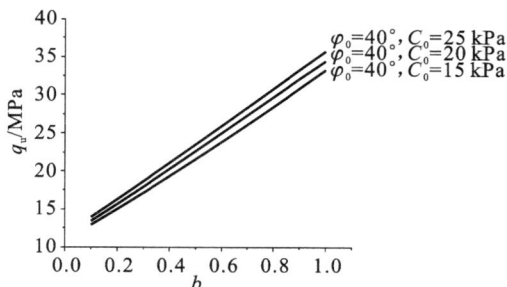

图 11.25　极限载荷 q_u 与统一强度理论参数 b 的关系图（当 $m=0.8, \varphi_0=40°$时）

3. 基底光滑（$m=1$）时

假设基底光滑,运用式(11.8)～式(11.12)计算分析,可得图 11.26～图 11.34 所示的基底光滑 $m=1$ 的计算结果。其中,图 11.26～图 11.28 为 q_u 与 φ_0 的关系图;图 11.29～图 11.31 为 q_u 与 C_0 的关系图;图 11.32～图 11.34 为极限载荷 q_u 与统一强度理论参数 b 的关系图。

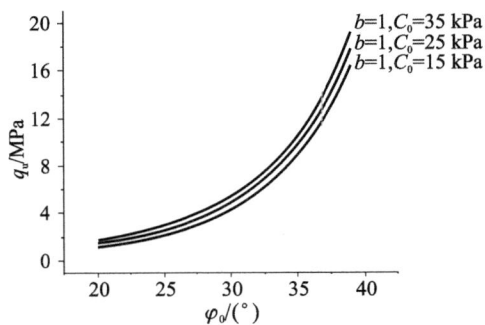

图 11.26　当 m=1, b=1 时
qu 与 φ0 的关系图

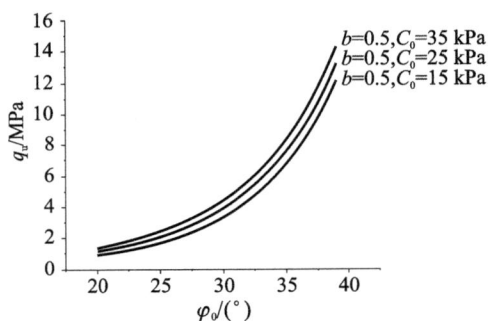

图 11.27　当 m=1, b=0.5 时
qu 与 φ0 的关系图

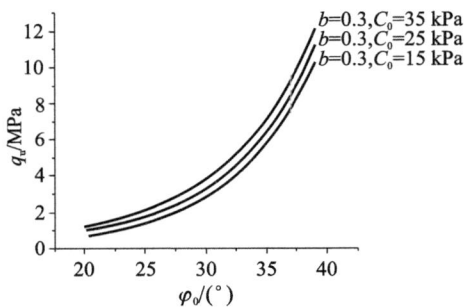

图 11.28　当 m=1, b=0.3 时
qu 与 φ0 的关系图

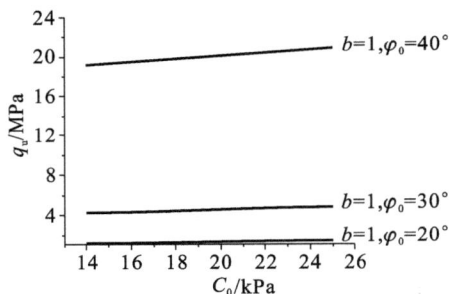

图 11.29　当 m=1, b=1 时
qu 与 C0 的关系图

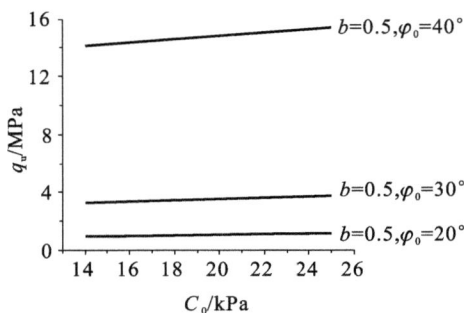

图 11.30　当 m=1, b=0.5 时
qu 与 C0 的关系图

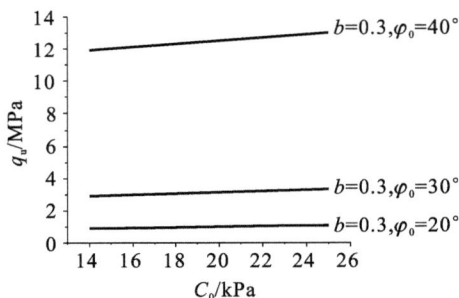

图 11.31　当 m=1, b=0.3 时
qu 与 C0 的关系图

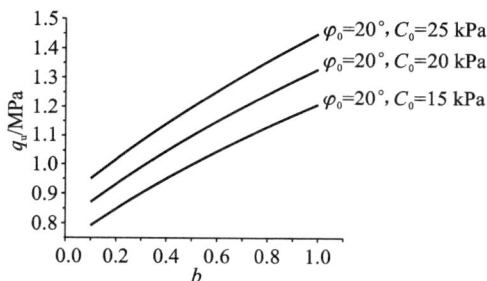

图 11.32 极限载荷 q_u 与统一强度理论
参数 b 的关系图(当 $m=1$, $\varphi_0=20°$时)

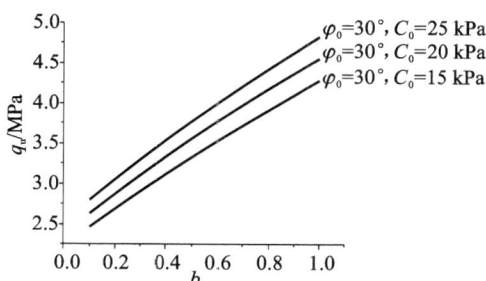

图 11.33 极限载荷 q_u 与统一强度理论
参数 b 的关系图(当 $m=1$, $\varphi_0=30°$时)

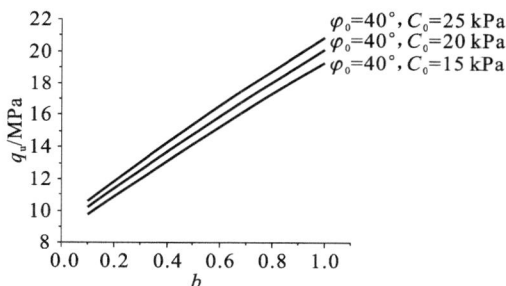

图 11.34 极限载荷 q_u 与统一强度理论参数 b 的关系图(当 $m=1$, $\varphi_0=40°$时)

4. 基底光滑($m=0.8$)时

图 11.35~图 11.43 为基底光滑 $m=0.8$ 时的计算结果。其中图 11.35~
图 11.37 为 q_u 与 φ_0 的关系图,图 11.38~图 11.40 为 q_u 与 C_0 的关系图,图 11.41~
图 11.43 为极限载荷 q_u 与统一强度理论参数 b 的关系图。

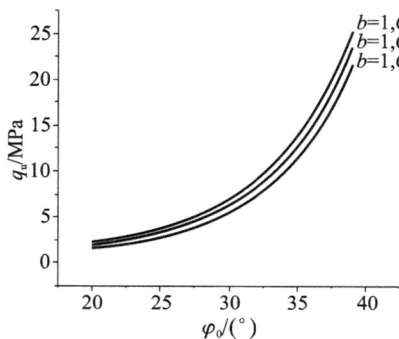

图 11.35 当 $m=0.8$, $b=1$ 时
q_u 与 φ_0 的关系图

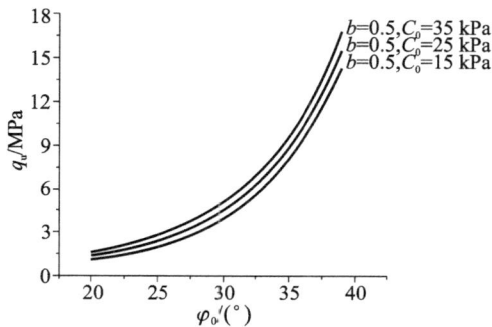

图 11.36 当 $m=0.8$, $b=0.5$ 时
q_u 与 φ_0 的关系图

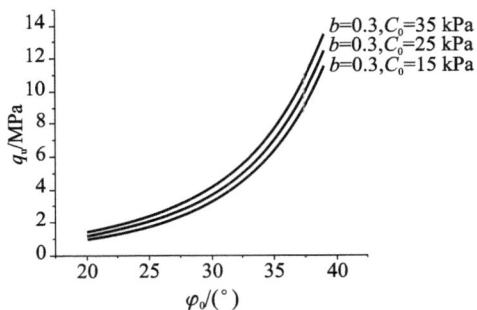

图 11.37　当 $m=0.8, b=0.3$ 时
q_u 与 φ_0 的关系图

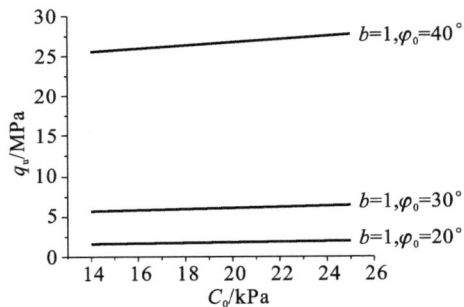

图 11.38　当 $m=0.8, b=1$ 时
q_u 与 C_0 的关系图

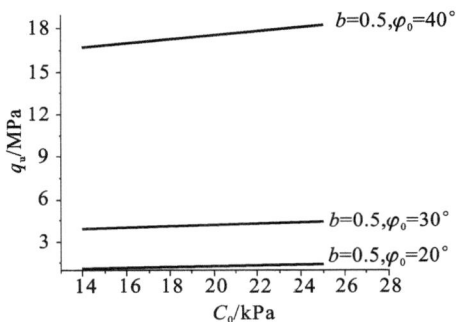

图 11.39　当 $m=0.8, b=0.5$ 时
q_u 与 C_0 的关系图

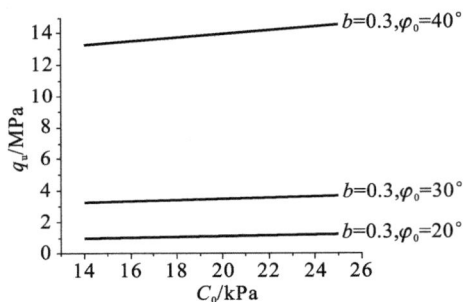

图 11.40　当 $m=0.8, b=0.3$ 时
q_u 与 C_0 的关系图

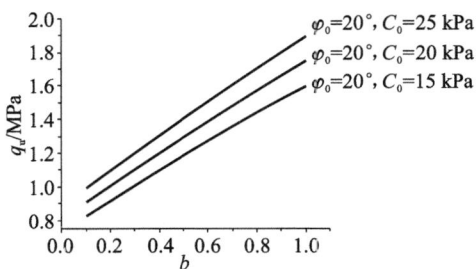

图 11.41　极限载荷 q_u 与统一强度理论
参数 b 的关系图($m=0.8, \varphi_0=20°$时)

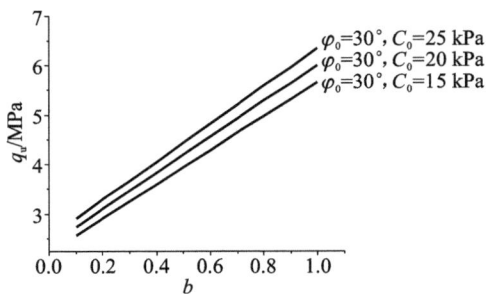

图 11.42　极限载荷 q_u 与统一强度理论
参数 b 的关系图($m=0.8, \varphi_0=30°$时)

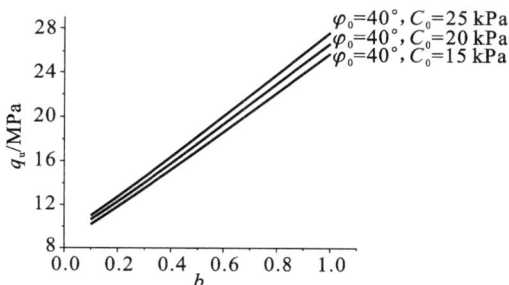

图 11.43　极限载荷 q_u 与统一强度理论参数 b 的关系图（$m=0.8,\varphi_0=40°$时）

11.3　黏聚力和超载引起的地基极限承载力

本节讨论黏聚力和基础两侧土的超载引起的地基极限承载力的统一公式。

11.3.1　地基极限承载力公式推导

1.基本假设

如图 11.44 所示,当地基发生整体剪切破坏时,其滑动面一直延伸至地面并交于 E 点,而滑动面则由直线 AC、对螺旋曲线 CH 和直线 HE 三部分组成,其中 AC 与水平面间的夹角为 $\left(45°+\dfrac{\varphi_{UST}}{2}\right)$。基础侧面 BF 与土体之间的相互作用以及基础两侧 BEF 土体重量的影响,可由 BE 平面上的等代应力 σ_0 和 τ_0 来代替。因此在考虑土体的平衡时可以将 BEF 的土体移去,用"等代自由面"BE 来代替,假定 BE 面与水平面间的夹角为 β,则它随基础的埋深而增加。

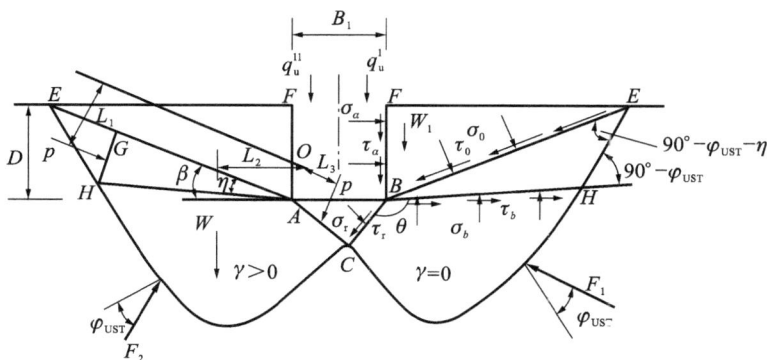

图 11.44　地基极限承载力模型

基础侧面上的法向应力 σ_a 按静止压力分布,若基础侧面与土之间的摩擦角为 δ,则作用于基础侧面上的平均法向应力 σ_a 和切向应力 τ_a 分别为:

$$\sigma_a = \frac{1}{2} k_0 \gamma D \tag{11.13}$$

$$\tau_a = \sigma_a \tan\delta = \frac{1}{2} k_0 \gamma D \tan\delta \tag{11.14}$$

式中,k_0 为土的静止侧压力系数;γ 为基础底面以上土的容重;D 为基础的埋置深度。

2.黏聚力和基础两侧土的超载引起的承载力

(1)等代自由面 BE 上法向应力 σ_0 和切向应力 τ_0 的计算。

由 BE 面法线方向所有力的平衡条件可得 BE 面上的法向应力为:

$$\sigma_0 = \frac{1}{2} \gamma D \left[k_0 \sin^2\beta + \frac{1}{2} k_0 \tan\delta \sin(2\beta) + \cos^2\beta \right] \tag{11.15}$$

同理,BE 面上的切向应力为:

$$\tau_0 = \frac{1}{2} \gamma D \left[\frac{1}{2} (1 - k_0) \sin(2\beta) + k_0 \tan\delta \sin^2\beta \right] \tag{11.16}$$

由对数螺旋曲线性质及图 11.44 中 BHE 的几何关系有:

$$\sin\beta = \frac{2D\sin\left(\dfrac{\pi}{4} - \dfrac{1}{2}\varphi_{\text{UST}}\right)\cos(\eta + \varphi_{\text{UST}})}{B_1 \cos\varphi_{\text{UST}} e^{\theta\tan\varphi_{\text{UST}}}} \tag{11.17}$$

式中,θ 为对数螺旋曲线的中心角,且 $\theta = 135° + \beta - \eta - \dfrac{1}{2}\varphi_{\text{UST}}$。

从式(11.15)和式(11.16)可知,BE 面上的法向应力 σ_0 和切向应力 τ_0 是 β 的函数,因此在求解时要进行试算,即先假定 β 值,由式(11.15)和式(11.16)算出 σ_0 和 τ_0 值,再通过图 11.45 上的极限应力图求解 β 的值,最后由式(11.17)反算 β,直至假定值与反算值两者相符。

(2)H 面的法向应力 σ_b 和切向应力 τ_b 的计算。

由图 11.45 可知

$$\angle dce = 2\eta \tag{11.18}$$

由图 11.45 的几何关系可得

$$\sigma_b = \sigma_0 + \overline{ce}\sin(2\eta + \varphi_{\text{UST}}) - \overline{cd}\sin\varphi_{\text{UST}} \tag{11.19}$$

由于 BH 面处于极限平衡状态,故切向应力 τ_b 和 σ_b 间的关系为

$$\tau_b = C_{\text{UST}} + \sigma_b \tan\varphi_{\text{UST}} \tag{11.20}$$

将式(11.20)代入式(11.19)可得

$$\sigma_b = \frac{\cos^2\varphi_{\text{UST}}\sigma_0 + C_{\text{UST}}\cos\varphi_{\text{UST}}\left[\sin(2\eta + \varphi_{\text{UST}}) - \sin\varphi_{\text{UST}}\right]}{\cos^2\varphi_{\text{UST}} - \sin\varphi_{\text{UST}}\left[\sin(2\eta + \varphi_{\text{UST}}) - \sin\varphi_{\text{UST}}\right]} \tag{11.21}$$

(3)BC 面上的法向应力 σ_c 和切向应力 τ_c 的计算。

如图 11.46 所示,由 BCH 面上所有各力对 B 点的力矩之和为零可得 BC 面上的法向应力为:

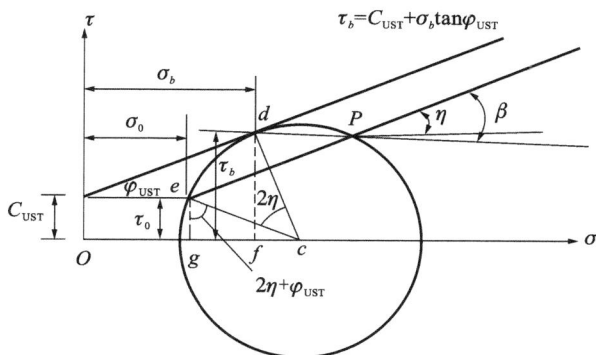

图 11.45 莫尔圆

$$\sigma_c = \left[(C_{UST} + \sigma_b) e^{2\theta \tan\varphi_{UST}} - C_{UST} \right] \cot\varphi_{UST} \tag{11.22}$$

由于 BC 面处于极限状态,该面的切向应力与法向应力间的关系为:

$$\tau_c = C_{UST} + \sigma_c \tan\varphi_{UST} = (C_{UST} + \sigma_c \tan\varphi_{UST}) e^{2\theta \tan\varphi_{UST}} \tag{11.23}$$

如图 11.47 所示,考虑以三角楔体 ABC 作为考察对象,列出竖向力的平衡方程:

$$q_u^1 = \sigma_c + \tau_c \cot\left(45° + \frac{\varphi_{UST}}{2}\right) \tag{11.24}$$

将式(11.21)~式(11.23)代入式(11.24),可得极限承载力为

$$q_u^1 = C_{UST} N_c + \sigma_0 N_q \tag{11.25}$$

式中

$$N_c = (N_q - 1) \cot\varphi_{UST}, \quad N_q = \frac{(1 + \sin\varphi_{UST}) e^{2\theta \tan\varphi_{UST}}}{1 - \sin\varphi_{UST} \sin(\varphi_{UST} + 2\eta)}$$

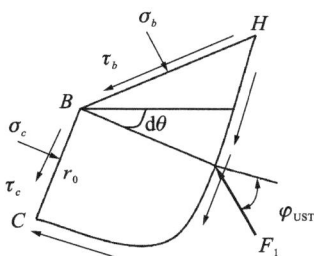

图 11.46 BCH 面上所受的力

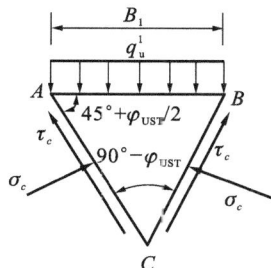

图 11.47 力学模型(一)

3. 由土重引起的极限承载力

此时假定土的黏聚力和基础两侧超载等于零,即 $C_0 = 0$, $\sigma_0 = \tau_0 = 0$,对数螺旋曲线中心移到 O 点并需通过试算确定。现以图 11.44 左侧中的 $ACHG$ 为研究对象,根据通过 O 点合力矩等于零,可求得 AC 面上的被动土压力为:

$$p = \frac{p_1 L_1 + WL_2}{L_3} \qquad (11.26)$$

式中，p 为 AC 面上的被动土压力；W 为土体自重；p_1 为 GH 面上的被动土压力。

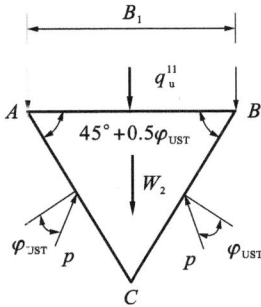

如图 11.48 所示，由 ABC 上的作用力在竖直方向的平衡条件可得到由土重产生的承载力为：

$$q_u^{11} = \frac{1}{2} B_1 \gamma N_\gamma \qquad (11.27)$$

式中

$$N_\gamma = \frac{4p\sin\left(45° + \frac{1}{2}\varphi_{UST}\right)}{\lambda^2 B_1} - \frac{1}{2}\tan\left(45° + \frac{1}{2}\varphi_{UST}\right)$$

其中，γ 为基底以下地基土的容重；B_1 为基底宽度；N_γ 为承载力系数。

图 11.48　力学模型（二）

最后将式（11.25）和式（11.27）叠加，即可得条形基础在中心荷载作用下均质地基的极限承载力为

$$q_u = q_u^1 + q_u^{11} = C_{UST} N_c + \sigma_0 N_q + \frac{1}{2} B_1 \gamma N_\gamma \qquad (11.28)$$

上式承载力系数 N_c、N_q、N_γ 均与 φ_0、β、η 有关，而 η 受到"等代自由面"上抗剪强度动用系数的控制，由图 11.45 中的几何关系可得 η 和 n 间的关系：

$$\cos(2\eta + \varphi_{UST}) = \frac{\tau_0 \cos\varphi_{UST}}{\tau_b} = \frac{n(C_{UST} + \sigma_0 \tan\varphi_{UST})\cos\varphi_{UST}}{C_{UST} + \sigma_b \tan\varphi_{UST}} \qquad (11.29)$$

式中，n 为抗剪强度动用系数。

11.3.2　各参数对极限承载力的影响

有一宽度为 4 m 的条形基础，埋深 3 m，地基为均质的黏性土，其容重 $\gamma = 19.5$ kN/m³，设土的静止侧压力系数 $k_0 = 0.45$，基础与土之间的摩擦角 $\delta = 12°$，$m = 1$。下面探讨各参数对极限承载力的影响规律，见图 11.49～图 11.57。

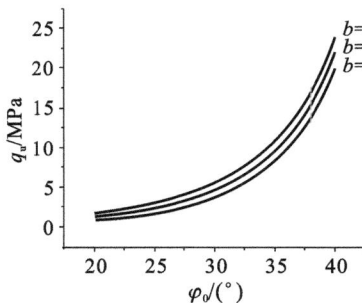

图 11.49　当 $b = 1$ 时 q_u 与 φ_0 的关系图

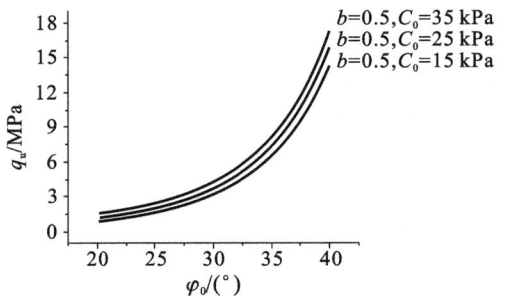

图 11.50　当 $b = 0.5$ 时 q_u 与 φ_0 的关系图

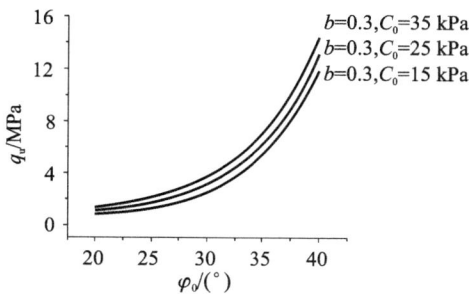

图 11.51 当 $b=0.3$ 时 q_u 与 φ_0 的关系图

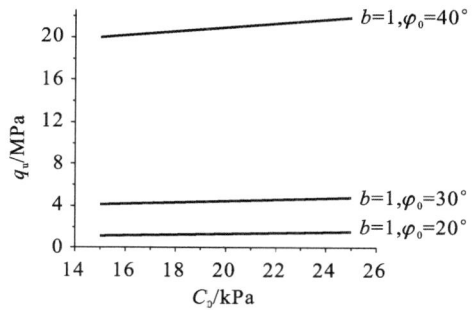

图 11.52 当 $b=1$ 时 q_u 与 C_0 的关系图

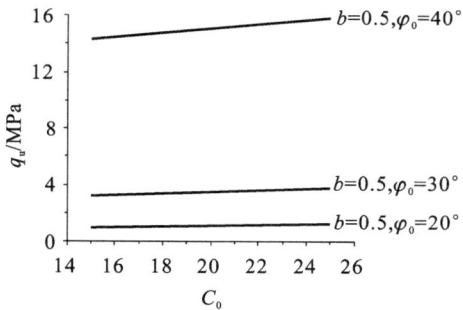

图 11.53 当 $b=0.5$ 时 q_u 与 C_0 的关系图

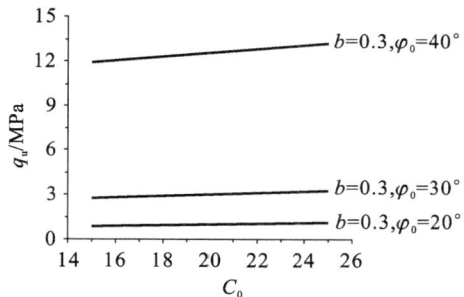

图 11.54 当 $b=0.3$ 时 q_u 与 C_0 的关系图

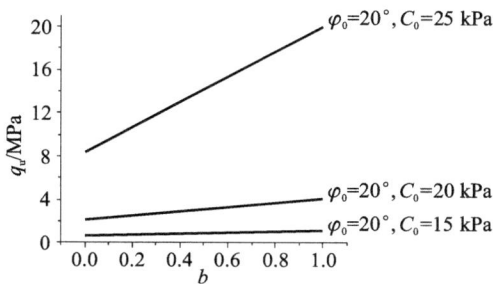

图 11.55 q_u 与 b 的关系图（当 $\varphi_0=20°$ 时）

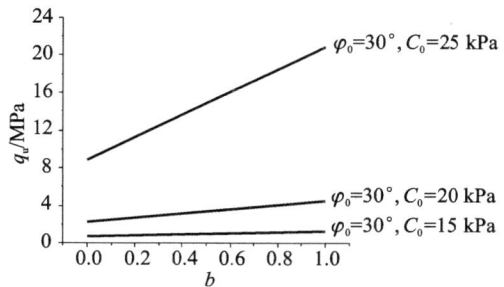

图 11.56 q_u 与 b 的关系图（当 $\varphi_0=30°$ 时）

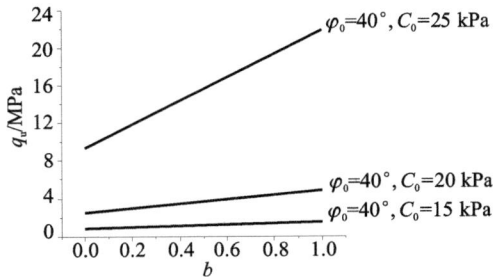

图 11.57 q_u 与 b 的关系图(当 $\varphi_0 = 40°$ 时)

11.4 算　例

11.4.1 统一强度公式与太沙基公式的计算结果比较

已知条件同 11.2 节,其中固结不排水抗剪强度指标为 $C_0 = 20$ kPa, $\varphi_0 = 30°$,下面是 11.2 节公式与太沙基公式计算的结果比较。

1.太沙基公式

假设基底完全粗糙($b = 0, m = 1$),则 $N_c = 38.8$, $N_\gamma = 23.26$, $N_q = 23.4$。

$$q_u = \frac{Q_u}{B} = CN_c + qN_q + \frac{1}{2}\gamma BN_\gamma = 3052 \text{ kPa}$$

2.统一强度理论承载力公式

(1)基底完全粗糙。

当 $b = 0.2, m = 1$ 时:

$$N_c = 41.92, \quad N_\gamma = 28.226, \quad N_q = 26.64$$

$$q_u = \frac{Q_u}{B} = C_{UST}N_c + qN_q + \frac{1}{2}\gamma BN_\gamma = 3547.43 \text{ kPa}$$

当 $b = 0.5, m = 1$ 时:

$$N_c = 48.47, \quad N_\gamma = 37.08, \quad N_q = 32.60, \quad q_u = 4409 \text{ kPa}$$

当 $b = 0.8, m = 1$ 时:

$$N_c = 53.30, \quad N_\gamma = 44.38, \quad N_q = 37.24, \quad q_u = 5121 \text{ kPa}$$

当 $b = 1.0, m = 1$ 时:

$$N_c = 57.05, \quad N_\gamma = 49.79, \quad N_q = 40.73, \quad q_u = 5651 \text{ kPa}$$

(2)基底完全光滑。

当 $b = 0, m = 1$ 时:

$$N_c = 30.10, \quad N_\gamma = 18.05, \quad N_q = 18.37, \quad q_u = 2379 \text{ kPa}$$

当 $b=0.2,m=1$ 时：

$$N_c=33.86,\quad N_\gamma=22.79,\quad N_q=21.70,\quad q_u=2853\ \text{kPa}$$

当 $b=0.5,m=1$ 时：

$$N_c=38.92,\quad N_\gamma=29.77,\quad N_q=26.37,\quad q_u=3552\ \text{kPa}$$

当 $b=0.8,m=1$ 时：

$$N_c=43.00,\quad N_\gamma=35.81,\quad N_q=30.24,\quad q_u=4143\ \text{kPa}$$

当 $b=1.0,m=1$ 时：

$$N_c=45.50,\quad N_\gamma=39.60,\quad N_q=32.60,\quad q_u=4509\ \text{kPa}$$

从上述算例可知,地基极限承载力随着中间主应力系数 b 的增大而显著增加,说明中间主应力对地基极限承载力有明显影响。

11.4.2　统一强度公式与迈耶霍夫公式计算结果比较

有一宽度为 4 m 的条形基础,埋深 3 m,地基为均质的黏性土,其容重 $\gamma=19.5\ \text{kN/m}^3$,设土的静止侧压力系数 $k_0=0.45$,基础与土之间的摩擦角 $\delta=12°$,固结不排水抗剪强度指标为 $C_0=20\ \text{kPa}$,$\varphi_0=22°$。下面利用 11.3 节公式和迈耶霍夫公式计算地基极限承载力并加以比较。

(1)利用迈耶霍夫公式[5],有：

$$\sigma_0=28.87\ \text{kPa},\quad \tau_0=4.21\ \text{kPa},\quad \eta=30°,\quad \theta=1.9\ \text{rad},\quad \beta=15°$$

$$\sigma_b=57.57\ \text{kPa},\quad n=0.2,\quad N_c=28,\quad N_q=12,\quad N_\gamma=9.5$$

求得迈耶霍夫的极限承载力为：

$$q_u=CN_c+\sigma_0N_q+\frac{1}{2}\gamma BN_\gamma=1276.94\ \text{kPa}$$

(2)利用统一强度理论公式,得到以下结果。

①当 $b=1.0,m=1$ 时：

$$q_u=C_{\text{UST}}N_c+\sigma_0N_q+\frac{1}{2}\gamma BN_\gamma=1655.5\ \text{kPa}$$

②当 $b=0.5,m=1$ 时：

$$q_u=C_{\text{UST}}N_c+\sigma_0N_q+\frac{1}{2}\gamma BN_\gamma=1362\ \text{kPa}$$

③当 $b=0.3,m=1$ 时：

$$q_u=C_{\text{UST}}N_c+\sigma_0N_q+\frac{1}{2}\gamma BN_\gamma=1272\ \text{kPa}$$

④当 $b=1.0,m=0.9$ 时：

$$q_u=C_{\text{UST}}N_c+\sigma_0N_q+\frac{1}{2}\gamma BN_\gamma=1889\ \text{kPa}$$

11.5　条形基础地基承载力的统一滑移线场解

统一强度理论不但是一个序列化的、系统的材料强度理论,而且在结构强度问题分析应用中也可以得到一系列有序变化的结果。俞茂宏等于 1997 年将统一强度理论与平面应变滑移线场理论相结合,得出条形基础地基的极限承载力 q 的统一解析解结果,如图 11.58 和式(11.30)所示[21]。

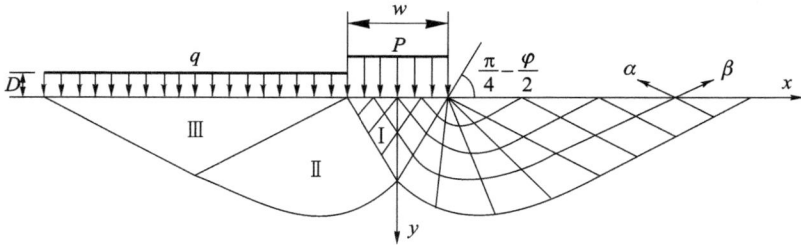

图 11.58　条形基础土体的滑移线场

$$q_{\mathrm{UST}} = C_{\mathrm{UST}} \cdot \cot\varphi_{\mathrm{UST}} \left[\frac{1 + \sin\varphi_{\mathrm{UST}}}{1 - \sin\varphi_{\mathrm{UST}}} \exp(\pi \cdot \tan\varphi_{\mathrm{UST}}) - 1 \right] \qquad (11.30)$$

式中,φ_{UST} 和 C_{UST} 为俞茂宏等于 1997 年得出的平面应变问题的统一强度理论材料参数,它们分别为

$$\sin\varphi_{\mathrm{UST}} = \frac{2(b+1)\sin\varphi_0}{2 + b(1 + \sin\varphi_0)}$$

$$C_{\mathrm{UST}} = \frac{2(b+1)\cos\varphi_0}{2 + b(1 + \sin\varphi_0)} \cdot \frac{C_0}{\cos\varphi_{\mathrm{UST}}}$$

有意义的是,这个结果在形式上与传统的土力学中的结果相同,但是公式中的材料参数(黏聚力参数 C_0 和摩擦角 φ_0)变化为统一强度理论的新的统一参数 C_{UST} 和摩擦角 φ_{UST}[9],因而得出的不是一个结果,而是一系列结果,如图 11.59 所示。

应用统一强度理论求解条形地基土体的承载力,可以得到一系列结果,并将传统土力学的结果($b=0$)作为特例而包容于其中,可为工程应用提供更多的结果、参考、对比和选择。

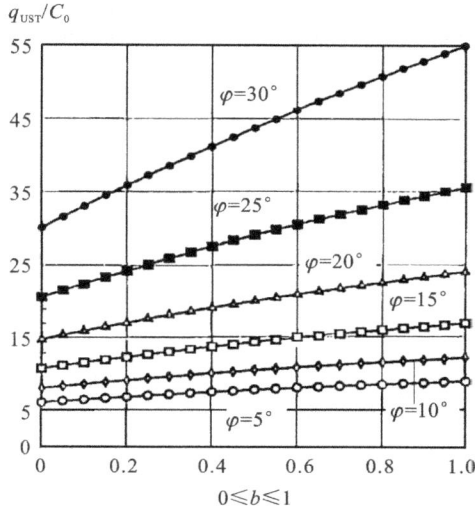

图 11.59 条形基础极限载荷统一解的系列结果

11.6 双剪滑移线理论计算桩端端阻力

华中科技大学岩土与地下工程研究所郑俊杰教授研究团队在武汉百步亭花园五期百步华庭工程中,应用双剪滑移线理论计算桩端端阻力,如图 11.60 所示。他们得到的计算结果与试验结果的对比见表 11.1[28]。

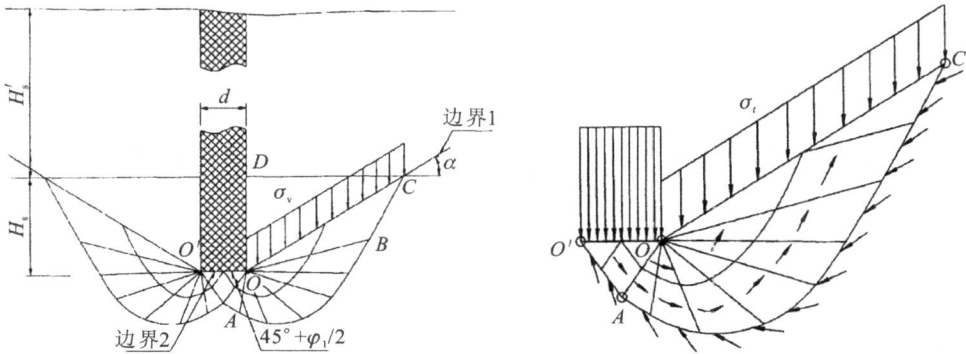

图 11.60 桩端端阻力分析(鲁燕儿,郑俊杰,陈保国)

他们研究的结论是[7]:"根据检测单位的静载荷试验结果,桩端土的极限端阻力为 3600 kPa。应用两种理论所得的计算结果与试验结果分别相差 37.2% 和 6.2%。由此可知,应用双剪强度理论所得的结果比莫尔-库仑强度理论所得计算结果更接近实际情况。因此,应用双剪强度理论可提高桩端端阻力计算值。"

表 11.1　　　　　计算结果与试验结果的对比（鲁燕儿，郑俊杰，陈保国）

	p_2/kPa	q_2/kPa	桩端土的极限端阻力 q_1/kPa		
			试验结果	理论结果	误差/%
单剪理论	1398.8	861.2	3600	2260	37.2
双剪理论	2008.2	1367.8		3376	6.2
双剪理论提高/%	43.6	58.8		49.4	

11.7　本章小结

多年来，国内外许多学者进行的复杂应力条件下岩土破坏研究的结果表明，中间主应力对岩土的强度有一定的影响。由于莫尔-库仑强度理论未考虑中间主应力 σ_2 的影响，它构成了屈服面的下限，其计算结果较为保守，因此地基强度尚有潜能可挖。当然，在运用这一公式时，对 C、φ 值确定的精确性要求较高。由于强度参数的确定受到岩土材料的复杂性和人们认识水平局限性的影响，往往容易造成误差。随着科学技术的发展，通过准确地确定岩土材料强度参数，选择合理的强度模型有助于更好地与实际情况相符合，并节约工程投资。21 世纪以来，重庆大学、上海交通大学、西安交通大学、同济大学、湖南大学、长安大学、西安理工大学等研究人员周小平、范文、周安楠、高江平、王祥秋、隋凤涛、朱福、刘杰、马宗源、师林等采用统一强度理论对条形地基承载力的解析解和数值解进行了多方面的研究，取得了一系列成果，并且进一步与工程结合应用于实际问题。他们的研究结果表明：

（1）基于莫尔-库仑强度理论的地基极限承载力，由于没有考虑中间主应力的影响，其值最小，而基于双剪强度理论的地基极限承载力最大。

（2）内摩擦角 φ_0 对地基极限承载力影响非常大，随着内摩擦角 φ_0 的提高，地基极限承载力显著增大。

（3）根据算例可知，统一强度理论参数 b 越大，地基极限承载力越大。

（4）本章利用统一强度理论建立了地基极限承载力的统一解形式，利用此解可以合理地得出不同材料的相应解，并且能充分发挥材料自身的承载能力，对实际工程具有重要意义。

（5）统一强度理论的应用可以取得较大的经济效益。

参考文献

[1] ［日］松岗元. 土力学. 罗汀，姚仰平，译. 北京：中国水利水电出版社，2001.

[2] Terzaghi K，Peck R B，Mesri G. Soil mechanics in engineering practice. 3rd ed. New York：John Wiley & Sons Inc. ，1996.

[3] Budhu M. Soil mechanics and foundations. 2nd ed. New York：John Wiley &

Sons,Inc. ,2007.

[4] Craig R F. Soil mechanics. 2nd ed. New York:Van Nostrand Reinhold Co. , 1978.

[5] Craig R F. Craig's soil mechanics. 7th ed. Flordia:CRC Press,2004.

[6] Das B M. Principles of geotechnical engineering. 5th ed. Brooks-Cole,Thomson-Learning,California,2002.

[7] Das B M. Advanced soil mechanics. 3rd ed. Taylor and Francis,2008.

[8] Otani J,Hoashi H,Mukunoki T,et al. Evaluation of failure in soils under unconfined compression using 3-D rigid plastic finite element analysis//Valliappan S, Khalili N. Computational Mechanics:New Frontiers for the New Millennium. Amsterdam: Elsevier,2001:445-450.

[9] Yu Maohong, Li Jianchun. Computational plasticity:with emphasis on the application of the unified strength theory. Berlin:Springer and ZJU Press, 2012.

[10] 俞茂宏,杨松岩,刘春阳,等.统一平面应变滑移线场理论. 土木工程学报, 1997,30(2):14-26.

[11] 俞茂宏. 岩土类材料的统一强度理论及其应用. 岩土工程学报,1994,16(2): 1-10.

[12] Yu Maohong,Ma Guowei. Generalized plasticity. Berlin:Springer,2006.

[13] 周小平,黄煜镔,丁志诚. 考虑中间主应力影响时太沙基地基极限承载力公式. 岩石力学与工程学报,2002,21(10):1554-1556.

[14] 周小平,王建华,张永兴. 三向应力状态下条形基础极限承载力计算方法. 重庆建筑大学学报,2002,24(3):28-32.

[15] 周小平,王建华. 考虑中间主应力影响时条形基础极限承载力公式. 上海交通大学学报,2003,36(4):552-555.

[16] 周小平,张永兴. 利用统一强度理论求解条形地基极限承载力. 重庆大学学报:自然科学版,2003,26(11):109-112.

[17] 周小平,张永兴. 基于统一强度理论的太沙基地基极限承载力公式. 重庆大学学报,2004,27(9):133-136.

[18] 周小平,张永兴. 节理岩体地基极限承载力研究. 岩土力学,2004,25(3): 1254-1258.

[19] 王祥秋,杨林德,高文华. 基于双剪统一强度理论的条形地基承载力计算. 土木工程学报,2006,39(1):79-82.

[20] 杨小礼,李亮,杜思村,等. 太沙基地基极限承载力的双剪统一解. 岩石力学与工程学报,2005,24(15):2736-2740.

[21] 范文,白晓宇,俞茂宏. 基于统一强度理论的地基极限承载力公式. 岩土力学,2005,26(10):1617-1622.

[22] 刘杰,赵明华. 基于双剪统一强度理论的碎石单桩复合地基性状研究. 岩土工程学报,2005,27(6):707-711.

[23] 隋凤涛,王士杰. 统一强度理论在地基承载力确定中的应用研究. 岩土力学,2011,32(10):3038-3042.

[24] 张学言. 岩土塑性力学. 北京:人民交通出版社,1993.

[25] 范文,林永亮,秦玉虎. 基于统一强度理论的地基临界荷载公式. 长安大学学报:地球科学版,2003,25(3):48-51.

[26] 周安楠,罗汀,姚仰平. 复杂应力状态下条形基础的临塑荷载公式. 岩土力学,2004,25(10):1599-1602.

[27] 朱福,战高峰,佴磊. 天然软土地基路堤临界高度一种计算方法研究. 岩土力学,2013,34(6):1738-1744.

[28] 鲁燕儿,郑俊杰,陈保国. 应用双剪滑移线理论计算桩端端阻力. 岩石力学与工程学报,2007,26(S2):4084-4089.

[29] 俞茂宏,刘剑宇,刘春阳. 双剪正交和非正交滑移线场理论. 西安交通大学学报,1994,28(2):122-126.

[30] 师林,朱大勇,沈银斌. 基于非线性统一强度理论的节理岩体地基承载力研究. 岩土力学,2012,33(S2):371-376.

[31] 马宗源,党发宁,廖红建. 考虑中间主应力影响的条形基础承载力数值解. 岩土工程学报,2013,35(S2):253-258.

[32] 朱福,佴磊,战高峰,等. 软土地基路堤临界填筑高度改进计算方法. 吉林大学学报:工学版,2015,45(2):389-393.

[33] Ma Zongyuan,Liao Hongjian,Dang Faning. Influence of intermediate principal stress on the bearing capacity of strip and circular footings. Journal of Engineering Mechanics,ASCE,2014,140(7):1-14.

[34] Ma Zongyuan,Liao Hongjian,Dang Faning. Effect of intermediate principal stress on flat-ended punch problems. Archive of Applied Mechanics,2014,84(2):277-289.

阅读参考材料

泰勒

（Donald Wood Taylor，1990—1955）

布耶鲁姆

（Laurits Bjerrum，1918—1973）

摩根斯坦

（Norbert Rubin Morgenstern，1935—）

陈祖煜

（1943—）水利水电、土木工程专家

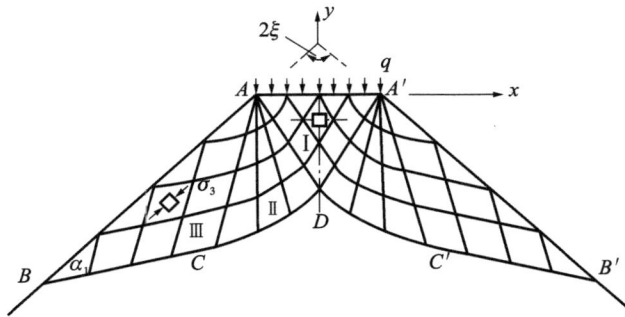

梯形结构的极限承载力统一解：

$$q_{UST} = C_{UST} \cdot \cot\varphi_{UST} \left[\frac{1 + \sin\varphi_{UST}}{1 - \sin\varphi_{UST}} \exp(2\xi \cdot \tan\varphi_{UST}) - 1 \right]$$

下图为应用统一强度理论和统一滑移线场理论对梯形结构分析得出的一系列结果。传统解($b=0$)是其中的一个特例，统一强度理论可以更好地符合实验结果（$b=0.75$）。

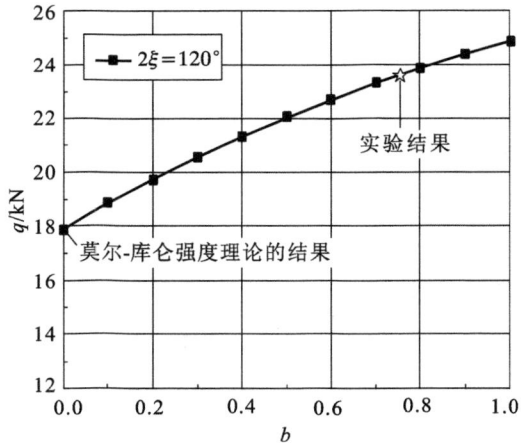

12 边坡稳定性问题的统一解

12.1 概 述

边坡稳定性分析是土力学的三大工程实际问题之一。边坡稳定性和滑坡治理是土木、水利以及公路建设和铁路建设中经常遇到的重要问题[1-5]。图 12.1 所示是被誉为"天下公路奇观"的张家界天门山盘山公路。

图 12.1 张家界天门山盘山公路

图 12.2 所示为一个黄土的直立边坡[5]。但是,大多数的土体并不能保持直立边坡的稳定性,即使是不高的直立边坡。图 12.3 所示为一个边坡在载荷作用下的土体的滑移线场图。图 12.4 所示是土坡的一种可能的滑坡前后示意图(Braja,2002年)[6],图中的虚线部分为滑坡后的形状。它们的边坡稳定性具有重要的意义。

滑坡往往给人们的生命、财产造成巨大损失,它是重大自然灾害,也往往由人为造成。图 12.5 是上海莲花池小区一栋小高层倒塌事故现场,事故是由于在两排楼房之间开挖地下车库,形成人为边坡而引起的。幸而小区的规划较好,两排楼房

图 12.2 黄土的直立边坡（Hogentogler，1937 年）

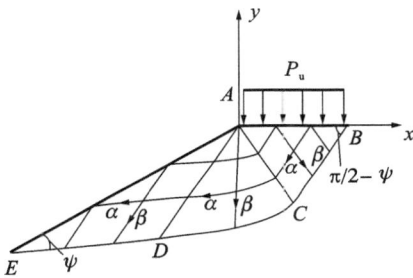

图 12.3 均质土坡的滑移线场图

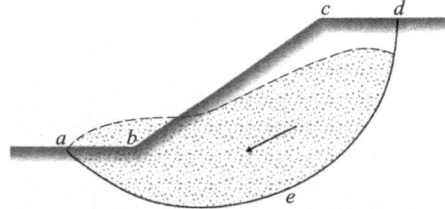

图 12.4 土坡的一种可能的滑坡前后示意图

之间的距离较大，没有殃及对面的楼房。如果像西安兴庆路沙坡小区那样的密集性楼房，一栋楼房倒塌，必将像多米诺骨牌效应那样引起连锁倒塌。密集性楼房建筑造成很多楼层的光照不足，并且在地震时没有供人们逃生的安全地带。密集性楼房并不符合国家的相应政策法规。图 12.6 所示为香港某一山地由于人工建设引发了山体滑坡，造成了严重的损害。

图 12.5 上海莲花池小区小高层

图 12.6 香港某山体滑坡

公路建设一般采用开山修路的办法,这样就改变了原来山体的稳定条件,往往在一定环境下容易引起山体滑坡。图 12.6 中的山体滑坡就发生在道路上方的山体。四川雅西高速公路一个路段采用不破坏原来山体环境的方法,与山体平行修建高架公路,如图 12.7 所示。这种方法不但没有破坏山体原来的稳定条件,而且在修建高架公路桥的同时,深入山体的桥梁基础也加强了山脚的稳定性。

图 12.7　四川雅西高速公路

湖北省兴山县古(夫)昭(君桥)公路的建设,面对山上密布柏木、栌木、檵木等常绿阔叶林,为了避免炸山毁林,降低对环境的破坏程度,昭君(王昭君,公元前 52 年—前 19 年)故里的技术人员摒弃了开山修路或打隧道的常规做法,而是采用沿山架桥的方案,修建了一条"沿山水上公路"。这个方案不但保护了环境,而且避免了炸山修路而形成新的边坡,工程的安全性得到很大提高。图 12.8 所示为 2014 年古昭公路的桥墩矗立在香溪河中以及架设桥梁的照片。2015 年 2 月,古昭大桥公路全线贯通,沿途山峦如黛,水库碧波荡漾,如在画中,如图 12.9 所示。

图 12.8　古昭公路的桥墩以及架设桥梁的照片

工程建设中,往往需要对边坡进行稳定性分析,且其在不同的破坏准则下得到的结果往往各不相同。常规的理论解都是在莫尔-库仑破坏准则的基础之上而得到的。由于莫尔-库仑破坏准则没有考虑中间主应力的影响,因此在理论上和实际上都存在不足。文献[7]～[19]等的大量研究表明,土质材料具有明显的中间主应力效应。文献[20]的研究表明,屈服准则对土质边坡稳定安全度的计算有较大的影响。

图 12.9 古昭大桥公路

1997 年,俞茂宏等首先将统一强度理论推广为平面应变问题的统一滑移线场理论[21]。统一强度理论具有简单的线性表达式,为边坡稳定性问题研究、条形基础下地基极限承载力等研究提供了理论基础。

目前,统一强度理论已较广泛地应用于工程实践当中,并且取得了较好的效果。对于岩土材料,运用统一强度理论进行分析,可以充分发挥土质材料的强度。因此,国内外学者们对统一强度理论在岩土材料中的运用进行了大量的研究,并给予了积极的评价[22-39]。

12.2 承载力统一解的理论推导

在平面应变状态下,边坡稳定性的分析可以采用多种方法。材料服从统一强度理论的序列化的变化规律。本节运用统一强度理论和常用的条分法对边坡进行稳定性研究,得到了稳定安全系数的表达式,这对边坡的设计和施工将有较强的指导意义。

讨论边坡的稳定性,一般按平面应变问题考虑。平面应变的双剪统一强度理论[15]为:

$$\sigma_1 - \frac{1 - \sin\varphi_{UST}}{(1+b)(1+\sin\varphi_{UST})}(b\sigma_2 + \sigma_3) = \frac{2C_{UST}\cos\varphi_{UST}}{1+\sin\varphi_{UST}} \tag{12.1}$$

式中,b 为反映中间主应力对材料破坏影响程度的参数;C_{UST}、φ_{UST} 分别为统一强度理论下岩土体的黏聚力和内摩擦角。

若令 $\sigma_2 = \frac{m}{2}(\sigma_1 + \sigma_3)$,则式(12.1)变为:

$$\sigma_1 = \frac{(2+bm)(1-\sin\varphi_{UST})}{2+2b-bm+(2+2b+bm)\sin\varphi_{UST}}\sigma_3 + \frac{4(1+b)C_{UST}\cos\varphi_{UST}}{2+2b-bm+(2+2b+bm)\sin\varphi_{UST}}$$

$$\tag{12.2}$$

一般情况下,当岩土体处于弹性状态时,$m<1$;当岩土体屈服时,$m \to 1$。

如图 12.10(a)所示的单位长度土坡,设可能滑动面是一圆弧 AD,圆心为 O,半径为 R。将滑动土体 $ABCDA$ 分成许多竖向土条,任一土条上的作用力如图 12.10(b)所示。

土条的自重为 W_i,其大小、作用点位置及方向均已知。假定滑动面 ef 上的法向反力 N_i 及切向反力 T_i 作用在滑动面 ef 的中点,大小均未知,土条两侧的法向力为 E_i 和 E_{i+1},竖向剪切力为 X_i 和 X_{i+1},其中 E_i 和 X_i 可由前一个土条的平衡条件求得,而 E_{i+1} 和 X_{i+1} 的大小未知,E_{i+1} 作用点位置也未知。

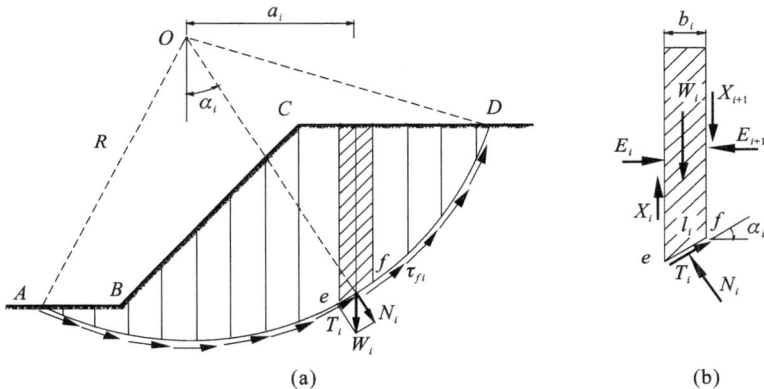

图 12.10　条分法分析土坡稳定性

若不考虑土条两侧的作用力,则有整个土坡相应于滑动面 AD 时的稳定安全系数:

$$K = \frac{\sum\limits_{i=1}^{n} \left[2(1+b)C_{0i}l_i\cos\varphi_{0i} - s_iW_i\cos\alpha_i \right]}{p_iq_i}{\sum\limits_{i=1}^{n} W_i\sin\alpha_i} \qquad (12.3)$$

其中,$s_i = b - bm + (2+b+bm)\sin\varphi_{0i}$;$p_i = 2 + b + b\sin\varphi_{0i}$;$q_i = \sqrt{1 - \dfrac{s_i^2}{p_i^2}}$;$C_{0i}$、$\varphi_{0i}$ 分别为各土条的黏聚力和内摩擦角。

以上的简单条分法没有考虑土条间的相互作用力,因此得到的稳定安全系数是偏小的。本节采用毕肖普提出的简化方法进行讨论,其基本假定为:① 不考虑土条两侧的作用力;② 忽略土条间竖向剪切力的作用;③ 给定滑动面上切向力 T_i 的大小,并由式(12.5)确定。

根据土条的竖向平衡条件可得：

$$W_i - X_i + X_{i+1} - T_i\sin\alpha_i - N_i\cos\alpha_i = 0 \tag{12.4}$$

若土坡的稳定安全系数为 K，则土条滑动面上的抗剪强度也只发挥了一部分，毕肖普假设其与滑动面上的切向力相平衡，即：

$$T_i = \frac{1}{K}(N_i\tan\varphi_{UST} + C_{UST}l_i) \tag{12.5}$$

根据式（12.5）解出

$$N_i = \frac{W_i + (X_{i+1} - X_i) + \dfrac{C_{UST}l_i}{K}\sin\alpha_i}{\cos\alpha_i + \dfrac{1}{K}\tan\varphi_{UST}\sin\alpha_i} \tag{12.6}$$

将式（12.6）代入式（12.4），有

$$K = \frac{\sum\limits_{i=1}^{n}\dfrac{1}{k_i}\left[(W_i + X_{i+1} - X_i)\tan\varphi_{UST} + C_{UST}l_i\cos\alpha_i\right]}{\sum\limits_{i=1}^{n}W_i\sin\alpha_i} \tag{12.7}$$

式中：

$$k_i = \cos\alpha_i + \frac{s_i\sin\alpha_i}{p_iq_i}\frac{1}{K} \tag{12.8}$$

根据毕肖普假设，忽略竖向剪切力，即 $X_{i+1} - X_i = 0$，则式（12.7）变为：

$$K = \frac{\sum\limits_{i=1}^{n}\dfrac{(W_i\tan\varphi_{UST} + C_{UST}l_i\cos\alpha_i)}{k_i}}{\sum\limits_{i=1}^{n}W_i\sin\alpha_i} \tag{12.9}$$

由于式（12.8）中的 k_i 中包含 K，因此上式须用迭代法求解。先假定一个 $K = K_1$ 值（K_1 可先在 $1.0\sim1.5$ 之间取值），代入式（12.8），将得到的 K_i 值代入式（12.9），得到 $K = K_2$，如果 K_1 与 K_2 差别较小，则以此 K 值作为边坡稳定安全系数；若两者差别较大，则重新选择 K 值进行反复验算。

12.3 计算实例

某均质土坡如图 12.11 所示。已知土坡高度 $H = 6$ m，坡角 $\beta = 55°$，容重 $\gamma = 18.6$ kN/m²，土坡最危险滑动面圆心 O 的位置以及土条划分情况见文献[3]。

下面探讨当黏聚力和土体内摩擦角变化时，强度准则参数 b 对边坡稳定安全系数的影响规律。为了计算方便，我们采用相同的土条划分和同一危险滑动面。图 12.12 反映了当黏聚力不变时，稳定安全系数 K 与 φ 的关系；图 12.13 反映了当内摩擦角不变时,稳定安全系数 K 与 C 的关系;图 12.14 反映了内摩擦角 $\varphi_0 = 12°$,黏聚力 $C = 16.7$ kPa 时,统一强度理论参数 b 取不同值时安全稳定系数 K 的变化情况;表 12.1 为内摩擦角 $\varphi_0 = 12°$,黏聚力 $C = 16.7$ kPa 时,不同方法下 (毕肖普法和统一强度理论方法)稳定安全系数 K 的差异。

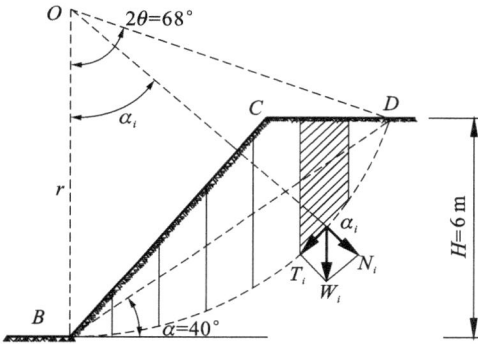

图 12.11 算例计算简图

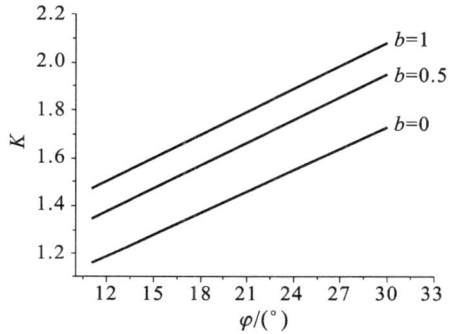

图 12.12 $C = 16.7$ kPa 时,稳定
安全系数 K 与 φ 的关系图

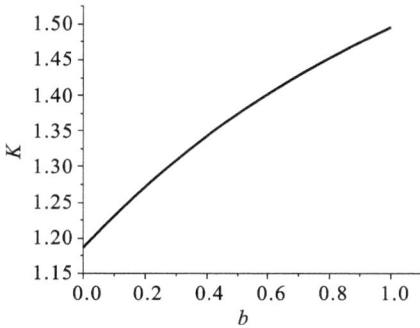

图 12.13 $\varphi = 12°$时,b 与稳定
安全系数 K 的关系图

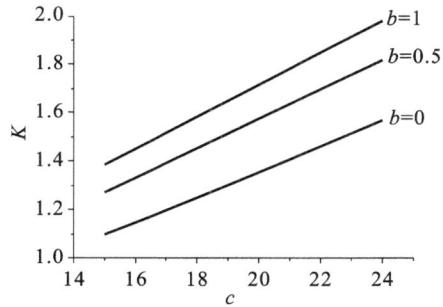

图 12.14 参数 C 与稳定安全系数
K 的关系图

从表 12.1 可以看出,随着 b 值的增加,稳定安全系数 K 值也增加,与图 12.14 的规律一致。

表 12.1 当 b 取不同值时 K 的计算结果

土条编号		1	2	3	4	5	6	7	$\sum$	K
α_i		9.5	16.5	23.8	31.6	40.1	49.8	63		
l_i		1.01	1.05	1.09	1.18	1.31	1.56	2.68		
W_i		11.16	33.48	53.01	69.75	76.26	56.73	27.9		
$W_i\sin\alpha_i$		1.84	9.51	21.39	36.55	49.13	43.33	24.86	186.61	
$b=0$ $m=1$ （M-C 准则）	$W_i\tan\varphi$	2.37	7.12	11.27	13.83	16.21	12.06	5.93		1.185
	$Cl_i\cos\alpha_i$	16.64	16.81	16.65	16.78	16.73	16.81	20.31		
	k_i	1.016	1.01	0.987	0.946	0.88	0.782	0.614		
	R_i	18.71	23.7	28.28	33.43	37.42	36.9	42.76	221.2	
$b=0.25$ $m=1$	$W_i\tan\varphi$	2.59	7.76	12.29	16.17	17.68	13.15	6.47		1.292
	$Cl_i\cos\alpha_i$	18.14	18.33	18.16	18.3	18.25	18.33	22.15		
	k_i	1.016	1.01	0.987	0.946	0.88	0.782	0.614		
	R_i	20.4	25.84	30.84	36.45	40.8	40.24	46.63	241.2	
$b=0.5$ $m=1$	$W_i\tan\varphi$	2.75	8.26	13.08	17.21	18.82	14	6.88		1.376
	$Cl_i\cos\alpha_i$	19.31	19.51	19.33	19.48	19.42	19.51	23.57		
	k_i	1.016	1.01	0.987	0.946	0.88	0.782	0.614		
	R_i	21.71	27.5	32.82	38.8	43.43	42.83	49.63	256.72	
$b=0.75$ $m=1$	$W_i\tan\varphi$	2.89	8.66	13.71	18.04	19.72	13.67	7.22		1.442
	$Cl_i\cos\alpha_i$	20.24	20.46	20.27	20.42	20.36	20.46	24.72		
	k_i	1.016	1.01	0.987	0.946	0.88	0.782	0.614		
	R_i	22.77	28.84	34.41	40.67	45.53	44.9	52.04	269.16	
$b=1$ $m=1$	$W_i\tan\varphi$	3	8.99	13.23	18.73	20.47	15.23	7.49		1.497
	$Cl_i\cos\alpha_i$	21.01	21.23	21.03	21.19	21.13	21.23	25.65		
	k_i	1.016	1.01	0.987	0.946	0.88	0.782	0.614		
	R_i	23.63	29.93	35.72	42.21	47.26	46.61	54.01	279.37	

从以上计算结果可以看出,土体的内摩擦角与黏聚力对土坡的稳定安全系数有较大的影响,当土体的内摩擦角与黏聚力增大时,土坡的稳定安全系数也增大。同时,当增加强度准则参数 b 时,边坡的稳定安全系数也增大,说明中间主应力对其影响较大,且当强度准则参数 $b=0$ 时即为莫尔-库仑准则下毕肖普法的计算结果。

12.4　顶部受到均布荷载作用的梯形结构承载力统一解

对于梯形堤坝或土坡,当其部分浸水时,如图 12.15 所示,按照条分法的思路,此时水下土条的重量都应按照饱和重度来计算,同时还要考虑滑动面上的孔隙水应力(静水压力)和作用在土坡坡面上的水压力。以静水面 EF 以下滑动土体内的孔隙水作为脱离体,则其上作用力除滑动面上的静孔隙水应力 P_1、土坡面上的水压力 P_2 以外,在重心位置还作用有孔隙水的重量和土粒浮力的反作用力(其合理大小等于 EF 面以下滑动土体的同体积水重,以 G_{w1} 表示),三个力形成平衡力系。因此,在静水条件下周界上的水压力对滑动土体的影响可以用静水面以下滑动土体所受的浮力来代替,实际上就相当于水下土条重量均按浮重度计算。因此,部分浸水土坡的安全系数的计算公式与成层土坡安全系数一样,只要将坡外水位以下土的重度用浮重度代替即可,即:

$$K = \frac{\sum_{i=1}^{n} \left[C'_{\mathrm{UST}} l_i + (\gamma_i h_{1i} + \gamma'_i h_{2i} + q) b_i \cos\alpha_i \tan\varphi'_{\mathrm{UST}} \right]}{\sum_{i=1}^{n} (\gamma_i h_{1i} + \gamma'_i h_{2i} + q) b_i \sin\alpha_i} \qquad (12.10)$$

式中,γ_i 为土体天然重度;γ_i' 为土体浮重度;h_{1i}、h_{2i} 分别为第 i 条土条在水位以上和水位以下的高度;q 为堤坝或土坡上的均布荷载。

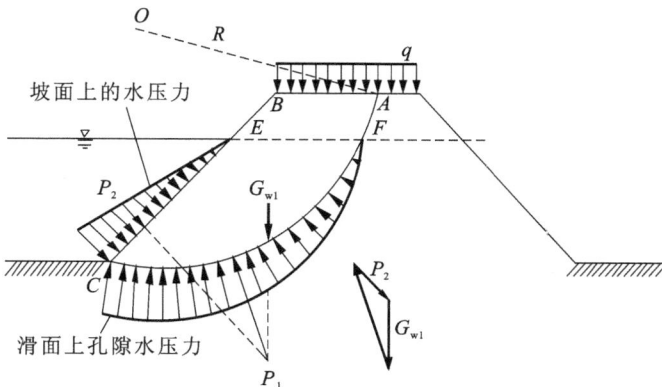

图 12.15　有均布荷载作用的计算图示

当水库蓄水或库水位降落,或码头岩坡处于低潮位而地下水位又比较高时,都会产生渗流从而经受渗流力的作用,故在进行土坡稳定性分析时必须考虑它的影响。

若采用土的有效重度(水下用浮重度计算)与渗流力的组合来考虑渗流对土坡稳定的影响,则需要绘制渗流区域内的流网,同时结合渗流理论计算渗流所产生的渗流力和其产生的滑动力矩,并把渗流力在滑动面上引起的剪应力等加入安全系数计算公式中,从而得到渗流作用下梯形土坡的安全系数。

利用渗流网计算渗流力,只要流网画得足够正确,其精度是能够保证的,但计算较为烦琐,同时绘制流网也有一定难度。因此,目前用得最多的是"代替法"。采用浸润线以下坡外水位上所包围的同体积水重对滑动圆心的力矩来代替渗流力对圆心的滑动力矩,如图 12.16 所示。若以滑动面之上,浸润线之下的孔隙水作为脱离体,其上的作用力有:

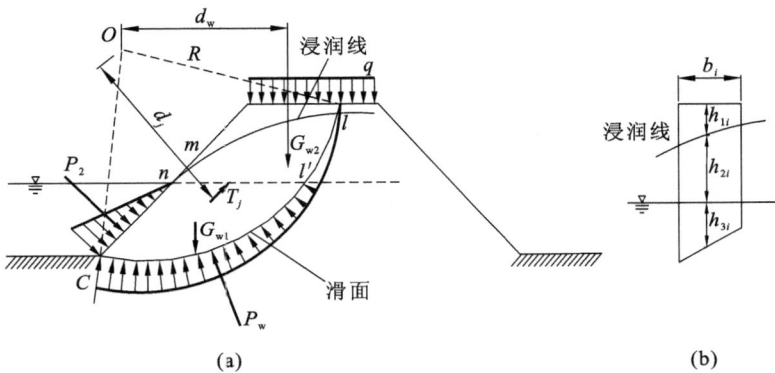

图 12.16 有渗流时的计算图示

(1)滑动面上的孔隙水压力,其合力为 P_w,方向指向圆心;

(2)坡面 nC 上的水压力,其合力为 P_2;

(3)nCl' 范围内的孔隙水重与土粒浮力的反作用的合力 G_{w1},竖直向下;

(4)$lmnl'$ 范围内的孔隙水重与土粒浮力的反作用的合力 G_{w2},方向竖直向下,至圆心力臂为 d_w;

(5)土粒对渗流的阻力为 T_j,至圆心的力臂为 d_j。

在稳定渗流条件下,以上力组成一个平衡力系。通过力的平衡分析可以得到稳定渗流作用下梯形堤坝或土坡的安全系数表达式为:

$$K = \frac{\sum_{i=1}^{n} \left[C'_{\text{UST}} l_i + (\gamma_i h_{1i} + \gamma'_i h_{2i} + \gamma'_i h_{3i} + q) b_i \cos\alpha_i \tan\varphi'_{\text{UST}} \right]}{\sum_{i=1}^{n} (\gamma_i h_{1i} + \gamma_{\text{sat}i} h_{2i} + \gamma'_i h_{3i} + q) b_i \sin\alpha_i} \quad (12.11)$$

式中,$\gamma_{\text{sat}i}$ 为土体饱和重度;h_{1i}、h_{2i}、h_{3i} 分别为第 i 条土条在浸润线以上、浸润线与坡外水位间和坡外水位以下的高度,如图 12.16(b)所示。

12.5 梯形结构的统一滑移线场解

讨论边坡的稳定性,一般按平面应变问题考虑。平面应变的双剪统一强度理论如式(12.1)和式(12.2)所示。

梯形结构如图 12.17 所示,坡顶角为 2ξ,顶部有均布载荷,它的极限承载力 q 可以由俞茂宏于 1997 年提出的平面应变统一滑移线场理论计算得出[21]。

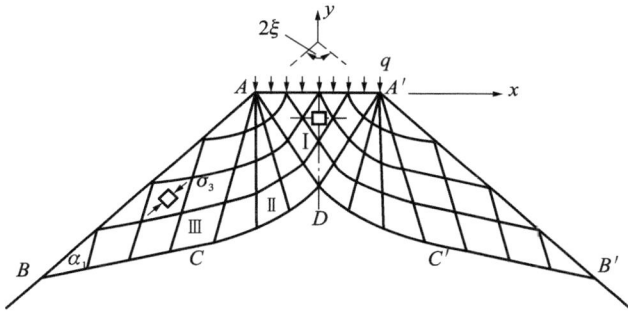

图 12.17 梯形结构的滑移线场

图 12.17 所示的路堤结构的极限承载力 q 的统一解如式(12.12)和图 12.18 所示[21]。

$$q_{UST} = C_{UST} \cdot \cot\varphi_{UST}\left[\frac{1+\sin\varphi_{UST}}{1-\sin\varphi_{UST}}\exp(2\xi\cdot\tan\varphi_{UST})-1\right] \quad (12.12)$$

式中,φ_{UST} 和 C_{UST} 为俞茂宏于 1997 年求解得出的平面应变问题的统一强度理论材料参数,它们分别等于

$$\sin\varphi_{UST} = \frac{2(b+1)\sin\varphi_0}{2+b(1+\sin\varphi_0)} \quad (12.13)$$

$$C_{UST} = \frac{2(b+1)\cos\varphi_0}{2+b(1+\sin\varphi_0)} \cdot \frac{C_0}{\cos\varphi_{UST}} \quad (12.14)$$

有意义的是,式(12.12)在形式上与传统土力学中的结果相同,但是公式中的材料参数(黏聚力参数 C_0 和摩擦角 φ_0)变化为统一强度理论的新的统一参数(C_{UST} 和摩擦角 φ_{UST})[25],如式(12.13)和式(12.14)所示。由此可以给出一系列新结果。图 12.18 为应用统一强度理论和统一滑移线场理论对一个梯形结构的分析得出的一系列结果。传统解($b=0$)是其中一个特例。图中同时给出一个坡顶角 $2\xi=120°$ 的梯形结构模型的实验比较。

实验结果在横坐标 $b=0.75$ 处,传统的莫尔-库仑强度理论得到的结果在横坐标 $b=0$ 处。可以看到,统一强度理论的结果不但为不同的材料和结构提供了更多

的资料、参考和选择，并且可以更好地符合实验结果（$b=0.75$）。与莫尔-库仑强度理论（$b=0$）相比，其提高结构的承载能力 31%，可以取得显著的经济效益。

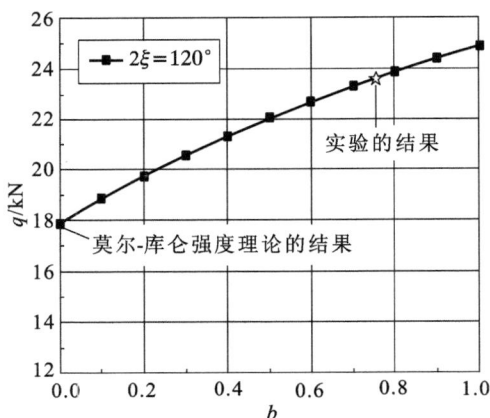

图 12.18　极限载荷统一解的系列结果

图 12.19 所示为 2μ 即滑移角随参数 b 的变化而变化的关系曲线。

当坡顶角 $2\xi=180°$ 时，路堤结构为条形基础的受力状态，式（12.12）简化为第 11 章条形基础地基的极限承载力的统一公式，即：

$$q_{UST} = C_{UST} \cdot \cot\varphi_{UST} \left[\frac{1+\sin\varphi_{UST}}{1-\sin\varphi_{UST}} \exp(\pi \cdot \tan\varphi_{UST}) - 1 \right] \quad (12.15)$$

式中，黏聚力参数 C_{UST} 和摩擦角 φ_{UST} 为俞茂宏于 1997 年求解得出的平面应变问题的统一强度理论材料参数。

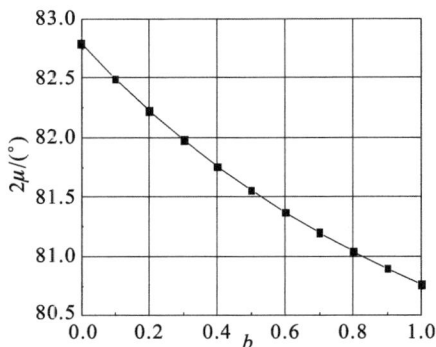

图 12.19　不同参数 b 值时的不同滑移角

12.6 受到均布荷载作用的边坡承载力统一解

如果在土坡的坡顶或坡面上作用着均布荷载 q,如图 12.20 所示,则只要将超载部分分别加到有关土条的重量中去即可。此时,土坡的安全系数为:

$$K = \frac{\sum_{i=1}^{n} \frac{1}{k_i} \left[(W_i + qb_i) \tan\varphi_{\text{UST}} + C_{\text{UST}} l_i \cos\alpha_i \right]}{\sum_{i=1}^{n} (W_i + qb_i) \sin\alpha_i} \tag{12.16}$$

式中,q 为堤坝或土坡上的均布荷载,其他参数见 12.4 节。

对于 12.3 节的例子,如果边坡坡顶上作用一均布荷载 $q=10$ kPa,其他条件不变,则可以用式(12.16)算出边坡的稳定系数。表 12.2 反映了不同的中间主应力系数 b 下边坡的稳定系数 K 的变化情况。

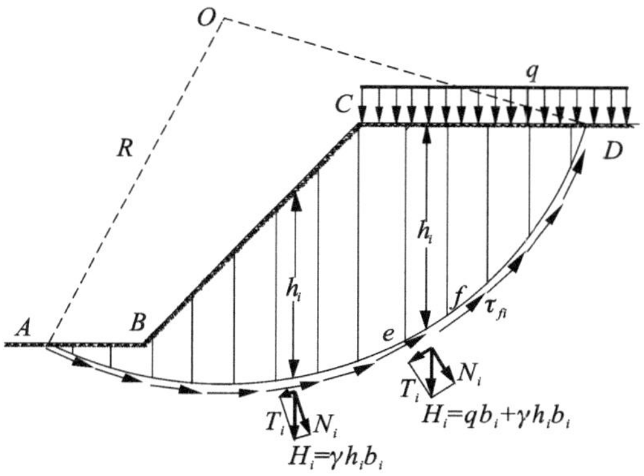

图 12.20 有均布荷载作用的计算图

表 12.2 　　　　　　　均布荷载作用下的边坡稳定系数 K 与 b 的关系

b	0	0.25	0.5	0.75	1
K	1.058	1.154	1.228	1.288	1.336

从表 12.2 可以看出,当考虑中间主应力(即 $b>0$)时,土体边坡的稳定系数 K 就会增大,且随着中间主应力的增大而增大。该结果反映了考虑中间主应力条件下,作用有均布荷载的边坡会更加稳定。

12.7　边坡的统一滑移线场解

在工程实践中,采用莫尔-库仑强度理论进行极限分析时,因该理论没有考虑中间主应力的影响,其结果对某些材料有所偏差。它只适用于剪切强度极限 τ_0 与拉伸强度极限 σ_t 和压缩强度极限 σ_c 的关系为 $\tau_0 = \dfrac{\sigma_t \sigma_c}{\sigma_t + \sigma_c}$ 的材料。双剪强度理论则只能适用于满足 $\tau_0 = 2\dfrac{\sigma_t \sigma_c}{\sigma_t + 2\sigma_c}$ 关系的材料。采用统一强度理论和统一滑移线场理论对边坡的极限荷载进行分析,可以求得结构的统一解,具有很多独特的优点。

已知边坡处于平面应变状态,其中坡角 $\angle BAE = \gamma > \dfrac{\pi}{2}$,材料拉压强度比 $\alpha = \dfrac{\sigma_t}{\sigma_c}$,$AB$ 面作用着均匀垂直荷载 p,如图 12.21 所示。试求作用于 AB 面的极限荷载 p_u。对于平面应变塑性情况,可采用滑移线法对楔体作塑性极限分析。边坡滑移线场如图 12.21 所示。

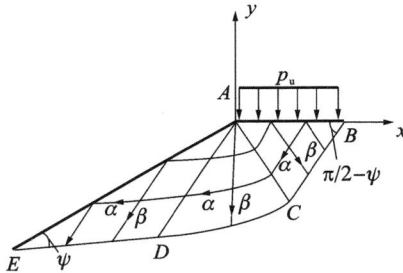

图 12.21　边坡滑移线场

根据平面应变统一滑移线场理论和图 12.21 的滑移线场,可以求得作用于 AB 面的极限荷载的统一解 p_{UST} 为

$$p_{UST} = (C_{UST} \cdot \cot\varphi_{UST})\tan^2\left(\frac{\pi}{4} + \frac{\varphi_{UST}}{2}\right) \cdot \exp\left[(2\gamma - \pi) \cdot \tan\varphi_{UST}\right] - C_{UST}\cot\varphi_{UST}$$

$$(12.17)$$

式中,参数 φ_{UST} 和 C_{UST} 可通过式(12.13)和式(12.14)求得。参数 φ_{UST} 和 C_{UST} 反映了统一强度理论中间应力系数 b 的效应。其中 φ_0 和 C_0 分别为岩土材料的内摩擦角与黏聚力。因此,引进了参数 φ_{UST} 和 C_{UST} 来代替 φ_0 和 C_0 后,中间主应力效应才得以反映在式(12.17)所表示的边坡极限荷载 p_{UST} 中。

材料两类参数可以相互换算，即 $\alpha = \dfrac{1-\sin\varphi}{1+\sin\varphi}$，$\sigma_t = \dfrac{2C\cos\varphi}{1+\sin\varphi}$。

如果材料的内摩擦角 $\varphi_0 = 0$，则统一强度理论的材料参数简化为 $\varphi_{UST} = 0$，$C_{UST} = \dfrac{2(b+1)}{2+b}C_0$。

如果边坡的坡顶角 $\gamma = 0.8\pi$，取材料的拉压强度比为三种比值 $\alpha = \dfrac{\sigma_t}{\sigma_c} = 0.3$，$\alpha = 0.5$，$\alpha = 0.8$。边坡极限荷载 p_{UST} 与统一强度理论参数 b 的关系曲线如图 12.22 所示。

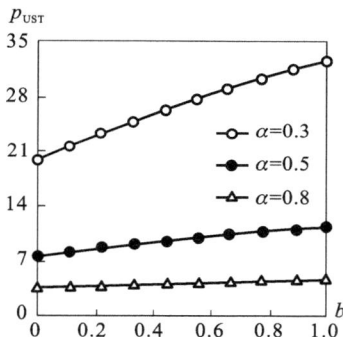

图 12.22　边坡极限荷载 p_{UST} 与统一强度理论参数 b 的关系曲线

当 $b = 0$ 时，$\varphi_{UST} = \varphi_0$，$C_{UST} = C_0$，此时统一解退化为典型的 Mohr-Coulomb 解，即

$$P_0 = (C_0 \cdot \cot\varphi_0)\tan^2\left(\frac{\pi}{4} + \frac{\varphi_0}{2}\right) \cdot \exp\left[(2\gamma - \pi) \cdot \tan\varphi_0\right] - C_0\cot\varphi_0$$

$$(12.18)$$

当 $b = 0$，$\alpha = \dfrac{\sigma_t}{\sigma_c} = 1$，即可得出经典塑性理论中服从 Tresca 屈服准则材料的楔体的极限荷载为：

$$P_0 = 2C_0(1 + \gamma - 2\pi)$$

$$(12.19)$$

12.8　本章小结

世界各国学者对边坡稳定性问题进行了大量研究，取得了丰富的研究成果，各种理论、方法缤彩纷呈。21 世纪以来，统一强度理论的应用为分析边坡的理论和方法注入了新的元素，因此得出了一系列新的成果。北京科技大学的改进强度折减法，武汉岩土力学研究所和西安理工大学的基于统一强度理论的边坡问题有限差分法,东京都立大学和西安理工大学的黄土直立边坡研究,河海大学的边坡稳定性分析法、边坡的统一滑移线场解,同济大学的基于统一强度理论的边坡分析的遗传算法,等等,也给土力学增加了新的内容,并且还在不断地发展。

(1)基于 Mohr-Coulomb 理论的边坡稳定分析计算公式,没有考虑中间主应力的影响。本章运用统一强度理论,得到了用边坡稳定安全系数的计算公式的系列化的统一解。

(2)统一强度理论中的参数 b 有重要的意义,它既是中间主应力系数,又是强度准则变化的参数。通过算例可以知道,边坡的稳定安全系数随着中间主应力系数 b 的增大而显著增加,说明中间主应力对边坡稳定性有明显影响。

(3)从计算公式可以看出,建立在莫尔-库仑准则之上的毕肖普条分法仅是当 $b=0$ 时的特例,符合莫尔-库仑准则是统一强度理论不考虑中间主应力的特例的规律。

(4)根据以上分析,如果考虑中间主应力,可以更大限度地发挥边坡的自稳定性,有利于减少工程造价,对实际工程具有重要意义。

由以上分析可知,边坡稳定性分析的统一解不是一个解,而是一系列的结果,这种系列化的结果可以更好地适用于不同的材料和结构。统一解可以为工程应用提供更多的比较、资料、参考和合理选择。现在虽然已经有一些不同的研究结果,但是与众多的单剪理论的解相比,目前边坡稳定性统一解的研究和应用还只是一个开始。

参考文献

[1] von Terzaghi K, Peck R B, Mesri G. Soil mechanics in engineering practice. 3rd ed. New York: John Wiley & Sons Inc. ,1996.

[2] Morgenstern N P, Price V E. The analysis of the stability of general slip surfaces. Geotechnique,1965,15(1):79-93.

[3] 陈祖煜. 土质边坡稳定分析——原理・方法・程序. 北京:中国水利水电出版社,2003.

[4] 陈祖煜,汪小刚,杨健,等. 岩质边坡稳定分析——原理・方法・程序. 北京:中国水利水电出版社,2005.

[5] Hogentogler C L. Engineering properties of soil. London: McGraw-Hill Book Company, Inc. ,1937.

[6] Das B M. Principles of geotechnical engineering. 5th ed. Brooks-Cole-Thomson Learning,2002.

[7] Spencer E. A method of analysis of the stability of embankments assuming parallel inter-slice forces. Geotechnique,1967,17(1):11-26.

[8] 郑颖人,赵尚毅. 有限元强度折减法在土坡与岩坡中的应用. 岩石力学与工程学

报,2004,23(19):3381-3388.

[9] 郑颖人,赵尚毅,时卫民,等.边坡稳定分析的一些进展.地下空间,2001,21(4):262-271.

[10] 赵尚毅,郑颖人,时卫民,等.用有限元强度折减法求边坡稳定安全系数.岩土工程学报,2002,24(3):343-346.

[11] 郑颖人,赵尚毅,张鲁渝.用有限元强度折减法进行边坡稳定分析.中国工程科学,2002,4(10):57-61.

[12] 张鲁渝,郑颖人,赵尚毅,等.有限元强度折减系数法计算土坡稳定安全系数的精度研究.水利学报,2003(1):21-27.

[13] 郑颖人,赵尚毅,宋雅坤.有限元强度折减法研究进展.后勤工程兵学院学报,2005(3):1-6.

[14] 俞茂宏.强度理论新体系.西安:西安交通大学出版社,1992.

[15] 俞茂宏.岩土类材料的统一强度理论及其应用.岩土工程学报,1994,16(2):1-9.

[16] Green G E. Strength and deformation of sand measured in an independent stress control cell. In Stress-Strain Behaviour of Soils:Proceedings of the Roscoe Memorial Symposium,Cambridge,1971:285-323.

[17] 陈祖煜.土坡稳定分析通用条分法及其改进.岩土工程学报,1983,5(4):11-27.

[18] Chen Z Y,Morgenstern N R. Extension to the generalized method of slices for stability analysis. Canadian Geotechnical Journal,1983,20(1):104-119.

[19] 郑颖人,赵尚毅,邓卫东.岩质边坡破坏机制有限元数值模拟分析.岩石力学与工程学报,2003,22(12):1943-1952.

[20] 董玉文,郭航忠,任青文.屈服准则对土质边坡稳定安全度计算的影响分析.重庆建筑大学学报,2006,28(3):51-55.

[21] 俞茂宏,杨松岩,刘春阳,等.统一平面应变滑移线场理论.土木工程学报,1997,30(2):14-26.

[22] 沈珠江.Unified Strength Theory and Its Applications 评介.力学进展,2004,34(4):562-563.

[23] Petre P Teodorescu. Comments on *Unified strength theory and its Applications. Springer,Berlin*,2004. Zentralblatt MATH 2006,Cited in Zbl. Reviews,1059. 74002(02115115).

[24] 张永强,宋莉,范文,等.楔体极限荷载的统一滑移线解及其在岩土工程中的应用.西安交通大学学报,1998,32(12):59-62.

[25] 张永强,范文,俞茂宏.边坡极限载荷的统一滑移线解.岩石力学与工程学报,

2000,19(S1):994-996.

[26] 范文,邓龙胜,白晓宇,等.统一强度理论在边坡稳定性分析中的应用.煤田地质与勘探,2007,35(1):63-66.

[27] 张伯虎,史德刚.土体边坡稳定性分析的统一强度理论解.地下空间与工程学报,2010,6(6):1174-1177.

[28] 魏婷.屈服准则对边坡稳定安全度的影响分析.科技咨询导报,2007(14):36.

[29] 许文龙,王艳君.武汉凤凰山边坡塑性分析及支护设计与施工.土工基础,2010(5):27-29.

[30] 马宗源,廖红建,祈影.复杂应力状态下土质高边坡稳定性分析.岩土力学,2010(S2):328-334.

[31] 丰土根,杜冰,花剑岚,等.500 kV地下变电站基坑围护结构抗震影响因素.解放军理工大学学报:自然科学版,2010(4):451-456.

[32] 朱福,战高峰,偶磊.天然软土地基路堤临界高度一种计算方法研究.岩土力学,2013,34(6):1738-1744.

[33] 李凯,陈国荣.基于滑移线场理论的边坡稳定性有限元分析.河海大学学报:自然科学版,2010(2):191-195.

[34] 刘建军,李跃明,车爱兰.基于统一强度理论的岩质边坡稳定动安全系数计算.岩土力学,2011,32(S2):662-672.

[35] 李南生,唐博,谈风婕,等.基于统一强度理论的土石坝边坡稳定分析遗传算法.岩土力学,2013,34(1):248-254.

[36] 李健,高永涛,吴顺川,等.露天矿边坡强度折减法改进研究.北京科技大学学报,2013,35(8):971-976.

[37] 朱福,偶磊,战高峰,等.软土地基路堤临界填筑高度改进计算方法.吉林大学学报:工学版,2015,45(2):389-393.

[38] 程彩霞,赵均海,魏雪英.边坡极限荷载统一滑移线解与有限元分析.工业建筑,2005,35(10):33-46.

[39] 张军艳,杨菲,李永飞.基于统一强度理论的楔体极限分析及其工程应用.山西交通科技,2005(4):13-15.

阅读参考材料

跋

  2014 年春,应武汉大学、华中科技大学和中国科学院武汉岩土力学研究所的邀请,我有幸与很多老师和研究生、大学生进行学术交流。我讲的内容是统一强度理论以及它在岩土力学方面的应用,也是现在新土力学研究的基础。从座无虚席和加位以及热烈的讨论来看,大家对这个内容是感兴趣的,我也在交流中学习、提高。

  在武汉大学交流后次日,武汉大学力学系系主任徐远杰教授陪我一起冒雨参观了武汉大学美丽的校园。1936 年建成的武汉大学老图书馆位于珞珈山顶,是武汉大学的标志性建筑和精神象征。设计师凯尔斯是一个真正的建筑大师,他常常几个小时站在珞珈山顶观察、思考图书馆的整体环境和建筑设计。老图书馆不仅有藏书、自习室,还是珞珈讲坛的主讲地,现在是武汉大学校史博物馆。我们从大厅到地下楼层再到顶层,观看了武汉大学的历史图展。1928 年李四光先生在武汉大学建校筹备会上提出,新建大学必须体现人文精神、尊师重教和重文化的思路。李四光经过多次规划,选定了这个好地方。武汉大学校门正面书有"国立武汉大学"的校名,背后刻有篆书"文法理工农医"六个大字。国立××大学的校名,原来全国有很多,现在只有"国立武汉大学"经过多次运动而保留下来。可见武汉大学是一所尊重历史的大学。从 1928 年在珞珈山建校到 1936 年,齐全的学科,雄厚的实力,迅速使武汉大学成为"民国"5 大名校之一。这也是武汉大学的奇迹。

  那时,武汉大学不仅在中国是名校,同时也跻身世界 200 强。1948 年由美国普度大学发布了世界上第一份世界大学排名。当时的亚洲第一是国立中央大学,世界排名第 49 名;国立浙江大学位居亚洲第 3,世界排名第 89 名。西南联合大学世界排名第 127 名,国立武汉大学世界排名第 199 名,国立中山大学世界排名第 207 名。1945 年,英国学者皇家学会会员李约瑟在《自然》杂志发表论文称浙江大学为"东方剑桥"。而早在 20 世纪 30 年代英国有学者称赞武汉大学有剑桥大学的环境。

  历史上的国立武汉大学工学院(1936 年 1 月建成),也是中国近代最强的 5 个工学院之一。绿树环抱中的工学院大楼,主楼为教学用房,楼内中部有 5 层共享大厅,四廊相通,亦为学生课间活动的公共空间。透明的玻璃屋顶使阳光直射厅内。四栋群楼原为土木工程、机械工程、电机工程和矿冶系以及研究所、实验室等的办公用地,矩形平面,有内廊,绿琉璃瓦。共享空间的玻璃中庭构造,是世界上较早采用空间共享这一建筑风潮的建筑之一。1952 年全国院系调整后,武汉大学工学院被撤销,学校便将工学院大楼改为办公大楼,并一直使用至今。

徐教授关于武汉大学历史的介绍使我肃然起敬。武汉大学十八栋建筑是以吸引大师的想法而建立,是武汉大学教授的家。1928 年北平大学著名教授陈西滢与凌叔华(新月派)到武汉大学文学院当教授,就居住在十八栋。凌叔华与苏雪林、袁昌英结为好友,三个人在文学创作上盛极一时,有"珞珈三杰"之誉。当时英国诗人朱利安·贝尔也到武汉大学任教,他称武汉大学十八栋的环境就像英国的剑桥。这比李约瑟称赞浙江大学为中国的剑桥的评论早 10 年。李约瑟做出"浙江大学为东方剑桥"的结论之前,对中国的大学和科学研究进行了长期的考察。1944 年 4 月 10 日,10 月 22—29 日,李约瑟先后两次到贵州的遵义和离遵义 75 公里的湄潭访问西迁的浙江大学。在 20 世纪 40 年代,浙江大学的教授还被英国皇家化学学会提名参加诺贝尔奖评选。

但是,1952 年,世界排名第 89 名的国立浙江大学和世界排名第 199 名的国立武汉大学的理、工、农、医、文、法、师范各个学院都被剥离拆分。浙江大学只剩下一个工学院 4 个系,从世界 100 强跌落出局。全国最强工学院之一的武汉大学工学院已不存在,从世界 200 强跌落出局。它们经历了坎坷的生死存亡和发展之路。浙江大学一大批院士级教授被拆分到全国各地。现在的浙江大学和武汉大学已经再次发展跻身于中国 10 大大学的前列。西安交通大学、上海交通大学常常与美国麻省理工学院相比。若干年以后,当浙江大学、西安交通大学、上海交通大学和武汉大学都有几名诺贝尔奖获得者的时候,它们就是"东方剑桥大学""东方麻省理工学院"和"东方牛津大学"。

1938 年,周恩来、邓颖超曾经在武汉大学教授宿舍十八栋之一居住过。旁边是半山庐,是武汉大学单身教授宿舍。1938 年武汉大学举校西迁四川乐山,武汉大学成为抗战指挥中心,蒋介石、宋美龄就居住在半山庐,蒋、宋、周、邓相依为邻,常常在散步时相遇。其实住在十八栋的武汉大学教授查全性院士回忆:"我几次看到蒋介石和宋美龄在校园里散步。"蒋介石和宋美龄在武汉大学留下了一段抗战悲壮生活的历史。宋美龄多次到战争前线慰劳抗战国民革命军,最危险的一次是在 1938 年 9 月下旬至 10 月初的武汉会战后期,在九江以南的万家岭,宋美龄险些喋血战场。那一次,日军侵略军的炸弹落点距她只有几米远。这就是武汉大学的历史,也是"第二次世界大战"历史中唯一的大学有的历史。武汉大学也可能是世界上国家领导人居住过的时间最长的大学。武汉大学单身教授宿舍成为全国抗战中心和武汉大会战指挥中心。武汉大会战从 1938 年 6 月初日军攻陷安庆始,至 1938 年 10 月 27 日武汉彻底沦陷。这里发生过规模巨大的、激烈的海陆空全面大会战,其作战规模之大、兵力之多、战争之惨烈、战线之长以及死伤之众,在世界战争历史中皆属罕见。湖北、河南、安徽、江西、湖南等数千里国土皆成为我军进行民族圣战之辽阔战场,可歌可泣、感天动地的故事不可胜数。武汉大学苏雪林教授将她的积蓄(51 两黄金)全部捐出作为抗战基金。武汉大学珞珈山的小小防空洞还是蒋介石的抗战指挥中心。武汉大会战丝毫不亚于"二战"战场上的其他战役,对世界反法西斯的战局做出了重要的贡献。武汉大学成为中国的军事指挥中枢。蒋中正在珞珈山设立了国民党高级军官训练团。1938 年武汉大会战前夕,蒋介石在武汉大学检阅高级训练团军官,背景就是武汉大学工学院大楼。2015 年,世界反法西斯战争胜利 70 周年,人民日报主办的《环球人物》2015 年第 22 期,以蒋中正为封面人物发表文章,肯定了蒋中正对反对日本侵略的重大贡献。武汉大学丰富的抗战文化是世界其他大学所少有的。1938 年 3 月 29 日到 4 月 1 日,国民党临时全国代表大会在国立武汉大学珞珈山举行,如今的老图书馆、宋卿体育馆、礼堂都曾是会场。这次会议对之后的历史产生了深刻影响,特别是通过了《抗战建国纲领》,不但要抗战,而且要建国,反映了对抗战胜利的信心,具有重要意义。例如,中国的大学在十四年抗战中迁移到大后方,并没有中断大学教育,不仅培养了抗战时期的建设人才,也培养了大批抗战胜利以后的建设人才。中国土力学之父黄文熙就在那时候在重庆中央大学建立了中国第一个土工试验室(见第 1 章阅读参考资料)。

世事变幻莫测,唯有大自然法则不变。但是,人们对自然的认识在不断深入。1925 年,世界上只有莫尔-库仑强度理论,写出了世界上第一本土力学的太沙基如果发现了德鲁克公设和统一强度理论,会不会将它们写入土力学呢?太沙基大师已驾鹤西去,他在哈佛大学的同事和学生会不会将土力学中的莫尔-库仑强度理论进行改进呢?当时,我的新土力学研究书稿已经大致完成,国内众多知名出版社都曾约稿,有的出版社的编辑到我西安家中来讨论约稿事宜。武汉大学的历史文化使我十分感动。徐教授约我次年再来珞珈山,在武汉大学宾馆住一段时间写写书。我们的书十分渺小,犹如沧海一粟,如果在珞珈山长大结果,也是令人高兴的。2014 年,武汉大学出版社正在组织全国学者出版土木工程教材和学术著作,我们的书稿得到出版社的大力支持。

2011 年武汉大学老图书馆与黄鹤楼等一起当选"武汉城市地标"。老图书馆外观为中国传统殿堂式风格,完整地体现了中国宫殿式建筑的威武和庄严;内部则采用了西式的回廊、吊脚楼、石拱门、落地玻璃等,将"中西合璧"的建筑风格发挥得完美而极致。在结构技术上采用钢筋混凝土框架和组合式钢桁架混合结构承重,为中国近代建筑史上率先采用新结构、新材料、新技术仿中国古典建筑的成功之作,同时是中西建筑设计理论、技艺、手法相互渗透、融会贯通的佳作,体现了当时的文化潮流、科学技术和时代精神。武汉大学老图书馆一楼中部的阅览大厅层高9.6 m,在这里看书怎能不安心下来。武汉大学老图书馆为全国重点保护文物,它反映了古建筑的历史性、艺术性和科学性。

老图书馆正门上方镶有中国图书馆的祖师爷——老子的全身镂空铁画像,老子手持竹简,凝视前方。由于老子是中国自有文字记载以来最早的一位"图书馆馆长"(周"守藏室史"),故特在老图书馆门前镂刻此"抽象简笔画"一幅,以纪念其弘扬华夏文化之功,并颂扬其治学与文献收藏之勤。山上林木茂密,春日樱花纷飞,夏到满目苍翠,秋来层林尽染,冬至蜡梅傲雪,四时之景各异。有文曰:武大之美,美在依山傍水,风景秀美。武大之美,美在中西合璧,交相辉映。武大之美,美在人文自然,相得益彰。珞珈山、半山庐和十八栋,先后居住过中国抗战的最高领导人,以及数十位中国学术界有名望的教授,是大师鸿儒云集之所,是珞珈山上智慧的渊薮,成为后人永远探寻、追忆的胜地。

对西安交通大学机械强度与振动国家重点实验室、西安交通大学香港校友会、土木工程系校友会、武汉大学出版社和中国科学院武汉岩土力学研究所等的大力支持表示衷心的感谢。

本书的撰写得到了李建春研究员的协助,她是中国科学研究院百人计划引进人才和国家杰出青年基金获得者,也是国际著名的 *Rock Mechanics and Rock Engineering* 学报副主编。她的专长是岩石力学,但是,从连续介质力学范畴来研究,岩石力学与土力学是相通的。著者也对李海波、盛谦、孔令伟研究员,徐远杰、刘泉声、郑俊杰、何玉明、王建华、周小平、张伯虎等教授的支持表示感谢。多年来,国内外学者应用统一强度理论研究、分析很多土力学问题,得到很多研究成果。书中也反映了他们的一些研究成果,在此向他们表示衷心的感谢!

著 者

2014 年 12 月于古都西安,2016 年 10 月修改

建于 1936 年的武汉大学老图书馆（全国重点保护文物）

武汉大学原工学院（全国重点保护文物）

建于 1931 年的老斋舍（樱园宿舍）是武汉大学最古老的建筑之一（摄影：陈勇、赵融）

1931 年 11 月建成的理学院建筑群（左、右分别为物理楼和化学楼）

1936 年建成的武汉大学图书馆 9.6 m 层高的阅览室

1938 年武汉大会战前夕，蒋中正在武汉大学检阅高级军官训练团军官

武汉大学之美（摄影：陈勇、赵融）